化工单元过程分析与进展研究

HUAGONG DANYUAN GUOCHENG FENXI YU JINZHAN YANJIU

姚菊英　臧丽坤　冯志刚　编著

中国水利水电出版社
www.waterpub.com.cn

内 容 提 要

本书主要研究的是化工单元操作的基本原理、计算方法和典型设备。基本化工单元操作主要有流体输送、搅拌、换热、蒸发、吸收、精馏、萃取、吸附、结晶和膜分离等,本书围绕这些操作单元进行力学分析、热量衡算或质量衡算。最后还简要介绍了化工行业的进展。本书可供化工、化学、制药、食品、材料等相关专业的研究人员参考和学习。

图书在版编目(CIP)数据

化工单元过程分析与进展研究/姚菊英,臧丽坤,

冯志刚编著.--北京:中国水利水电出版社,2014.5(2022.10重印)

ISBN 978-7-5170-1909-1

Ⅰ.①化… Ⅱ.①姚… ②臧… ③冯… Ⅲ.①化工单

元操作-研究 Ⅳ.①TQ02

中国版本图书馆 CIP 数据核字(2014)第 075562 号

策划编辑:杨庆川 责任编辑:杨元泓 封面设计:马静静

书 名	化工单元过程分析与进展研究
作 者	姚菊英 臧丽坤 冯志刚 编著
出版发行	中国水利水电出版社
	(北京市海淀区玉渊潭南路 1 号 D 座 100038)
	网址:www.waterpub.com.cn
	E-mail:mchannel@263.net(万水)
	sales@mwr.gov.cn
	电话:(010)68545888(营销中心)、82562819(万水)
经 售	北京科水图书销售有限公司
	电话:(010)63202643、68545874
	全国各地新华书店和相关出版物销售网点
排 版	北京鑫海胜蓝数码科技有限公司
印 刷	三河市人民印务有限公司
规 格	184mm×260mm 16 开本 19 印张 462 千字
版 次	2014 年 6 月第 1 版 2022年10月第2次印刷
印 数	3001-4001册
定 价	66.00 元

前　言

化工原理是化工类、环境类、食品及染整等相关专业的核心基础，一切与化学工程与工艺有关的技术都是需要深入学习、了解化工原理基本理论与方法。化工原理具有有很强的理论和工程实践性，是化学工程学科中的核心环节。随着现代科技的发展，出现化工学科与其他学科的交叉渗透，从而产生多种新型学科和边缘学科。化工单元操作越来越与其他学科如生物工程、食品工程、制药工程、环境能源工程、材料科学与工程、精细化工即应用化学等领域互相交叉，对这些学科的学习、探索都要以化工原理基本理论与方法为基础。

本书重点介绍化工单元操作的基本原理、计算方法和典型设备。在编撰过程中，力争保持系统完整，并尽量深入浅出，便于读者接受。在内容的取舍上注重化工单元操作基础理论和工程实际应用知识的介绍，注意吸收工业领域的新理论、新技术、新设备等新成果。

本书力图体现以下特点：

(1)结构安排合理，语言精简易懂。

(2)根据科学发展和认识规律，循序渐进，深入浅出地讲解。

(3)理论与实践结合、突出重点、探索最新理论发展。

本书以化工原理基本理论和工程方法为两条主线，突出工程学科的特点，系统而简明地阐述了化工操作单元的基本理论、计算过程、典型设备的结构性能及过程。可以作为高校化工类及相关专业(化工、石油化工、生物、制药、食品、材料、冶金等)教材使用，也可供从事有关科研、设计、生成及管理工作的科技人员参考。

全书内容分为10章，第1章整体简介化工原理相关基础；第10章简述了化工的进展；余下各章为基础理论。本书将化工单元操作按过程共性归类，即以动量传递为基础，叙述了流体输送、搅拌、流体通过颗粒层的流动、绕流及其相关的单元操作；以热量传递为基础，阐述了换热及蒸发操作；以质量传递的原理说明了吸收、精馏、萃取、吸附、结晶和膜分离等传质单元操作，最后阐述了热量、质量同时传递过程的特点及增减湿和干燥操作。

本书编撰过程中，阅读和借鉴了大量的国内外相关专家学者的研究成果与著作，在此向有关作者表示由衷的敬意；编撰时也得到了许多同行的支持与帮助，在此表示深致谢意；书中部分图片来源与网络，仅供分析实用，版权归原作者所有。

鉴于作者学识所限，书中的错误和不妥之处，希望读者不吝指正。

作者

2013 年 10 月

目　录

第1章 绪　　论

1.1　化工内容与研究对象

化工生产过程是将原材料大规模进行化学反应和物理加工处理,最终获得有价值产品的生产过程。这种以化学变化为主要标志的化学工业,由于其原料来源广泛,产品种类繁多,产品加工过程复杂多样、千差万别,形成了成千上万种不同的化工生产工艺。尽管不同化工产品的生产工艺过程与生产规模各不相同,但通常都是由化学反应过程及装置和若干物理操作过程有机组合而成。虽然化学反应过程及其反应器是化工生产的核心,但为了使化学反应过程得以经济有效地进行,反应器内必须保持适宜的工艺操作条件。为此,原料必须经过提纯、预热、加压等一系列前处理以达到反应所需的原料组成、温度和压强等,反应后的产物也需要经过各种处理工序来进行分离、精制、输送等,以获得中间产品或最终产品。

在化工生产中具有共同物理变化特点和相同目的的基本操作过程称为化工单元操作,简称单元操作。实际上,在一个现代化的、设备林立的大型化工厂中,反应器的数量并不多,绝大多数的设备中都是进行着各种不同的单元操作。单元操作在化工生产过程中占据着重要的地位,对生产过程的经济效益产生着极大的影响。

按照物理过程的目的,可将各种前、后处理过程归纳成各类单元操作。

①单元操作都是化工生产过程中的共有操作,不同的化工生产过程中,所包含的单元操作数量、类型与顺序各异;

②单元操作都是物理性操作,整个操作过程中只有物料的状态或其物理性质发生改变,并没有新物质产生,并不改变物料的化学性质;

③具体的单元操作用于不同的化工产品生产时,其基本原理均相同,而且进行该操作的设备经常也是通用的;

④不同类型的单元操作均以三种传递理论为基础,有时会涵盖两种以上的传递理论。

根据各种单元操作的基本规律,可以发现单元操作从本质上可以分为动量传递、热量传递和质量传递三个大类。传递过程是联系各单元操作的一条主线,成为化工原理的统一的研究对象。

另外,还有热力过程(制冷)、粉体工程(粉碎、颗粒分级、流态化)等单元操作。

1.2　单位制和单位换算

任何物理量都是用数字和单位联合表达的。化工生产中使用的单位可分为基本单位和导出单位。基本单位是指基本量的单位。SI制共采用七个基本单位,即长度、质量、时间、温度、发光强度、电流、物质的量。常用的单位有长度、质量、时间、温度、物质的量五个基本单位。导出单位是指由基本单位导出的单位。

(1)CGS制(物理单位制)。基本物理量为长度、质量及时间,基本单位为厘米(cm)、克(g)、秒(s)。

(2)MKS制(绝对单位制)。基本物理量为长度、质量及时间,基本单位为米(m)、千克(kg)、秒(s)。

(3)工程单位制(重力单位制)。基本物理量为长度、力(或重力)及时间,基本单位为米(m)、千克力(kgf)、秒(s)。

(4)SI单位制(国际单位制)。在MKS制的基础上发展起来的。基本物理量为长度、质量、时间、温度、物质的量,基本单位为米(m)、千克(kg)、秒(s)。

目前国际上逐渐统一采取SI制,我国采用中华人民共和国法定计量单位(简称法定单位)。

由此可以看出,绝对单位制以长度、质量和时间为基本量,它们的单位为基本单位,力是导出量,其单位是导出单位;工程单位制是以长度、力和时间的单位为基本单位,质量的单位则属于导出单位;MKS制和SI制虽都是以长度、质量和时间为基本量,其单位为基本单位,但长度和质量的基本单位与cgs制中的基本单位是不同的。

目前我国量和单位的使用遵循国家标准GB3100~3102-1993,除个别领域外,不允许再使用非法定单位制。

SI制还规定了一套词冠来表示倍数或分数。如10^6称为兆,代号为M;10^3称为千,代号为k;10^{-3}称为毫,代号为m;10^{-2}称为厘,代号为c。

SI制还规定具有专门名称的导出单位的代号,可用它们的基本单位一起表示其他导出单位的常见的物理量,如表1-1所示。

表1-1 用专门名称导出单位的SI制导出单位

物理量	中文代号	国际代号	基本单位表示
动力黏度	帕·秒	Pa·s	$kg/(m \cdot s)$
表面张力	牛/米	N/m	$kg/(m \cdot s)$
热流密度	瓦/米²	W/m^2	kg/s^3
比热容	焦/(千克·开)	$J/(kg \cdot K)$	$m^2/(s^2 \cdot K)$
导热系数	瓦/(米·开)	$W/(m \cdot K)$	$mkg/(s^3 \cdot K)$
传热系数	瓦/(米²·开)	$W/(m^2 \cdot K)$	$kg/(s^3 \cdot K)$

除上述外,SI制还规定了平面角和立体角两个辅助单位。平面角的单位称弧度,代号为rad;立体角的单位称球面度,代号为sr。

另外,还规定了如下的单位与SI制的单位并用:如时间采用日(d)、小时(h)、分(min);质量采用吨(t);容积采用升(L);平面角采用度(°)、分(′)、秒(″)。

在使用物理量方程进行计算时,本书采用的是SI制,但由于历史原因,有的物理量数据的单位不是SI制,因此在计算之前,如遇到别的单位制单位,应把它们换算成SI制单位。

当物理量的大小由一种单位换算成另一种单位时,其数值亦随之而变。此时,只要将原单位表示的数值乘以换算因数便得到新的单位所表示的数值。所谓换算因数就是原单位与新单位大小的比值。如 1 m³ 等于 10^6 cm³，把 m³ 换算成 cm³ 的换算因数就是 10^6。

1.3　基本概念与研究方法

1.3.1　基本概念

1. 物料衡算

为了弄清生产过程中原料、成品以及损失的物料量，必须进行物料衡算。物料衡算为质量守恒定律的一种表现形式，即

$$\sum G_i = \sum G_o + G_a \tag{1-1}$$

式中，$\sum G_i$——输入物料的总和；$\sum G_o$——输出物料的总和；G_a——累积的物料量。

式(1—1)为总物料衡算式。当过程没有化学反应时，它适用于物料中任一组分的衡算；当有化学反应时，它只适用于任一元素的衡算。若过程中累积的物料量为零，则式(1—1)可以简化为

$$\sum G_i = \sum G_o$$

上式所描述的过程属于稳态过程，一般连续不断的流水作业(即连续操作)为稳态过程，其特点是在设备的各个不同位置上，物料的流速、浓度、温度、压强等参数可各自不相同，但在同一位置上这些参数都不随时间而变。若过程中有物料累积，则属于非稳态过程，一般间歇操作(即分批操作)属于非稳态过程，在设备的同一位置上诸参数随时间而变。

以上各股物料量可用质量或物质的量衡量，对于液体及处于恒温、恒压下的理想气体还可用体积衡量。常用质量分数表示溶液或固体混合物的组成，对理想混合气体还可用体积分数(或摩尔分数)表示组成。

2. 能量衡算

能量一般包括机械能、热能、磁能、化学能、电能、原子能等，各种能量之间可以相互转化。化工计算时遇到的不是能量转化问题，而是总能量衡算，有时可以简化为热能或热量衡算。化工生产过程中一般只涉及机械能和热能。

能量衡算的依据是能量守恒定律，能量衡算的步骤与质量衡算的基本相同。能量衡算可写成如下等式：

$$\sum Q_{in} = \sum Q_{out} + Q_A \tag{1-2}$$

式中，$\sum Q_{in}$ 为随物料进入系统的总能量；$\sum Q_{out}$ 为随物料离开系统的总能量；Q_A 为系统累积的能量。

对于定态过程，系统内无能量累积，即 $Q_A = 0$，所以能量衡算关系为：

$$\sum Q_{in} = \sum Q_{out}$$

式(1-2)也可以写成：

$$\sum (wH)_{in} = \sum (wH)_{out} + Q_A \qquad (1-3)$$

式中，w 为物料的质量；H 为物料的焓。

能量衡算等式既适用于间歇过程，也适用于连续过程。作热量衡算时也和物料衡算一样，要规定出衡算基准和范围。此外，由于焓是相对值，与从哪一个温度算起有关，所以进行热量衡算时还要指明基准温度，简称基温。习惯上选 0℃ 为基温，并规定 0℃ 时液态的焓为零，这一点在计算中可以不指明。有时为了方便，要以其他温度作基准，这时应加以说明。

3.过程的平衡与速率

任何一个物理或化学变化过程，在一定条件下必然沿着一定方向进行，直至达到动态平衡为止。这类平衡现象在化工生产中很多，如化学反应中的反应平衡，吸收、蒸馏操作中的气-液平衡，萃取操作中的液-液平衡等。

任何过程的平衡状态都是在一定条件下达到暂时、相对统一的状态，一旦条件变化，则原来的平衡就要被破坏，直至建立起新的平衡。因此我们只要适当地改变操作条件，过程进行就可按指定的方向进行，并尽可能使过程接近平衡，使设备能发挥最大的效能。平衡关系也为设备尺寸的设计提供了理论依据。

过程的平衡是指过程进行的方向和所能达到的极限。过程的速率则是指过程进行的快慢，也称为过程的传递速率。化工原理涉及传热速率和传质速率。过程速率的大小直接影响到设备的大小及经济效益等。过程速率等于过程推动力与过程阻力之比，即

$$过程速率 = \frac{推动力}{过程阻力} \qquad (1-4)$$

不同过程的传递速率不同，其推动力、阻力以及比例系数的表达方式都取决于过程的传递机理。

1.3.2 研究方法

1.实验研究方法

化工过程十分复杂，除极少数简单的问题可以用理论分析的办法解决以外，都需要依靠实验研究加以解决。化工研究的任务和目的是通过小型实验、中间试验揭示过程的本质和规律，然后用于指导生产实际，进行实际生产过程与设备的设计与改进。实验研究方法直接用实验寻求各变量之间的联系，避免了方程的建立。

但如果实验工作必须遍历各种规格的设备和各种不同的物料，那么实验将反复进行而失去指导意义，因此必须建立实验研究的方法论。

实验研究方法一般以量纲分析和相似论为指导，依靠试验确定过程变量之间的关系，把各种因素的影响表示成为由若干个有关因素组成的、具有一定物理意义的无量纲数群的影响，以使实验结果在几何尺寸上能放大，在物料品种方面能"由此及彼"，具有指导意义。

2.数学模型法

数学模型法需要对实际问题的机理做深入分析,并在抓住过程本质的前提下做出某些合理的简化,得出能基本反映过程机理的物理模型。通常,数学模型法所得结果包括反映过程特性的模型参数,其值须通过实验才能确定,并以实验检验模型的可靠性。因而它是一种半理论、半经验的方法。

随着计算机及计算技术的发展,复杂数学模型的求解已成为可能,所以数学模型法将逐步成为单元操作中的主要研究方法。

第2章　流体流动与输送机械

2.1　流体基本性质

2.1.1　流体概念

液体和气体统称为流体。流体抗剪和抗张的能力很小,在外力作用下,流体内部会发生相对运动,使流体变形,这种连续不断的变形就形成流动,即流体具有流动性。

流体由分子组成,分子间有一定的间距,并且分子都处于无规则的随机运动中,因此从分子角度而言,描述流体的物理量在空间和时间上的分布是不连续的。但在工程技术领域中人们感兴趣的是流体的宏观性质,即大量分子的统计平均特性,而不是单个分子的微观运动,因此提出了流体的连续介质模型,即将流体视为由无数分子集团所组成的连续介质。每个分子集团称为质点,其大小与容器或管路相比是微不足道的。质点在流体内部一个紧挨一个,它们之间没有任何空隙,即可认为流体充满其所占据的空间。把流体视为连续介质,目的是摆脱复杂的分子运动,从宏观的角度来研究流体的流动规律。但是,并不是在任何情况下都可以把流体视为连续介质,如高度真空下的气体就不能再视为连续介质了。

在化工生产过程中,处理的物料主要是流体,流体定义为不可能永久抵抗形变的物质,它包括液体与气体。化工生产过程通常需要将流体从一个装置输送到另一个装置,使之进行后续的加工处理,流体的流动和输送是最普遍的化工单元操作之一。流体输送设备及流体流量测量仪表的选择,以及其他化工单元操作如传热或传质过程,都与流体的流动有关。

化工过程中流体流动问题占有非常重要的地位,因为化工生产中的原料及产品大多数是流体,工艺生产过程的设计经常需要应用流体流动的基本原理,具体如下。

(1)流体的输送。通常设备之间是用管道连接的,欲把流体按规定的条件,从一个设备送到另一个设备,就需要选用适宜的流动速度,以确定输送管路的直径。在流体的输送过程中,常常要采用输送设备,因此需要计算流体在流动过程中应加入的外功,为选用输送设备提供依据。这些都要应用流体流动规律的数学表达式进行计算。

(2)压力、流速和流量的测量。为了了解和控制生产过程,需要对管路或设备内的压力、流速及流量等一系列参数进行测定,还需要合理地选用和安装测量仪表,而这些测量仪表的操作原理又多以流体的静止或流动规律为依据。

(3)为强化设备提供适宜的流动条件。化工生产的传热、传质等过程,都是在流体流动的情况下进行的,设备的操作效率与流体流动状况密切相关。因此,研究流体流动对寻找设备的强化途径具有重要意义。

2.1.2　流体的连续性

广义上讲,流体是指一切在应力作用下能够流动的、没有固定形状的物体,因此能流动是流体最基本的特性。气体和液体是最常见的两种流体形态,等离子体也是一种特殊的流体形态,此外膏体如牙膏、熔融的橡胶和塑料、悬浮液如水煤浆等都是流体的特殊形态,即便是生面团、凝胶等都可归为流体的范畴。

而固体在没有其他介质存在的情况下,固体内部任意位置都可产生宏观的孔洞。与固体不同,若无其他介质存在的前提下,流体内部不能形成宏观的孔洞,因此流体可以看作是连续性的整体,这就是流体的连续性。为了更好地理解流体的连续性,常引入流体质点的概念,将流体看成是由无数质点组成的一种连续性介质。流体质点是研究流体特性时所虚拟的能保持流体宏观特性的最小流体微元,流体内部的宏观特性都可通过某处质点的性质来描述。流体质点的尺寸远大于分子平均自由程,但又远小于设备的尺寸,因此可以认为流体是由无数彼此相连的流体质点组成的,是一种连续性介质。

需要注意的是,在分子密度稀薄的高真空中,流体的连续性将不成立,因此这时,气体分子的平均自由程可与设备的尺寸相比拟。但在大多数情况下,流体都可被看成连续性流体。

从微观上看,流体是不连续的,因为同大多数物质一样,组成流体的分子之间存在着间隙和范德华力,并不断地作无序的随机运动。但是工程应用上考虑的是流体的宏观特性,因此在研究流体特性时,一般情况下都认为流体是连续的。

2.1.3　流体的压缩性

从微观上讲,物质的存在状态与物质的分子间距有关。从固态到液态再到气态,物质的分子间距不断增大。一般情况下,在临界温度之下,随着压力的不断增大物质会经历三个状态的变化,首先从气态转变为液态,再转变为固态,物质的分子间距也经历从大到小的变化,因而物质的体积会随着压力的增大而减小。对固体而言,压力引起的体积变化在宏观研究领域完全可以忽略,但是对于流体,由于分子间距与固体相比较大,因而相对容易压缩。这种流体的体积随着压力增大而减小的现象称为流体的可压缩性。

流体的可压缩性通常用体积压缩系数 β 表示。它表示在一定温度下,压力每增加一个单位时,流体体积的相对缩小量,即:

$$\beta = -\frac{1}{\upsilon} \times \frac{\mathrm{d}\upsilon}{\mathrm{d}p} \tag{2-1}$$

式中, υ 为单位质量流体的体积即流体的比体积(比容), m^3/kg ;负号表示压力增加时体积缩小。

由于 $\rho\upsilon = 1$,故有:

$$\rho\mathrm{d}\upsilon + \upsilon\mathrm{d}\rho = 1 \tag{2-2}$$

据此,式(2-1)又可写成:

$$\beta = \frac{1}{\rho} \times \frac{\mathrm{d}\rho}{\mathrm{d}p} \tag{2-3}$$

β 值越大,表明流体越容易被压缩。通常液体的压缩系数都很小,甚至某些液体的压缩系数近似于 0,其压缩性可以忽略。$\beta \neq 0$ 的流体称为可压缩流体,压缩性可忽略($\beta = 0$)的流体称为不可压缩流体。

由式(2—3)可知,对于不可压缩流体,$\dfrac{\mathrm{d}\rho}{\mathrm{d}p} = 0$。即流体的密度不随压力而改变。一般来说,气体的密度随压力和温度变化较大,因此气体一般情况下视为可压缩流体;而大多数液体的密度随压力变化较小,可视为不可压缩流体。但是,实际上一切流体都是可压缩的。

2.1.4 流体的黏性

1. 牛顿黏性定律

静止流体不能承受任何切向应力,当有切向应力作用时,流体不再静止,将发生连续不断的变形,其内部质点间产生相对运动,同时各质点间产生剪切力以抵抗其相对运动,流体的这种性质称为黏性。所对应的切向应力称为黏滞力,也称为内摩擦力。

牛顿黏性定律是个实验性定律。设有两块平行的平板,其间充满流体,如图 2-1 所示。假定 A 板固定,B 板以某速度 u_0 向右移动。由于流体与板间的附着力,紧贴 B 板的流体层附着在板上,以速度 u_0 随 B 板向右运动,而紧贴 A 板的一层流体将如 A 板一样静止不动。介于两板之间的各层流体,自上而下以逐层递减的速度向右移动。流动较快的流体层带动流动较慢的流体层;反之流动较慢的流体层却又阻止流动较快的流体层向前运动,从而两层流体之间产生了内摩擦力。

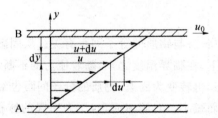

图 2-1 平板间流体速度的变化图

根据牛顿研究的结果,发现流体运动时所产生的内摩擦力与流体的物理性质有关,与流体层的接触面积和接触面法线方向的速度梯度成正比。其关系可用下式表示:

$$F = \mu S \frac{\mathrm{d}u}{\mathrm{d}y} \tag{2—4}$$

式中,F 为流体层与流体层间的摩擦力,N;S 为流体层间的接触面积,m^2;$\dfrac{\mathrm{d}u}{\mathrm{d}y}$ 为法向速度梯度,即流体在垂直于运动方向上的速度变化率,1/s;μ 表示流体物理性质的比例系数,称为动力黏度,简称黏度,Pa·s。

单位面积上的内摩擦力(称为剪应力)可表示为

$$\tau = \frac{F}{S} = \mu \frac{\mathrm{d}u}{\mathrm{d}y} \tag{2—5}$$

式(2—4)式(2—5)称为牛顿黏性定律,流体内部所受的剪应力与速度梯度成正比。流体静止时，$\dfrac{\mathrm{d}u}{\mathrm{d}y}=0$，流体不受内摩擦力。对运动的流体，凡遵循牛顿黏性定律的流体称为牛顿型流体，如空气和水等低分子流体；凡不遵循牛顿黏性定律的流体称为非牛顿型流体，如油脂、牙膏、水泥浆和高分子化合物溶液等。

2. 流体的黏度

流体的黏度 μ 与流体的性质有关，流体的黏性越大，其值越大。

将式(2−5)改写成：

$$\mu = \frac{\tau}{\dfrac{\mathrm{d}u}{\mathrm{d}y}} \tag{2−6}$$

由式(2−6)可知，黏度的物理意义就是促使流体流动产生单位速度梯度的剪应力，速度梯度最大处剪应力也最大，速度梯度为零处剪应力也为零。因此黏度总是与速度梯度相联系，只有在运动时才显现出来。分析静止流体的规律时就不用考虑黏度这个因素。

从分子角度考虑，流体的黏性是由于动量传递的结果。因为当存在速度梯度时，由于分子运动就会产生动量的传递。当流体的各层面之间发生相对运动时，由于分子的无规则运动，在相对运动层面之间就实现了动量交换。根据牛顿第二定律，相对运动层面之间的剪切力应等于单位时间内通过单位面积传递的动量，所以剪应力与速度梯度成正比。也就是说，在一定条件下，剪应力与速度梯度的比值是一常数，这一常数就是式(2−6)所示的流体的黏度。因此黏度是流体的物理性质之一。

分子运动学研究表明，气体的黏度随温度升高而增大，随压强的变化较小，只有在极高或极低的压强下，才需考虑压强对气体黏度的影响。温度对气体黏度的影响可通过下列近似公式计算：

$$\frac{\mu}{\mu_0} = \left(\frac{T}{273}\right)^n \tag{2−7}$$

式中，μ 为热力学温度 T (K)时的气体黏度；μ_0 为温度 273 K 时气体的黏度；n 为特定气体的常数。对空气 $n \approx 0.65$，对二氧化碳、正丁烷和水蒸气，n 分别约等于 0.9、0.8 和 1.0。

液体的黏度随压强的变化基本不变，但随温度升高而减小。例如，水的黏度在 0℃时为 1.79×10⁻³ Pa·s，在 100℃时为 0.28×10⁻³ Pa·s。

在 SI 单位制中，黏度的单位是 Pa·s。黏度值可通过试验测得，某些常用流体的黏度可从本书的附录或有关手册中查得。在 CGS 单位制中，黏度的单位为 g/(cm·s)，称为泊(P)；泊的单位较大，常用泊的 1/100 来表示，称为厘泊(cP)。三者之间的关系为：

$$1 \text{ Pa·s} = 10 \text{ P} = 1000 \text{ cP}$$

此外，流体的黏性还可用黏度 μ 与密度 ρ 的比值来表示。这个比值称为运动黏度，以 ν 表示，即：

$$\nu = \frac{\mu}{\rho} \tag{2−8}$$

运动黏度的 SI 单位为 m²·s⁻¹；在 CGS(米制)单位制中为 cm²/s，称为斯托(St)。

混合流体的黏度不能按简单的加和法计算，在没有试验数据时，可按经验公式进行估算。

常压混合气体的黏度可按如下公式估算：

$$\mu_{\mathrm{m}} = \frac{\sum_{i=1}^{n} y_i \mu_i M_i^{1/2}}{\sum_{i=1}^{n} y_i M_i^{1/2}} \tag{2-9}$$

式中，μ_{m} 为常压混合气体的黏度；y_i 为混合气体中 i 组分的摩尔分数；μ_i 为混合气体同温度下 i 组分的黏度，M_i 为 i 组分的摩尔质量。

对分子不缔合的混合液体的黏度，可用如下公式估算：

$$\lg\mu_{\mathrm{m}} = \sum_{i=1}^{n} x_i \lg\mu_i \tag{2-10}$$

式中，μ_{m} 为混合液体的黏度；x_i 为混合液体中 i 组分的摩尔分数；μ_i 为混合液体同温度下 i 组分的黏度。

3. 黏性流体

实际流体都具有黏性，具有黏性的流体统称为黏性流体或实际流体。在实际应用过程中，剪应力与剪切速率的关系服从牛顿黏性定律的流体称为牛顿型流体（Newtonian fluid），反之则称为非牛顿型流体（non-Newtonian fluid），一般可将非牛顿型流体分为以下几类。

$$
非牛顿型流体
\begin{cases}
黏性流体
\begin{cases}
与时间无关
\begin{cases}
无屈服应力
\begin{cases}
假塑性流体 \\
涨塑性流体
\end{cases} \\
有屈服应力——宾汉塑性流体
\end{cases} \\
与时间有关
\begin{cases}
触变性流体 \\
流凝性（负触变化）流体
\end{cases}
\end{cases} \\
黏弹性流体
\end{cases}
$$

非牛顿型流体的流变行为与流体的类型有关。在非牛顿型流体中，既具有黏性又具有弹性的流体称为黏弹性流体（viscoelastic fluid），这类流体有生面团、凝固汽油等，这类流体通常能在消除剪应力后部分恢复由于剪应力引起的形变；只显示黏性而无弹性的流体称为非黏弹性流体。常见的非牛顿型流体大多属于非黏弹性流体。在非牛顿型流体中，在一定的剪切速率下，表观黏度会随剪应力作用时间变化的流体称为与时间有关的黏性流体，反之称为与时间无关的黏性流体。

与时间无关的非牛顿型流体，其剪应力与剪切速率的关系可见图 2-2 所示。这类流体主要有如下三类。

（1）假塑性（pseudo plastic 或 shear-thinning）

流体这类流体的剪应力与剪切速率的关系如图 2-2 中的曲线 C 所示，可用如下关系式表示：

$$\tau = k\left(\frac{\mathrm{d}u}{\mathrm{d}y}\right)^n \tag{2-11}$$

式中，k 为稠度系数；n 为流性指数。显然，对假塑性流体而言，$n < 1$。为了与牛顿黏性定律比拟，将式（2-11）改写为：

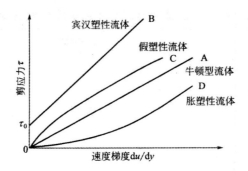

图 2-2　牛顿型与非牛顿型流体的剪应力与剪切速率的关系

$$\tau = \mu_a \frac{du}{dy} \tag{2-12}$$

式中，μ_a 为表观黏度，其值为 $\mu_a = k\left(\dfrac{du}{dy}\right)^{n-1}$。由于 $n < 1$，因此假塑性流体的表观黏度会随着剪切速率的增大而减小，表现为流体变稀。显然表观黏度与剪切速率 $\dfrac{du}{dy}$ 有关，这与牛顿黏性定律中的黏度 μ 有本质的区别。大多数高分子聚合物、乳胶和胶体溶液都属于假塑性流体。

（2）胀塑性（dilatant plastic 或 shear-thicking）流体

胀塑性流体的剪应力与剪切速率的关系如图 2-2 中的曲线 D 所示，其流性指数 $n > 1$，仍可用关系式（2-12）表示。由于，$n > 1$，因而胀塑性流体的表观黏度会随着剪切速率的增大而增大，表现为流体变稠。糖浆和淀粉溶液等都属于这类流体。通常，胀塑性流体没有假塑性流体常见。

（3）宾汉塑性（bingham plastic）流体

这种流体的剪应力与剪切速率的关系如图 2-2 中的直线 B 所示，其流性指数 $n = 1$，该直线的截距 τ_0 称为屈服应力。只有在剪应力超过屈服应力后，这种流体才开始流动，开始流动后其性能像牛顿型流体一样。

宾汉塑性流体的流变特性可表示为：

$$\tau = \tau_0 + \mu_a \frac{du}{dy} \tag{2-13}$$

式中，μ_a 为表观黏度，其值为 $\mu_a = k\left(\dfrac{du}{dy}\right)^{n-1}$，只是流性指数 $n = 1$，因此式（2-13）可简化为：

$$\tau = \tau_0 + k \frac{du}{dy} \tag{2-14}$$

因此宾汉塑性流体的表观黏度与剪切速率无关，流体的稠度不因剪切速率的变化而变化。许多种悬浮液、油漆、牙膏、油印墨、泥浆及某些调味料如番茄酱、蛋黄酱等都属于宾汉塑性流体。

黏性流体的剪应力与剪切速率的关系，在流体流动的计算中具有重要的地位。表 2-1 列出了牛顿型流体和常见非牛顿型流体的流变特性。

表 2-1　牛顿型流体和常见非牛顿型流体的流变特性

流体类型	剪应力	流性指数 n	黏度特性
牛顿型流体	$\tau = \mu \dfrac{\mathrm{d}u}{\mathrm{d}y}$	$n = 1$	真实黏度 μ
宾汉塑性流体	$\tau = \tau_0 + k\dfrac{\mathrm{d}u}{\mathrm{d}y} = \tau_0 + \mu_{\mathrm{a}}\dfrac{\mathrm{d}u}{\mathrm{d}y}$	$n = 1$	表观黏度 $\mu_{\mathrm{a}} = k\left(\dfrac{\mathrm{d}u}{\mathrm{d}y}\right)^{n-1}$
假塑性流体	$\tau = k\left(\dfrac{\mathrm{d}u}{\mathrm{d}y}\right)^{n} = \mu_{\mathrm{a}}\dfrac{\mathrm{d}u}{\mathrm{d}y}$	$n < 1$	表观黏度 $\mu_{\mathrm{a}} = k\left(\dfrac{\mathrm{d}u}{\mathrm{d}y}\right)^{n-1}$
胀塑性流体	$\tau = k\left(\dfrac{\mathrm{d}u}{\mathrm{d}y}\right)^{n} = \mu_{\mathrm{a}}\dfrac{\mathrm{d}u}{\mathrm{d}y}$	$n > 1$	表观黏度 $\mu_{\mathrm{a}} = k\left(\dfrac{\mathrm{d}u}{\mathrm{d}y}\right)^{n-1}$

在一定剪切速率下,表观黏度随剪切力作用时间的延长而减小或增大的流体,则为与时间有关的黏性流体。它可分为下面 2 种。

(1)触变性(thixotropic)流体

这种流体的表观黏度随剪切力作用时间的延长而减小,属于此类流体的如某些高聚物溶液、某些食品和油漆等。

(2)流凝性(rheopectic)流体

这种流体的表观黏度随剪切力作用时间的延长而增大,此类流体如某些溶胶和石膏悬浮液等。

2.2　流体静力学

2.2.1　流体密度

流体静止是流体运动的一种特殊方式。流体静力学是研究流体在外力作用下处于静止或平衡状态下其内部质点间、流体与固体边壁间的作用规律。流体静力学与流体的密度、压强等性质有关。

1.流体密度

单位体积内流体的质量称为流体的密度。

$$\rho = \frac{m}{V} \tag{2-15}$$

式中,ρ 为流体的密度,$\mathrm{kg/m^3}$;m 为流体的质量,kg;V 为流体的体积,$\mathrm{m^3}$。

对于温度不太低,压力不太大的气体可用下式进行计算,可以求出特定的压力和温度条件下的气体密度。

$$\frac{p_0}{\rho_0 V_0} = \frac{p}{\rho V} \tag{2-16}$$

式中,p_0、V_0、ρ_0 分别为标准状态下气体的压力、体积、密度;p、V、ρ 分别为特定条件下气体的压力、体积、密度。

2. 混合物密度

(1) 混合液的密度

混合液的平均密度可近似地用下式计算:

$$\frac{1}{\rho_m} = \frac{w_1}{\rho_1} + \frac{w_2}{\rho_2} + \cdots + \frac{w_n}{\rho_n} \tag{2-17}$$

式中, ρ_m 为混合液的平均密度 k/m^3; w_1 、$w_2 \cdots w_n$ 分别为混合液中各纯组分的质量分数; ρ_1 , $\rho_2 \cdots \rho_n$ 分别为各纯组分的密度, kg/m^3。

(2) 混合气体的平均摩尔质量

在混合气体中某一组分的摩尔分数 y_i 定义为

$$y_i = \frac{M_i}{M_m} \tag{2-18}$$

式中, M_m 为混合气体的平均摩尔质量, kg/mol; M_i 为某一组分的摩尔质量, kg/mol; y_i 为该组分在混合气体中所占的摩尔分值即摩尔分数。

$$M_m = M_1 y_1 + M_2 y_2 + \cdots + M_n y_n \tag{2-19}$$

式中, M_1 , $M_2 \cdots M_n$ 分别为气体混合物中各组分的摩尔质量, kg/mol; y_1 , $y_2 \cdots y_n$ 分别为气体混合物中各组分的摩尔分数

(3) 相对密度

相对密度为流体密度与 4℃ 时水的密度之比, 用 d_4^{20} 表示。

$$d_4^{20} = \frac{\rho}{\rho_水} \tag{2-20}$$

式中, ρ 为液体在 t℃ 时的密度; $\rho_水$ 为水在 4℃ 时的密度。

2.2.2　流体静压强

1. 压强概述

流体静压强是作用在单位面积上的流体静压力, 简称为压强。化工生产中习惯将压强称为压力, 而将流体静压力称为总压力。若以 F 表示流体的总压力、A 表示流体的作用面积, 则流体的压强 p 为

$$p = \frac{F}{A} \tag{2-21}$$

在静止流体中, 从各方向作用于某一点的压力大小均相等。压强的单位是 N/m^2, 称为帕, 以 Pa 表示。

此外, 压力的大小也间接地以流体柱高度表示, 如用 mH_2O 或 mmHg 等。若流体的密度为 ρ, 则液柱高度 h 与压力 p 的关系为:

$$p = \rho g h \tag{2-22}$$

用液柱高度表示压力时, 必须指明流体的种类, 如 500 mmHg, 10 mH$_2$O 等。

按压强的定义, 压强是单位面积上的压力, 其单位应为 Pa, 常用单位有 Pa、kPa、MPa。

为了各行各业使用方便,除采用统一的法定计量单位制中规定的压强 Pa 外,还以 atm(物理大气压)、kgf·cm^{-2}、mmHg(毫米汞柱)、mH$_2$O(米水柱)、bar(巴)等压强单位。

$$1\ Pa=1\ N\cdot m^{-2}$$

$1\ atm=1.033\ kgf\cdot cm^{-2}=760\ mmHg=10.33\ mH_2O=1.0133\ bar=1.0133\times10^5\ Pa$

工程上为了使用和换算方便,常将 1 kgf/cm^2 近似地作为 1 个工程大气压,以 at 表示,于是有

$$1\ at=1\ kgf/cm^2=735.6\ mmHg=10\ mH_2O=0.9807\ bar=9.81\times10^4\ Pa$$

2.绝对压强、表压强和真空度

在化工计算中,常采用两种基准来度量压强的数值大小,即绝对压强和相对压强。

以没有气体分子存在的绝对真空作为基准所量得的压强称为绝对压强(绝压);以当地大气压强为基准所量得的压强称为相对压强。

绝对压强永远为正值,而相对压强则可能为正值,也可能为负值。化工生产中所使用的各种压强测量装置,其读数一般都为相对压强,当设备中绝对压强大于当地大气压时,相对压强值为正,所用的测压仪表称为压力表,压力表上的读数为被测流体绝对压强高出当地大气压的数值,称为表压强(表压)。它与绝对压强之间的关系为

$$绝对压强=当地大气压+表压$$

当设备中绝对压强低于当地大气压时,相对压强值为负,所用的测压仪表称为真空表,真空表上的读数为被测流体绝对压强低于当地大气压力的数值,称为真空度。它与绝对压强之间的关系为

$$绝对压强=当地大气压-真空度$$

真空度与表压之间的关系为

$$真空度=-表压$$

易知,此时设备内绝对压强越低,则它的真空度越大。当绝对压强为零时,设备内达到了完全真空。在理论上讲,真空度的最大值为当地大气压,但实际上,当设备中有液体时,液体在一定的温度下有对应的饱和蒸气压,当设备内绝对压强降低到等于液体饱和蒸气压时,液体就会汽化。只要液体温度不变,设备内压强不再降低,且等于该温度下液体的饱和蒸气压。

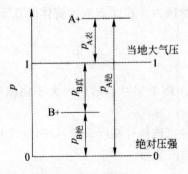

图 2-3　压强基准

绝对压强、表压和真空度之间的关系可用图 2-3 来表示。取 $0-p$ 压强轴;$0-0$ 为绝对真

空线，即绝对压强的零线；1—1 线为当地大气压线。

通常当地大气压力不是固定不变的，它应按当时当地气压计上的读数为准。另外，为了避免绝对压强、表压和真空度三者的混淆，在今后的讨论中，对表压和真空度均加以标注，如 200 kPa（表）、20 kPa（真），没有标注的均指的是绝对压强。

2.2.3　流体静力学方程

静止的流体处于相对静止状态时，其所受重力和压力达到静力平衡，此时其内部质点将受到重力和各个方向的压力。由于重力可看作是不变的，压力是变化的，当所受合力为零时，流体就达到力学平衡。流体静力学基本方程是用于描述静止流体内部的压力沿着高度变化的数学表达式。对于不可压缩流体，密度随压力变化可忽略，其静力学基本方程可用下述方法推导。

在图 2-4 中，密度为 ρ 的静止流体中，取一微元立方体，其边长分别为 $\mathrm{d}x$、$\mathrm{d}y$、$\mathrm{d}z$，它们分别与 x、y、z 轴平行。

由于流体处于静止状态，因此所有作用于该立方体上的力在坐标轴上的投影之代数和应等于零。

对于 z 轴，作用于该立方体上的力有：

①用于下底面的总压力为 $p\mathrm{d}x\mathrm{d}y$；

②用于上底面的总压力为 $-\left(p+\dfrac{\partial p}{\partial z}\mathrm{d}z\right)\mathrm{d}x\mathrm{d}y$

③作用于整个立方体的重力为 $-\rho g\,\mathrm{d}x\mathrm{d}y\mathrm{d}z$。

z 轴方向力的平衡式可写成

$$p\mathrm{d}x\mathrm{d}y-\left(p+\frac{\partial p}{\partial z}\mathrm{d}z\right)\mathrm{d}x\mathrm{d}y-\rho g\,\mathrm{d}x\mathrm{d}y\mathrm{d}z=0$$

即

$$-\frac{\partial p}{\partial z}\mathrm{d}x\mathrm{d}y\mathrm{d}z-\rho g\,\mathrm{d}x\mathrm{d}y\mathrm{d}z=0$$

上式各项除以 $\mathrm{d}x\mathrm{d}y\mathrm{d}z$，则 z 轴方向力的平衡式可简化为

$$\frac{\partial p}{\partial z}+\rho g=0 \tag{2-23a}$$

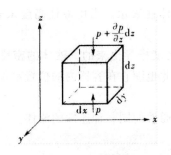

图 2-4　微元流体的静力平衡

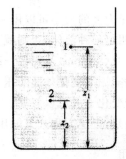

图 2-5　静止液体内的压力分布

对于 x、y 轴,作用于该立方体的力仅有压力,亦可写出其相应的力的平衡式,简化后得

$$x \text{ 轴} \qquad \frac{\partial p}{\partial x} = 0 \qquad\qquad (2-23b)$$

$$y \text{ 轴} \qquad \frac{\partial p}{\partial y} = 0 \qquad\qquad (2-23c)$$

式(2—23a)、式(2—23b)、式(2—23c)称为流体平衡微分方程式,积分该微分方程组,可得到流体静力学基本方程式。

将式(2—23a)、式(2—23b)、式(2—23c)分别乘以 dz、dx、dy,并相加后得

$$\frac{\partial p}{\partial x}dx + \frac{\partial p}{\partial y}dy + \frac{\partial p}{\partial z}dz = -\rho g\,dz \qquad (2-23d)$$

上式等号的左侧即为压力的全微分 dp,于是

$$dp + \rho g\,dz = 0 \qquad\qquad (2-23e)$$

对于不可压缩流体,$\rho =$ 常数,积分上式,得

$$\frac{p}{\rho} + gz = \text{常数} \qquad\qquad (2-24)$$

液体可视为不可压缩的流体,在静止液体中取任意两点,如图 2-5 所示,则有

$$\frac{p_1}{\rho} + gz_1 = \frac{p_2}{\rho} + gz_2 \qquad\qquad (2-25)$$

或

$$p_2 = p_1 + \rho g(z_1 - z_2) \qquad\qquad (2-25a)$$

对式(2—25a)进行适当的变换,即使点 1 处于容器的液面上,设液面上方的压力为 p_0,距液面 h 处的点 2 压力为 p,式(2—25a)可改写为

$$p = p_0 + \rho g h \qquad\qquad (2-25b)$$

式(2—25)、式(2—25a)及式(2—25b)称为流体静力学基本方程式,反映在重力场作用下,静止液体内部压力的变化规律。由式(2—25b)可见以下规律。

①当容器液面上方的压力 p_0 一定时,静止液体内部任一点压力 p 的大小与液体本身的密度 ρ 和该点距液面的深度 h 有关。因此,在静止的、连续的同一液体内,处于同一水平面上各点的压力都相等。

②当液面上方的压力 p_0 有改变时,液体内部各点的压力 p 也发生同样大小的改变。

③式(2—25b)可改写为 $\frac{p - p_0}{\rho g} = h$。

上式说明,压力差的大小可以用一定高度的液体柱表示。当用液柱高度来表示压力或压力差时,必须注明是何种液体,否则就失去了意义。

式(2—25)、式(2—25a)及式(2—25b)是以恒密度推导出来的。液体的密度可视为常数,而气体的密度除随温度变化外还随压力而变化,因此也随它在容器内的位置高低而改变,但在化工容器里这种变化一般可以忽略。

值得注意的是,上述方程式只能用于静止的连通着的同一种连续的流体。

2.2.4　应用

静力学原理在工程上应用非常广泛,主要用于测量两截面间的压强差或任意截面上的压

强,测量容器内的液面位置等。

1.液位的测量

化工生产厂以及原材料和产品集散场中都有很多大型的储液设备,这些设备有塔式的也有罐式的,有的高度达数十米。若不了解储液设备内的液位的高度,就会给生产和供储带来很多困难,有时还会导致安全隐患。液位的测量通常使用液位计,也可将液位转化为压力信号,由传感器测得。

图 2-6 是一种最简单的通过压差法现场测量液位的装置。在储液容器底部和液面上方器壁上分别有两个开孔与装有指示液的 U 形管压差计相连,与器壁上端开孔相连一端的 U 形管上方有一个扩大室,起平衡作用,其中所装液体与容器中液体相同。该液体在扩大室内的液面高度维持在容器液面允许达到的最大高度处。这样,根据压差计指示液的读数 R 就可计算出容器内的液位高度。显然,当 $R＝0$ 时,容器内的液位就达到允许的最大高度。

有时为了在远离现场处了解容器内的液位高度,人们根据流体的静力平衡原理开发了一种远程测量液位计,如图 2-7 所示。将压缩氮气通过调节阀吹入鼓泡观察室中,通过调节阀使气泡缓慢逸出,以便气体通过管道的流动阻力可以忽略。这样,储槽内吹气管的出口压力接近于 U 形管压差计 b 处的压力 p_b。通过换算就可得到储槽内的大致液位高度 h。

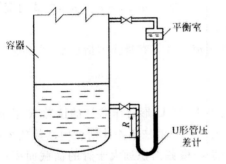

图 2-6　现场测量液位的装置

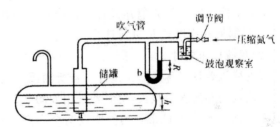

图 2-7　远程测量液位计

2.测量流体压力或压差

(1)U 形管液柱压差计

U 形管液柱压差计的结构如图 2-8 所示,它是在一根 U 形玻璃管(称为 U 形管压差计)内装指示液。指示液必须与被测流体不互溶,不起化学反应,且其密度要大于被测流体的密度。指示液随被测流体的不同而不同。常用的指示液有汞、四氯化碳、水和液体石蜡等。将 U 形管的两端与管道中的两截面相连通,若作用于 U 形管两端的压力为 p_1 和 p_2 不等(图中 $p_1＞p_2$),则指示液就在 U 形管两端出现高度差 R。利用 R 的数值,再根据流体静力学基本方程式,就可求出流体两点之间的压力差。

根据流体静力学基本方程式,从 U 形管右侧来计算,

$$p_a = p_1 + (m + R)\rho g$$

同理,从 U 形管左侧来计算,可得

$$p_b = p_2 + m\rho g + \rho_0 gR$$

因为

$$p_a = p_b$$

整理得

$$p_1 - p_2 = (\rho_0 - \rho)gR$$

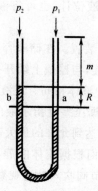
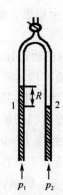

图 2-8　U 形管压差计　　　　图 2-9　倒 U 形管压差计

测量气体时,由于气体的密度 ρ 比指示剂的密度 ρ_0 小得多,故 $\rho_0 - \rho \approx \rho_0$,此式可简化为

$$p_1 - p_2 = \rho_0 gR$$

图 2-9 所示是倒 U 形管压差计。该压差计是利用被测液体本身作为指示剂,则压力差 $p_1 - p_2$ 可根据液柱高度差 R 进行计算。

（2）双液柱压差计

双液柱压差计又称微差压差计。若所测压强差很小,则 U 形管压差计的读数 R 很小,可能导致读数的相对误差很大,这时若采用如图 2-10 所示的双液柱压差计则可使读数放大几倍或更多。该压差计在 U 形管两侧增设两个小室,小室的横截面积远大于管的横截面积;在小室和 U 形管中分别装入两种互不相溶而密度又相差不大的指示液,其密度分别为 ρ_1 、ρ_2 ,且 ρ_1 略小于 ρ_2 。

将双液柱压差计与两测压点相连,在被测压差作用下,两侧指示液显示出高度差。因为小室截面积足够大,故小室内液面高度变化可忽略不计。由静力学原理可推知:

$$p_1 - p_2 = (\rho_2 - \rho_1)gR \tag{2-26}$$

由于 ρ_2 与 ρ_1 相差不大,即 $(\rho_2 - \rho_1)$ 很小,因而读数 R 也可能较大。

（3）斜管压差计

当被测量的压强差或压强较小,如测量气体压强时,除用密度较小的指示液外,还可采用斜管压差计。

图 2-11 所示的斜管压差计的一臂与水平面成 α 角,由图看出,玻璃管经斜放后,可使读数由原来的 R 加大到 R' ,放大的倍数为:

$$R' = \frac{R}{\sin\alpha} \tag{2-27}$$

α 越小,放大的倍数就越大。

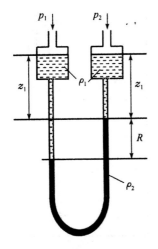

图 2-10　双液柱压差计

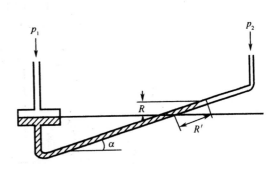

图 2-11　斜管压差计

3. 液封高度的计算

在化工生产中常遇到设备的液封问题。设备内操作条件不同,采用液封的目的也就不同。但其液封的高度都是根据流体静力学基本方程确定的。化工生产中经常遇到设备的液封问题。

如图 2-12 所示,为了控制乙炔发生炉内的压强不超过规定的数值,炉外装有安全液封。其作用是当炉内压力超过规定值时,气体就从液封管排出,以确保设备操作的安全。若设备要求压力不超过 p_1(表压),按静力学基本方程式,液封管插入液面下的深度而为

$$h = \frac{p_1}{\rho_{H_2O} g}$$

真空蒸发产生的水蒸气,往往送入如图 2-13 所示的混合冷凝器中与冷水直接接触而冷凝。为了维持操作的真空度,冷凝器上方与真空泵相通,不时将器内的不凝气体(空气)抽走。同时为了防止外界空气进入,在气压管出口装有液封。若真空表读数为 p,液封高度为 h,则根据流体静力学基本方程可得

$$h = \frac{p_a - p}{\rho g}$$

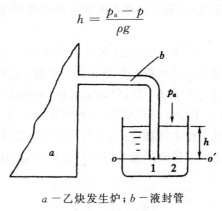

a—乙炔发生炉;b—液封管

图 2-12　液封

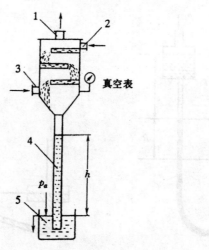

1—与真空泵相通的不凝性气体出口;2—冷水进口;
3—水蒸气进口;4—气压管;5—液封槽

图 2-13　混合冷凝器

2.3　流体动力学

流体与其他物质一样,运动是绝对的,而静止是相对的,静止只是运动的一种特殊形式,研究流体运动规律才具有更普遍的意义。因此,从本节主要侧重研究流体流动时的规律和应用的内容。

2.3.1　流体动力学基础

1.定态流动与非定态流动

在流动空间的各点上,流体的流速、压强等所有的流动参数仅随空间位置变化,而不随时间变化,这样的流动称为定态流动;若流动参数既随空间位置变化,又随时间变化,这样的流动称为非定态流动。

如图 2-14 所示,水箱 3 上部不断有水从进水管 1 注入,而从下部排水管 4 不断地排出,且要求进水量大于排水量,多余的水从水箱上方溢流管 2 溢出,以维持箱内水位恒定不变。若在流动系统中,任取两个截面 A−A′ 及 B−B′,经测定发现,该两截面上的流速和压强虽不相同,但每一截面上的流速和压强均不随时间而变化,这种情况属于定态流动。若将图中进口管阀门关闭,水箱内的水仍不断地由排水管排出,水箱内的水位逐渐下降,各截面上水的流速和压强也随之减小,此时各截面上的流速和压强不但随位置而变化,还随时间而变化,这种流动情况属于非定态流动。

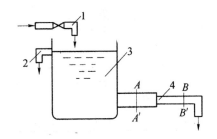

1—进水管；2—出水管；3—水箱；4—排水管

图 2-14　流体的流动情况

化工生产过程多为连续操作，少数过程为间歇操作，所以流体在管内和设备内的流动多为定态流动。

2.流量

单位时间内流经设备或管道任一截面的流体数量称为流量。通常有两种表示方法。

(1)体积流量

单位时间内流经管道任一截面上的体积，称为体积流量，用符号 $q_{V,s}$ 或 $q_{V,h}$ 表示，单位为 m^3/s 或 m^3/h。

(2)质量流量

单位时间内流经管道任一截面上的质量，称为质量流量，用符号 $q_{m,s}$ 或 $q_{m,h}$ 表示，单位为 kg/s 或 kg/h。

体积流量与质量流量之间的关系为

$$q_{m,s} = \rho q_{V,s} \tag{2-28}$$

由于气体的体积随压强和温度的变化而变化，当气体流量以体积流量表示时，应注明压强和温度。

3.流速

(1)平均流速

流速是指流体质点在单位时间内、在流动方向上所流经的距离。实验证明，由于黏性的作用，流体流经管道截面上各点速度是沿半径变化的。工程上为了计算方便，通常以整个管道截面上的平均流速来表示流体在管道中的流速。平均流速的定义是：流体的体积流量 $q_{V,s}$ 除以管道的流通截面积 A，以符号 u 表示，单位为 m/s。

体积流量与流速(平均流速)之间的关系为

$$u = \frac{q_{V,s}}{A} \tag{2-29}$$

质量流量与流速之间的关系为

$$q_{m,s} = \rho q_{V,s} = \rho u A \tag{2-30}$$

化工生产中常见到的管道流通截面为圆形，若以 d_i 表示管道的内径，则式(2-29)可变为

$$u = \frac{q_{V,s}}{\frac{\pi}{4}d_i^2}$$

于是管道内径为

$$d_i = \sqrt{\frac{4q_{V,s}}{\pi u}} \qquad (2-31)$$

流体输送管路的直径可根据流量和流速,用式(2-31)进行计算。流量一般为生产任务所决定,所以确定管径的关键在于选择合适的流速。

(2)质量流速

单位时间内流经管道单位面积的流体质量,称为质量流速,以符号 G 表示,其单位为 $kg/(m^2 \cdot s)$。

质量流速与质量流量及流速之间的关系为

$$G_s = \frac{q_{m,s}}{A} = \rho \cdot u \qquad (2-32)$$

2.3.2　定态流动连续性方程

如图 2-15 所示,流体在变径管路中流动时,取由 1-1、2-2 截面与管子内壁表面形成的区域作为一个衡算系统。根据质量守恒定律,从截面 1-1 进入的流体质量流量应等于从 2-2 截面流出的流体质量流量,于是有

$$W_{s1} = W_{s2}$$

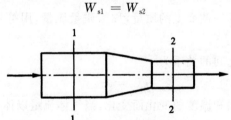

图 2-15　变径管路

式中,W_{s1} 为截面 1-1 的质量流量,kg/s;W_{s2} 为截面 2-2 的质量流量,kg/s。

由于 $W_s = V_s \rho = \rho u A$,则有

$$V_{s1}\rho_1 = V_{s2}\rho_2 \qquad 或 \qquad \rho_1 u_1 A_1 = \rho_2 u_2 A_2 \qquad (2-33)$$

此式即为流体在管内作定态流动时的连续性方程。式中,V_{s2} 为截面 1-1 的体积流量,m^3/s;ρ_1 为截面 1-1 的流体密度,kg/m^3。A_1 为界面 1-1 流体通过的截面面积,m^2;A_2 为界面 2-2 流体通过的截面面积,m^2。

由此可推广到管道的任一截面,即

$$w_s = u_1 A_1 \rho_1 = u_2 A_2 \rho_2 = \cdots = u A \rho = 常数$$

对于不可压缩流体 $\rho_1 = \rho_2$,得

$$V_{s1} = V_{s2}$$

由此可推广到,对不可压缩流体,ρ 为常数,则上式可简化为

$$V_s = u_1 A_1 = u_2 A_2 = \cdots = u A = 常数$$

可压缩流体在管道中的流动情况比较复杂,即使在直径直径不变的管道中作定态等温流

动,因密度随压强而变,故体积流量和速度都不是常数,但仍然遵循质量守恒定律,即质量流量为常数,因此常采用下面关系描述可压缩流体在管道中的流动情况:

$$G = u_1\rho_1 = u_2\rho_2 = \cdots = u\rho = 常数$$

此式说明,可压缩流体在管道中流过时质量速度 G 为常数,或速度与密度的乘积为常数,但 u 与 ρ 必须采用同一截面上的数值。

对于圆形管道,有

$$\frac{\pi}{4}d_1^2 u_1 = \frac{\pi}{4}d_2^2 u_2$$

整理后,得

$$\frac{u_1}{u_2} = \frac{d_2^2}{d_1^2} = \frac{A_2}{A_1} \tag{2-34}$$

式中,u_1 为界面 $1-1$ 的流体流速,m/s;d_1 为界面 $1-1$ 的管道内径,m。

连续性方程式是一个非常重要的基本方程式,可用来计算流体的流速或管径。

2.3.3　伯努利方程

在流体流动中单位质量流体的机械能守恒的概念,最早是由伯努利(Bernoulli)提出来的。他根据牛顿第二定律,对恒密度流体在重力场中的定态流动进行分析,在没有外加机械功及不存在机械能耗散为热力学能的前提条件下,导出了流体机械能守恒方程,该方程就是著名的伯努利方程。目前,伯努利方程的推导方法有多种,下面介绍一种最为简单的方法,即能量衡算的方法。

1.理想流体的伯努利方程

理想流体是指没有黏性的流体,即黏度为 0 的流体。设有一流动系统,如图 2-16 所示。在稳定条件下,若有 1 kg 的流体通过截面 $1-1$ 进入系统,亦必有 1 kg 的流体从截面 $2-2$ 送出。在这一流动过程中,将涉及以下形式的能量。

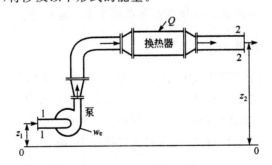

图 2-16　稳定流动的管路系统

内能是贮存在流体内部的能量,主要与流体的温度有关,压力的影响可忽略,用 U 表示。

位能是因流体处于地球重力场内而具有的能量。若规定一个计算位能起点的基准水平面,则位能等于将流体由基准水平面提升至其上垂直距离为 z 处所做的功,即

$$位能 = mgz$$

动能是因流体运动而具有的能量,等于将流体从静止状态加速到流速扰所做的功,即

$$动能 = m \frac{u^2}{2}$$

将流体压进流动系统时需要对抗压力做功,所做的功便成为流体的压力能输入流动系统;将流体压出流动系统时也需要对抗压力做功,所做的功便成为流体从流动系统输出的压力能。

除此之外,能量也可通过下述途径进、出流动系统。

若管路上连接有加热器或冷却器,流体通过时便吸热或放热。1 kg 流体通过流动系统时所吸收或放出的热量用 q_e 表示,单位为 J/kg。吸热时为正,放热时为负。

外加功简称外功。若管路上安装了泵或鼓风机等流体输送机械,便有能量(外功)从外界输入到流动系统内。反之,流体也可以通过水力机械等向外界做功而输出能量。1 kg 流体通过流动系统时所接受的外功用 W_e 表示,单位为 J/kg。

以上能量可分为两类:

(1)机械能,即位能、动能、压力能和功,可直接用于输送流体,而且可以在流体流动过程中相互转变,亦可转变为热或内能;

(2)内能和热,不能直接转变为机械能用于输送流体。

如果撇开内能和热而只考虑机械能,对图 1-19 所示的截面 1 与截面 2 之间理想流体的稳定流动,存在下述机械能衡算关系

$$gz_1 + \frac{u_1^2}{2} + \frac{p_1}{\rho_1} + W_e = gz_2 + \frac{u_2^2}{2} + \frac{p_2}{\rho_2}$$

对于不可压缩流体,$\rho_1 = \rho_2$;若流动系统与外界没有功的交换,则 $W_e = 0$。于是可化简为

$$gz_1 + \frac{u_1^2}{2} + \frac{p_1}{\rho} = gz_2 + \frac{u_2^2}{2} + \frac{p_2}{\rho} \qquad (2-35)$$

此式即为 1 kg 不可压缩理想流体做稳定流动时的机械能衡算式,称为伯努利方程。

值得注意的是由于各种形式的机械能在流动的过程中可以相互转换,例如,动能和压力能、位能和压力能,故每一种形式的机械能在各截面上不一定相等。

2. 实际流体的机械能衡算

图 2-17 中当实际流体在该流动系统内流动时,由于实际流体有黏性,在管内流动时要消耗机械能以克服阻力。消耗了的机械能转化为热,此热不能自动地变回机械能,只是将流体的温度略微升高,即略微增加流体的内能。若按等温流动考虑,则此微量的热也可以视为散失到流动系统以外去。因此,此项机械能损耗应列入输出项中,即

$$gz_1 + \frac{u_1^2}{2} + \frac{p_1}{\rho} + W_e = gz_2 + \frac{u_2^2}{2} + \frac{p_2}{\rho} + W_f \qquad (2-36)$$

W_f 为单位质量流体通过流动系统的机械能损失,简称阻力损失。此式即为以 1 kg 流体计的不可压缩实际流体的机械能衡算式。对于可压缩流体,ρ 不为常数。

若将式(2-35)两边同除以重力加速度 g,再令 $\frac{W_e}{g} = h_e$,$\frac{W_f}{g} = h_f$,则可得到机械能衡算方程为

$$z_1 + \frac{u_1^2}{2g} + \frac{p_1}{\rho g} + h_e = z_2 + \frac{u_2^2}{2g} + \frac{p_2}{\rho g} + h_f \tag{2-37}$$

显然,式中各项的单位均为 m;z 为位压头,$\frac{p}{\rho g}$ 为静压头,都代表某液柱高度;这里,$\frac{u^2}{2g}$ 称为动压头,h_e 称为外加压头,h_f 称为压头损失。位头、静压头和动压头之和称为总能头,用 h 表示。由于"头"为流体柱高度,因此用它来表示流体的各种机械能大小颇为直观。

若将式(2-36)两边同乘以流体密度 ρ,令 $\rho W_e = \Delta p_e$,$\rho W_f = \Delta p_f$,则可得到以单位体积流体为基准的机械能衡算方程

$$\rho g z_1 + \frac{\rho u_1^2}{2} + p_1 + \Delta p_e = \rho g z_2 + \frac{\rho u_2^2}{2} + p_2 + \Delta p_f \tag{2-38}$$

Δp_e 为以单位体积流体计的外加能量,Δp_f 称为压力损失。

3.伯努利方程应用

伯努利方程是化工生产中用来分析、计算各种流体流动问题的重要公式,学会使用伯努利方程,对今后工作中处理流体流动问题具有重要的实用意义。下面首先对方程在应用时要注意的问题作几点说明。

(1)作图与确定衡算范围。根据生产要求画出流动系统的示意图,指明流体的流动方向和上下游的截面,以明确流动系统的衡算范围。

(2)截面的选取。两截面应与流动方向相垂直,两截面间的流体必须是连续的。所求的未知量应在两截面之间或在截面上,截面上的 Z、u、p 等有关物理量,除所需求取的未知量以外,都应该是已知或通过其他关系可以计算出来。方程式中的能量损失指的是流体在两个截面之间流动的能量损失。习惯上是以 $1-1'$ 表示上游截面,$2-2'$ 表示下游截面。

(3)基准水平面的选择。伯努利方程中的 Z 值的大小与所选的水平基准面有关。由于实际过程中主要是确定两截面上的位能差,所以基准水平面的选择是任意的,但是水平基准面必须与地平面平行,而两个截面必须是同一个水平基准面。为了使列出的方程尽量的简单,通常取水平基准面通过衡算范围的两个截面中任意一个截面,一般是选在位置较低的截面,当截面与地面平行时,则基准面与该截面重合;若截面与地面垂直,则基准面通过该截面的中心。

(4)单位必须一致。在应用伯努利方程之前,必须要将有关物理量换算成一致的单位,然后再进行计算。两截面上的压强除单位要求一致外,还要求表示方法一致,就是说两截面上的压强要同时用绝对压强,也可以同时用表压强表示。绝对不允许在一个截面上用绝压,而另一个截面上用表压。

(5)注意流体流动的方向。将外加机械能放在入口端,能量损失放在出口端。

具体应用实例中要注意如下要点。

(1)确定管路中流体的流量。对一定的管路,若没有流量测量装置,就无法得知管路中流体的输送量,此时可利用管路中其他参数,对系统列伯努利方程即可估算管路的流体输送量。

(2)确定两容器间的相对高度。化工生产中常设计一高位容器,利用容器液面到用户有一定的位能差,使得液体可自动流到目的地。要达到一定的流量要求,就要正确地设计高位容器的高度。

(3)确定输送设备的有效功率。化工生产中常见的液体输送和气体输送,需要用泵或通风

机向流体加入能量,以增加流体的势能或用来克服流体在管路中流动的能量损失。确定输送机械的外加能量或有效功率的多少,是流体流动计算中要解决的问题。

(4)确定管路中流体的压强。设备内或管路某一截面上的压强,是化工设计计算中的重要参数,正确地确定其压强,是流体能按指定工艺要求顺利送达目的地的保证。

2.4 流体流动阻力

2.4.1 概述

流体流动时会遇到阻力,简称为流体阻力。流体阻力的大小与流体的黏度以及其他因素有关。

1.流体阻力的表现

可以做一个简单的实验来观察流体阻力的表现。具体可见图 2-17 所示,在一水槽的底部接出一段直径均匀的水平管,在截面 1、2 两处安装两根直立的玻璃管,用来观察当水流经管道时两截面处的静压力。

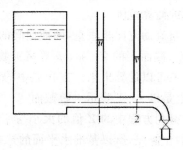

图 2-17 流体阻力表现

若把水平管的出口阀打开,水以流速 u 流动时,两直立玻璃管内的液柱高度将出现图示静压下降现象。由两截面间的柏努利方程式可得:

$$z_1 g + \frac{1}{2} u_1^2 + \frac{p_1}{\rho} = z_2 g + \frac{1}{2} u_2^2 + \frac{p_2}{\rho} + \sum h_f$$

因

$$z_1 = z_2 , u_1 = u_2$$

即

$$\sum h_f = \frac{p_1 - p_2}{\rho}$$

由上式可见,流体阻力致使静压能下降。阻力越大,静压能下降就越多。

2.流体阻力的来源

(1)内摩擦是产生流体阻力的根本原因;
(2)流体流动状况是产生流体阻力的第二位原因;
(3)管壁粗糙程度和管子的长度、直径均对流体阻力的大小有影响。

2.4.2　流体流动类型

在流体阻力产生的原因及其影响因素的讨论中,我们知道,流体的阻力与流体流动的状况有关。

1.雷诺实验

如图 2-18 所示为雷诺实验装置示意图。水箱装有溢流装置,以维持水位恒定,箱中有一水平玻璃直管,其出口处一阀门用以调节流量。水箱上方装有带颜色的小瓶,有色液体经细管注入玻璃管内。

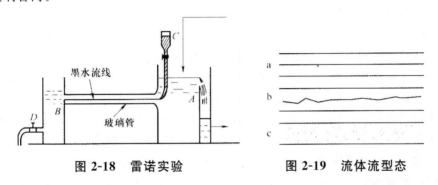

图 2-18　雷诺实验　　　　图 2-19　流体流型态

从实验中观察到,当水的流速较小时,有色液体呈明显的细直线沿玻璃管的轴线通过全管,如图 2-19 中 a 所示。随着流速的增大,作直线流动的有色液体开始抖动、弯曲、呈波浪形,如图 2-19 中 b 所示。速度再增大,有色液体细线断裂、冲散,在全管内水的颜色均匀一致,如图 2-19 中 c 所示。

2.流型的判据

两种不同流型对流体中发生的动量、热量和质量的传递将产生不同的影响。为此,工程设计上需要能够事先判定流型。

流体在圆管中的流动形态受多方面因素影响,如改变管子直径、流体密度、黏度、速度、温度、压强、摩擦力等因素中某一种或几种,都能引起流体流动状态的改变。如果用函数来表示流动形态与各因素的关系,则可表示为:

$$流动形态 = f(d,\rho,u,\mu,\lambda,p,t)$$

实验表明流动的几何尺寸(管径 d)、流动的平均速度 u 及流体的密度 ρ 和黏度 μ 对流型从层流到湍流的转变有影响。可以将这些影响因素综合成一个无量纲的数群作为流型的判据,此数群被称为雷诺数,以符号 Re 表示。

$$Re = \frac{du\rho}{\mu} \tag{2-39}$$

无因次数群是指若干个有内在联系的物理量按无因次组合起来形成的无单位的数,又称为准数或无因次数群。如雷诺准数 Re 就是由直径、流体密度、黏度、速度等四种物理量组合起来的无因次数群。

雷诺指出：

①Re≤2000 时，必定出现层流，此为层流区；

②当 2000＜Re＜4000 时，有时出现层流，有时出现湍流，依赖于环境，此为过渡区；

③当 Re≥4000 时，一般都出现湍流，此为湍流区。

需要指出的是在实际生产中，流体的流动是湍流流型。

雷诺数的物理意义：Re 反映了流体流动中惯性力与黏性力的对比关系，标志流体流动的湍动程度。其值愈大，流体的湍动愈剧烈，内摩擦力也愈大。

雷诺实验表明，流体在管道中流动存在两种截然不同的流型。

层流（或滞流）：如图 2-20(a)所示，流体质点仅沿着与管轴平行的方向作直线运动，质点无径向脉动，质点之间互不混合。

湍流（或紊流）：如图 2-20(b)所示，流体质点除了沿管轴方向向前流动外，还有径向脉动，各质点的速度在大小和方向上都随时变化，质点互相碰撞和混合。质点作不规则的杂乱流动，且彼此之间相互碰撞并互相混合，质点的流速大小与方向随时发生变化，这种流动称为湍流。

实验研究发现，湍流的情况与层流不一样，在圆管的内壁上流动速度为零，在管内壁附近，流体是处于层流状态，我们把这一薄层称为层流内层。沿管内壁向管中心方向，流体的速度由零逐渐增大到最大速度，因此存在一个由层流转化为湍流的中间过渡层，我们把自层流内层向外到管中心出现的过渡流称为过渡层。层流、湍流是流体的两种基本流动形态。

当流体在圆管内流动时，由于流体的黏性，管截面上各点的速度是不同的。流体在圆管内的速度分布是指流体流动时，管截面上质点的轴向速度沿半径的变化。由于层流与湍流是本质完全不同的两种流动类型，故两者速度分布规律不同。实验测量显示，层流时，流体质点只沿管轴作有规则的直线运动，其速度分布呈抛物线形，管壁处速度为零，管中心处速度最大，如图 2-20(a)所示。湍流时，由于流体质点强烈碰撞、分离与混合，使截面上靠中心部分各点速度彼此接近，速度分布比较均匀，只有在靠近管壁处流体质点的速度骤然下降。实验证明，当 Re 越大，湍流程度越高时，中心部分的速度分布越均匀，如图 2-20(b)所示。

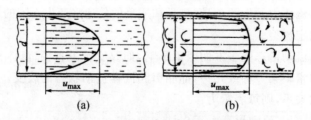

(a)   (b)

图 2-20　流体在圆管内的速度分布

①圆管内层流的速度分布方程式

层流时，速度分布可以从理论上推导。如图 2-21 所示，流体在半径为 R 的水平圆管中作定态流动，取半径为 r、长度为 l 的流体圆柱体进行受力分析。在水平方向上作用于圆柱体两端的总压力分别为

$$F_1 = \pi r^2 p_1 , \ F_2 = \pi r^2 p_2$$

式中，p_1、p_2 分别为左、右端面上的压力，N/m^2。

流体作层流流动时内摩擦力服从牛顿黏性定律，即

$$\tau = -\mu \frac{\mathrm{d}u_r}{\mathrm{d}r}$$

式中，u_r 为半径 r 处的流速，负号表示流速沿半径增加的方向而减小。

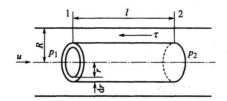

图 2-21　圆管中作用于流体上的力

作用于流体圆柱体周围表面 $2\pi rl$ 上的内摩擦力为

$$F = -(2\pi rl)\mu \frac{\mathrm{d}u_r}{\mathrm{d}r}$$

由于流体作等速流动，根据牛顿第二定律，作用于流体圆柱体上的合力等于零，即

$$\pi r^2 p_1 - \pi r^2 p_2 - \left(-2\pi rl\mu \frac{\mathrm{d}u_r}{\mathrm{d}r}\right) = 0$$

故

$$\frac{\mathrm{d}u_r}{\mathrm{d}r} = -\frac{\Delta p}{2\mu l}r \tag{2-40}$$

式中，Δp 为流体圆柱体两端的压力差（$p_1 - p_2$）。式（2-31）为速度分布微分方程式。

在一定条件下，式中 $\frac{\Delta p}{2\mu l}$ 为常数，故可积分如下

$$\int \mathrm{d}\mu_r = -\frac{\Delta p}{2\mu l}\int r\mathrm{d}r$$

$$\mu_r = -\left(\frac{\Delta p}{2\mu l}\right)\frac{r^2}{2} + C$$

利用管壁处的边界条件，$r = R$ 时，$\mu_r = 0$。可得

$$C = \frac{\Delta p}{2\mu l}R^2$$

故

$$\mu_r = \frac{\Delta p}{4\mu l}(R^2 - r^2) \tag{2-41}$$

此式为流体在圆管中作层流流动时的速度分布方程式。由此式可知，速度分布为抛物线形状，且管中心处（$r = 0$）的速度为最大速度，即

$$\mu_{\max} = \frac{\Delta p}{4\mu l}R^2 \tag{2-42}$$

事实上，工程中经常是以管截面上的平均流速来计算流量和流动所产生的压力损失。

由图 2-21 可知，通过厚度为 $\mathrm{d}r$ 的微小环形截面积的体积流量为

$$\mathrm{d}q_V = (2\pi r\mathrm{d}r)\mu_r$$

μ_r 用式(2-41)代入,可得

$$\mathrm{d}q_V = \frac{\Delta p}{4\mu l}(R^2 - r^2)(2\pi r\mathrm{d}r)$$

在整个管截面积上进行积分,求得管中的流量为

$$\int_0^{q_V} \mathrm{d}q_V = \frac{\pi\Delta p}{2\mu l}\int_0^R (R^2 r - r^3)\mathrm{d}r$$

$$q_V = \frac{\pi R^4 \Delta p}{8\mu l}$$

由平均速度

$$u = \frac{q_V}{A} = \frac{q_V}{\pi R^2}$$

可得

$$u = \frac{\Delta p}{8\mu l}R^2 \tag{2-43}$$

比较式(2-42)和式(2-43),得

$$u = \frac{1}{2}u_{\max}$$

即层流流动时,管截面上的平均流速为管中心最大流速的一半。

②圆管内湍流的速度分布式

图 2-20(b)是经实验测定的湍流时圆管内的速度分布曲线。湍流时,流体质点的运动情况比较复杂,目前还不能完全采用理论方法得出湍流时的速度分布规律。人们对湍流时的速度分布做了大量的研究,将其归纳表示成下列经验关系式。

$$\frac{u_r}{u_{\max}} = \left(1 - \frac{r}{R}\right)^n$$

式中,指数 n 与 Re 有关,在不同的 Re 范围内取值不同。$4\times10^4 < Re < 1.1\times10^5$ 时,$n = 1/6$；$1.1\times10^5 < Re < 3.2\times10^6$ 时,$n = 1/7$；$Re > 3.2\times10^6$ 时,$n = 1/10$。其中,当 $n = 1/7$ 时,推导可得管截面的平均速度约为管中心最大速度的 0.82 倍,即

$$u \approx 0.82u_{\max}$$

2.4.3　圆形直管阻力

流体在管内从一个截面流到另一个截面时,由于流体具有黏性,流体层之间的分子动量传递产生的内摩擦阻力,或由于流体之间的湍流动量传递而引起的摩擦阻力,使一部分机械能转化为热能。我们把这部分机械能称为能量损失。管路一般由直管段、管件(包括阀门、弯头、三通等)以及输送机械等组成。因此,流体在管路中的流动阻力,可分为直管阻力和局部阻力两类。直管阻力是流体流经一定直径的直管时,所产生的阻力。局部阻力是流体流经管件、阀门及进出口时,由于受到局部障碍所产生的阻力。所以,流体流经管路的总的能量损失,应为直管阻力与局部阻力所引起的能量损失之和。

1.圆形直管阻力损失的计算通式

流体在管内从第一截面流到第二截面时,由于流体层之间的分子动量传递而产生的内摩

擦阻力,或由于流体之间的湍流动量传递而引起的摩擦阻力,使一部分机械能转化为热能。这部分机械能称为能量损失。管路一般由直管段和管件、阀门等组成。因此,流体在管路中的流动阻力,可分为直管阻力和局部阻力两类。直管阻力是流体流经一定直径的直管时所产生的阻力。局部阻力是流体流经管件、阀门及进出口时,由于受到局部障碍所产生的阻力。因此,流体流经管路的总能量损失应为直管阻力与局部阻力所引起能量损失之总和。

当液体流经等直径的直管时,动能没有改变。由伯努利方程可知,此时流体的能量损失应为

$$h_f = \left(z_1 g + \frac{p_1}{\rho}\right) - \left(z_2 g + \frac{p_2}{\rho}\right)$$

只要测出一直管段两截面上的静压能与位能,就能求出流体流经两截面之间的能量损失。对于水平等径管,流体的能量损失应为

$$h_f = \frac{p_1}{\rho} - \frac{p_2}{\rho} = \frac{\Delta p}{\rho} \tag{2-44}$$

即对于水平等径管,只要测出两截面上的静压能,就可以知道两截面之间的能量损失。应该注意:①对于同一根直管,不管是垂直或水平安装,所测得能量损失应该相同;②只有水平安装时,能量损失才等于两截面上的静压能之差。

2. 直管阻力损失计算式

统一的表达方式对于直管阻力损失,无论是层流或湍流,均可将式(2-44)改写成如下的统一形式,以便于工程计算。

$$h_f = \lambda \frac{l}{d} \frac{u^2}{2} \tag{2-45}$$

式中摩擦系数 λ 为 Re 数和相对粗糙度的函数,即

$$\lambda = \varphi\left(Re, \frac{\varepsilon}{d}\right)$$

对 $Re < 2000$ 的层流直管流动,根据理论推导,有

$$\lambda = \frac{64}{Re} \qquad (Re < 2000) \tag{2-46}$$

湍流时的摩擦系数 λ 可用下式计算

$$\frac{1}{\sqrt{\lambda}} = 1.74 - 2\lg\left(\frac{2\varepsilon}{d} + \frac{18.7}{Re\sqrt{\lambda}}\right) \tag{2-47}$$

使用简单的迭代程序不难按已知 Re 数和相对粗糙度 $\frac{\varepsilon}{d}$ 求出 λ 值,也可用如图 1-22 所示曲线直接查得所需数据。

该图为双对数坐标。$Re \leqslant 2000$ 为层流区或滞留区,$\lg\lambda$ 随 $\lg Re$ 直线下降,此时阻力损失与流速的一次方成正比。

$Re = 2000 \sim 4000$ 属于过渡区,管内流型因环境而异,摩擦系数波动。一般为安全起见,常作湍流处理。

当 $Re \geqslant 4000$ 时,流动进入湍流区,摩擦系数 A 随雷诺数 Re 的增大而减小。至足够大的

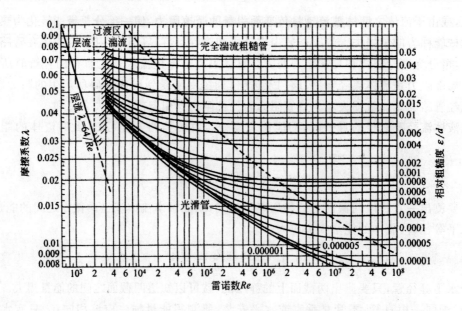

图 2-22　λ 与 Re 及 $\dfrac{\varepsilon}{d}$ 的关系图

Re 后，λ 不再随 Re 而变，其值仅取决于相对粗糙度 $\dfrac{\varepsilon}{d}$。此时摩擦系数 λ 为

$$\frac{1}{\sqrt{\lambda}} = 1.74 - 2\lg\left(\frac{2\varepsilon}{d}\right) \tag{2-48}$$

虚线以上区域由于 λ 与 Re 无关，阻力损失 h_f 与流速 u 的平方成正比，因而称为充分湍流区或阻力平方区。

湍流区最下面一条曲线为光滑管，这里光滑管指的是玻璃管、塑料管、铜管等。在 $Re = 3 \times 10^3 \sim 1 \times 10^5$ 间，其关系可用柏拉修斯公式表示，即

$$\lambda = \frac{0.3164}{Re^{0.25}} \tag{2-49}$$

层流时，粗糙度对 λ 值无影响。在湍流区，管内壁高低不平的凸出物对 λ 的影响是相继出现的。刚进入湍流区时，只有较高的凸出物才对 λ 值显示其影响，较低的凸出物则毫无影响。随着 Re 的增大，越来越低的凸出物相继发挥作用，影响 λ 的数值。

这是因为，壁面上的流速为零，因此阻力损失的主要原因是流体黏性所造成的内摩擦。层流流动时，粗糙度的大小并未改变层流的速度分布和内摩擦的规律，因此并不对阻力损失有较明显的影响。但在湍流时，粗糙表面的凸出物将阻挡湍流的流动而造成不可忽略的阻力损失。Re 值愈大，层流内层愈薄，越来越小的表面凸出物将暴露于湍流核心中，而形成额外的阻力。当 Re 大到一定程度时，层流内层可薄得足以使表面突起物完全暴露无遗，则流体便进入阻力平方区。

2.4.4　非圆形直管阻力

实际应用中常会遇到非圆形管道，例如有些气体管道是方形的，套管换热器两根同心圆管

间的通道是圆环形的,而计算 Re 及 h_f 式中的 d 都是圆管的直径。对非圆形通道计算 Re 值及 h_f 时,必须找出一个与圆形管管径相当的量代替,才能算出 Re 数及 h_f,为此引入水力半径的概念。它的定义是:

$$水力半径\ r_H = \frac{流通截面积}{润湿周边} \qquad (2-50)$$

圆形管道的水力半径为:

$$r_H = \frac{\frac{\pi}{4}d^2}{\pi d} = \frac{d}{4}$$

上式说明圆形管直径等于 4 倍水力半径,把这个概念推广到非圆形管,令 d_e 代表非圆形管的“直径”,称为当量直径,则:

$$d_e = 4r_H$$

所以计算非圆形管的 h_f 时可用

$$h_f = \lambda \frac{l}{d_e} \frac{u^2}{2} \qquad (2-51)$$

用图 2-23 查 λ 时, $\frac{\epsilon}{d}$ 及 Re 中的 d 也应改用 d_e,但速度仍然要用实际流通面积计算。

当量直径用于湍流情况下的阻力计算才比较可靠。应用于矩形管时,截面的长宽之比不能超过 3:1,用于环形截面时,可靠性较差。层流时应用当量直径计算阻力的误差就很大,必须采用 $d_e = 4r_H$ 。另外,还须对层流时摩擦系数 λ 进行修正,即

$$\lambda = \frac{C}{Re}$$

式中,C 为修正常数,一些常见的非圆形管道 C 值如表 2-2 所示。

表 2-2　部分非圆形管道 C 值

管道形状	正方形	等边三角形	环形	长方形 长:宽=2:1	长方形 长:宽=4:1
C	57	53	96	62	73

2.4.5　局部阻力及总阻力

1.局部阻力

流体输送管路上,除直管外,还有阀门和弯头、三通、异径管等管件。当流体流过阀门和管件时,由于流动方向和流速的变化,产生涡流,湍流程度增大,使摩擦阻力损失显著增大。这种仅仅由阀门和管件所产生的流体摩擦阻力损失称为局部摩擦阻力损失,简称局部阻力损失。

局部阻力损失的计算方法有两种:局部阻力系数法与当量长度法。

(1)局部阻力系数法

局部阻力系数法假定局部阻力损失和流体动能 $\frac{u^2}{2}$ 成正比,即

$$h_f = \zeta \frac{u^2}{2} \tag{2-52}$$

式中，ζ 为局部阻力系数，以下简称阻力系数，由实验测定。

常用管件和阀件的 ζ 值见表 2-3。

表 2-3　管件和阀件的局部阻力系数

名称	阻力系数	$\dfrac{l_e}{d}$
45°弯头	0.35	17
90°弯头	0.75	35
三通	1	20
回弯头	1.5	75
管接头	0.04	2
活接头	0.04	2
球式止逆阀	70	3500
闸阀全开	0.17	9
闸阀半开	4.5	225
截止阀全开	6.0	300
截止阀半开	9.5	475
角阀半开	2	100
盘式水表	7	350
摇摆式止逆阀	2	100

图 2-23 所示，流体从细管流入粗管或从粗管流入细管的流道突然扩大或突然缩小，将造成局部阻力损失，局部阻力系数善可分别用下列二式计算。

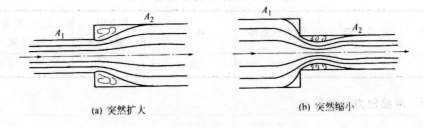

(a) 突然扩大　　　　　　　　　　(b) 突然缩小

图 2-23　突然扩大和突然缩小

突然扩大时

$$\zeta = \left(1 - \frac{A_1}{A_2}\right)^2 \tag{2-53a}$$

突然缩小时

$$\zeta = 0.5\left(1 - \frac{A_2}{A_1}\right) \tag{2-53b}$$

式（2-53）可知，当 $A_1 = A_2$ 时，$\zeta = 0$，即等径的直管无此项局部阻力损失。特别是当液体从管路流入截面较大的容器或气体从管路排放到大气中，即 $\dfrac{A_1}{A_2} \approx 0$ 时，由式（2－53a）可知

$\zeta = 1$ 。流体自容器进入管的入口，是自很大的截面突然缩小到很小的截面，相当于 $\dfrac{A_2}{A_1} \approx 0$ 。

此时，由式（2－53b）可知 $\zeta = 0.5$ 。

不同 $\dfrac{A_1}{A_2}$ 下的 ζ 值见表 2-4。

表 2-4　突然缩小阻力系数 ζ 与 $\dfrac{A_1}{A_2}$ 的关系

$\dfrac{A_1}{A_2}$	0	0.2	0.4	0.6	0.8	1.0
ζ	0.5	0.45	0.36	0.21	0.07	0

需要强调的是，由式（2－52）计算突然扩大或突然缩小造成的局部阻力损失时，式中流速 u 均取小管中的流速。

计算突然扩大、突然缩小的阻力损失时，都应按小管内的流速计算动能项。

当流体从容器流进管道时，相当于突然缩小时 $\dfrac{A_1}{A_2} \approx 0$ 的情形，此时阻力系数 $\zeta_i = 0.5$ ，称为管入口做得圆滑，则 ζ_i 可以小很多。

（2）当量长度法

此法是将流体流过管件、阀门等所产生的局部阻力损失折合成相当于流体流过长度为 l_e 的同直径的管道时所产生的阻力损失。l_e 称为管件、阀门的当量长度。于是局部阻力损失可用下式计算：

$$h_f = \lambda \frac{l_e}{d} \frac{u^2}{2} \tag{2－54}$$

式中 l_e 值由实验测定。工业上为了使用方便，常用 $\dfrac{l_e}{d}$ 值表示，表 2-3 列出了某些管件和

阀门的 $\dfrac{l_e}{d}$ 值。另外，ζ 值乘以 50 可以换算为 $\dfrac{l_e}{d}$ 值。

实际应用时，长距离输送以直管阻力损失为主；车间管路则往往以局部阻力为主。

2. 总阻力

总阻力损失的计算既可以用当量长度法表示，又可以用局部阻力系数法表示。总的阻力损失的当量长度法可表示为：

$$\sum h_f = \lambda \frac{l}{d} \frac{u^2}{2} + \lambda \frac{\sum l_e}{d} \frac{u^2}{2} = \lambda \frac{(l + \sum l_e)}{d} \frac{u^2}{2} \tag{2－55}$$

总阻力损失的计算用局部阻力系数法表示为：

$$\sum h_f = \lambda \frac{l}{d} \frac{u^2}{2} + \sum \zeta \frac{u^2}{2} = \left(\lambda \frac{l}{d} + \sum \zeta \right) \frac{u^2}{2} \tag{2－56}$$

应注意，当管路中各段的流速不同时，则总阻力损失应按各段分别计算，再加和。

2.5　管路计算

管路计算是工程上流体输送管路设计与校核经常面对的一个问题。除了常见的水、气、风输送管道的设计需要进行管路计算外,其他如石油、天然气、水煤浆、常见化工溶剂等流体的输送都涉及管路计算问题。

管路计算是应用前述的连续性方程式、伯努利方程式和摩擦阻力损失计算式,确定流量、管道尺寸和摩擦阻力之间的关系。管路按其配置情况的不同,通常分为简单管路与复杂管路。

2.5.1　简单管路计算

简单管路可以是管径不变的单一管路,也可以是由若干异径管段串联组成的管路。

图 2-24 所示为一典型的简单管路系统。简单管路是单一管路,即没有分支和汇合的管路。

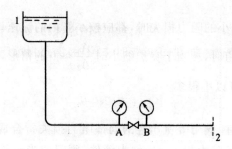

图 2-24　简单管路

简单管路的特点:通过各管段的质量流量不变,对不可压缩流体,则体积流量不变,整个管路的总摩擦损失为各管段摩擦损失之和。

该管路的阻力损失由三部分组成: h_{f1-A} 、 h_{fA-B} 、 h_{fB-2} 。其中 h_{fA-B} 是阀门的局部阻力。设起初阀门全开,各点虚拟压强分别为 P_1 、 P_A 、 P_B 和 P_2 。因管子串联,各管段内的流量 V_s 相等。

现将阀门由全开转为半开,上述各处的流动参数发生如下变化。

(1)阀关小,阀门的阻力系数善增大, h_{fA-B} 增大,出口及管内各处的流量 V_s 随之减小。

(2)在管段 1−A 之间考察,流量降低使 h_{f1-A} 随之减小,阀 A 处虚拟压强缎将增大。因 A 点高度未变, P_A 的增大即意味着压强 p_A 的升高。

(3)在管段 B−2 之间考察,流量降低使 h_{fB-2} 随之减小,虚拟压强 P_B 将下降。同理, P_B 的下降即意味着压强 p_B 的减小。

由此可引出如下结论:

①任何局部阻力系数的增加将使管内的流量下降;

②上游阻力增大将使上游压强上升;

③上游阻力增大将使下游压强下降;

④阻力损失总是表现为流体机械能的降低,在等径管中则为总势能的降低。

下游情况的改变影响上游充分体现出流体作为连续介质的运动特性,表明管路应作为一个整体加以考察。

简单管路计算按其目的不同可分为设计型和操作型两类。这两类问题的计算方法都是联立求解连续性方程、机械能衡算方程、摩擦损失计算式,但由于这两类问题已知量不同,计算过程也不相同。

1. 设计型

设计型计算问题是指管路还没有存在,要按生产给定的输送任务,设计经济上合理的管路。

典型的设计型命题是已知管长、管件和阀门的设置及流体的输送量,需液点的压强和高度。选择管径、计算流体通过该管路系统的能量损失,以便最终确定供液点处的压强、高度或输送设备所加入的外功。

在化工生产中,管路配置是一项重要的技术问题,管路直径的大小与工程所需费用有着直接的关系。很显然,若选用较小的管径,设备投资少,但在规定的流量下,管径越小其流速越大,流动阻力越大,能量损失增大,由此增大了输送流体的动力消耗。反之,则将使得设备投资增加。因此,选择的管径不宜太大或太小,要合理考虑,以设备折旧费用与动力消耗费用之和最小为确定原则。

若要按照上述原则确定合理的管径,就要通过选择流体的适宜流速来达到这一目的。所以当流体以大流量在长距离的管路中输送时,需根据具体情况在操作费用与基建费用之间通过经济权衡来确定适宜的流速。对于室内的管线,通常较短,管内流速可选用经验数据。经过大量的实验,研究人员将各种流体的适宜流速(u)测出,方便人们选用。表 2-5 为某些常见流体在管道中的适宜流速(经济流速)范围。

表 2-5 某些流体的适宜流速

流体种类及状况	适宜流速 u/m/s	流体种类及状况	适宜流速(m/s)
水及低黏度液体	1~3	高压空气	15~25
黏度较大的液体	0.5~1.0	饱和水蒸气	20~40
低压空气	10~15	过热水蒸气	30~50

要选择合适的管子,首先要根据流体的工作压力和温度、流体的腐蚀性来确定管材和类型。一般常压流体可选用有缝钢管,高压流体可根据压强的高低选用合用的无缝钢管,一些特殊情况则可选择合用的合金管及其他材料制造的管子。然后根据流体的性质由表 2-5 确定适宜流速,当适宜流速确定以后,可以由下式算出管径。即

$$d_i = \sqrt{\frac{4q_{V,s}}{\pi u}}$$

最后由计算所得的管径,从有关手册查取管子的标准,选用与计算内径相近的标准管径,通常可向偏大的内径选用。这种由计算数据去选用某种标准的过程,在化工计算中称为圆整。

通常设计型问题就是要首先选定适宜流速算出管径 d。在选择流速时,应考虑流体的性质,如黏度较大的流体,流速应较低;含有固体悬浮物的液体,为防止管路的堵塞,流速则不能

取得太低;密度较大的液体,流速不宜高;而密度很小的气体,流速则可取得比液体的大得多;气体输送中,容易获得压力的气体,流速可高;而对一般气体,输送的压力来之不易,流速不宜太高;对于真空管路,流速的选择必须保证产生的压降低于允许值。

典型的设计型命题是已知管长、管件和阀门的设置及流体的输送量,需液点的压强和高度选择管径、计算流体通过该管路系统的能量损失,以便最终确定供液点处的压强、高度或输送设备所加入的外功。

2.操作型

操作型问题是指管路系统已定,要求核算出在给定条件下管路系统的输送能力或某项技术指标。

在这类问题中,若输送能力未知,则平均流速 u 未知,而 λ 又是 u 的复杂函数,因此,在联立求解连续性方程、机械能衡算方程和摩擦损失计算式时就需要试差。因为 λ 变化范围不大,试差计算时通常将 λ 作为试差变量,可取已进入阻力平方区的 λ 作为计算初值,或在其常见值 $0.02 \sim 0.03$ 取一值作为初值。

这类问题的命题如下。

①给定条件: d 、 l 、 $\sum \zeta$ 、 ε 、 P_1 、 P_2 。

计算目的:输送量 V_s 。

②给定条件: d 、 l 、 $\sum \zeta$ 、 ε 、 P_2 、 V_s 。

计算目的: P_1 。

计算的目的不同,命题中需给定的条件亦不同。但是,在各种操作型问题中,有一点是完全一致的,即都是给定了 6 个变量,方程组有唯一解。在第一种命题中,为求得流量 V_s ,必须先计算流速 u 和 λ 。由于 λ 是一个复杂的非线性函数,故上述求解过程需试差或迭代。

由于此类命题中的流速为未知,阻力无法求取,要想确定管中的流速或流量,就必须采用试差法或迭代法。

2.5.2 复杂管路计算

1.并联管路

由两个或两个以上简单管路并接而成的管路,称为并联管路。图 2-25 主管 A 处分为三支,然后又在 B 处汇合为一个主管的并联管路。

此类管路的特点为:总管流量等于并联的各管段流量之和;各并联管段内的流体能量损失皆相同。对图 2-25 并联管路,应有

$$q_{m,s} = q_{m,s1} + q_{m,s2} + q_{m,s3} \qquad (2-57)$$

对不可压缩流体,上式可为

$$q_{V,s} = q_{V,s1} + q_{V,s2} + q_{V,s3} \qquad (2-58)$$

$$\sum h_{fA-B} = \sum h_{f1} + \sum h_{f2} + \sum h_{f3} \qquad (2-59)$$

由于

$$\sum h_{\mathrm{f}} = \frac{8\lambda\left(l + \sum l_{\mathrm{e}}\right)q_{V,s}^2}{\pi^2 d^5} \tag{2-60}$$

式(2-59)可写为

$$\frac{8\lambda_1\left(l + \sum l_{\mathrm{e}}\right)_1 q_{V,s1}^2}{\pi^2 d_1^5} = \frac{8\lambda_2\left(l + \sum l_{\mathrm{e}}\right)_2 q_{V,s2}^2}{\pi^2 d_2^5} = \frac{8\lambda_3\left(l + \sum l_{\mathrm{e}}\right)_3 q_{V,s3}^2}{\pi^2 d_3^5}$$

式(2-60)可得

$$q_{V,s} = \sqrt{\frac{\pi^2 d^5 \sum h_{\mathrm{f}}}{8\lambda\left(l + \sum l_{\mathrm{e}}\right)}}$$

则

$$q_{V,s} = q_{V,s1} : q_{V,s2} : q_{V,s3} = \sqrt{\frac{d_1^5}{\lambda_1\left(l + \sum l_{\mathrm{e}}\right)_1}} : \sqrt{\frac{d_2^5}{\lambda_2\left(l + \sum l_{\mathrm{e}}\right)_2}} : \sqrt{\frac{d_3^5}{\lambda_3\left(l + \sum l_{\mathrm{e}}\right)_3}}$$

$$\tag{2-61}$$

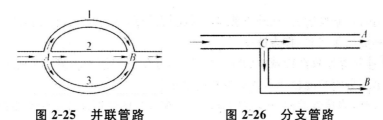

图 2-25　并联管路　　　　图 2-26　分支管路

2. 分支管路

这类管路是在主管某处有分支，但最终各分支不再汇合，这样的的管路称为分支管路，具体可见图 2-26 所示。

$$q_{V,s} = q_{V,s1} + q_{V,s2} \tag{2-62}$$

$$gZ_A + \frac{u_A^2}{2} + \frac{p_A}{\rho} + \sum h_{\mathrm{f0-A}} = gZ_B + \frac{u_B^2}{2} + \frac{p_B}{\rho} + \sum h_{\mathrm{f0-B}} \tag{2-63}$$

2.6　流速与流量的测量

流体的流量是化工生产过程中的重要参数之一，为了控制生产过程能稳定进行，须经常了解过程的操作条件，如压力、流量等，并加以调节和控制。测量流量的仪表种类较多，化工生产中较常用的流量计是利用前述流体流动过程中机械能转化原理而设计的。

2.6.1　流速测量

对于流速的测量，这里主要介绍利用测速管的测量方法。测速管又称皮托管，是用来测量管路中流体的点速度，通常用于气体流速的测定。它是由两根弯成直角的同心套管所组成，具体可见图 2-27 所示。

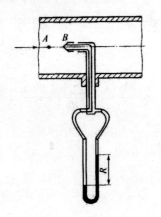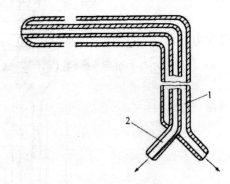

1—静压管；2—冲压管

图 2-27　测速管

　　图中外管的管口是封闭的，在外管前端壁面四周开有若干测压小孔，内管的开口端测定停滞点的动压头和静压头之和，称为冲压头。

　　测量时，测速管可以放在管截面的任一位置上，并使管口正对着管道中流体的流动方向，外管与内管的末端分别与液柱压差计的两臂相连接。

　　根据上述情况，测速管的内管测得的为管口所在位置的局部流体动压头与静压头之和，合称为冲压头，即

$$H_A = \frac{u^2}{2g} + \frac{p}{\rho g}$$

　　测速管的外管前端壁面四周的测压孔口与管道中流体的流动方向相平行，故测得的是流体的静压头，即

$$H_B = \frac{p}{\rho g}$$

　　可见 U 形管压差计所测得的压头之差，为测量点处的冲压头和静压头之差，即

$$H_A - H_B = \frac{u^2}{2g}$$

　　于是依上述可得测量点处流速 u_A 为

$$u_A = \sqrt{2g(H_A - H_B)} = \sqrt{\frac{2(p_A - p_B)}{\rho}} \tag{2-64}$$

　　易知，U 形管测得的压差为 A、B 两点的压差（$p_A - p_B$），则有：

$$u_A = \sqrt{\frac{2R(\rho' - \rho)g}{\rho}} \tag{2-65}$$

式中，ρ' 为 U 形压差计中指示液的密度。

　　显然，皮托管测得的是点速度。利用皮托管可以测得沿截面的速度分布。为得到流量，必须先测出截面的速度分布，然后进行积分。对于圆管，速度分布规律为已知。因此，常用的方法是先测量管中心处的最大流速 u_{max}，然后再利用图 2-28 的平均流速 $\bar{u}$ 与最大流速的比值

u_{max} 和 Re 值的关系,即可以求出管截面的平均流速,进而可依平均流速求出流量。

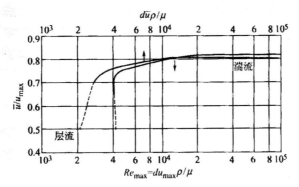

图 2-28　$\dfrac{\bar{u}}{u_{max}}$ 与雷诺数的关系

测速管的准确性比较高,校正系数为 $0.98\sim1.0$。测速管的优点是流动阻力小,适用于测量大直径管路中的气体流速;缺点是不能直接测出平均流速,且压差读数较小,常需配用微差压差计将读数放大才能读得准确。当流体中含有固体杂质时,会将测压孔堵塞,故不宜采用测速管。

安装时应注意以下几点:

①测量点位于均匀流段(保证安装点位于充分发展流段),上、下游各有 $50d$ 以上直管距离作为稳定段;

②皮托管管口截面要严格垂直于流动方向;

③皮托管尺寸不可过大,其直径 d_0 不应超过管内径 d 的 $1/50$,即 $d_0 < d/50$。

2.6.2　流量测量

1. 文丘里流量计

文丘里流量计的示意图如图 2-29 所示。它是由渐缩管、喉管和渐扩管三部分组成。当有流体流过时,由于喉管断面面积缩小,流速增大,动能的增大势必使喉管处的势能减小,压强降低。如在渐缩管前断面 $1-1'$ 和喉管断面 $2-2'$ 处安装一 U 形管压差计,则可由压差计上所测得的 R 值求得管路中的流量大小。

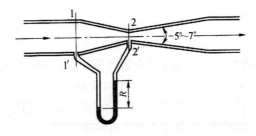

图 2-29　文丘里流量计

设断面 $1-1'$ 处的平均流速为 u_1，压强为 p_1，高度为 Z_1；断面 $2-2'$ 上的平均流速为 u_2，压强为 p_2，高度为 Z_2。若暂不考虑能量损失，对 $1-1'$、$2-2'$ 两断面之间列伯努利方程

$$\frac{p_{m1}}{\rho g} + \frac{u_1^2}{2g} = \frac{p_{m2}}{\rho g} + \frac{u_2^2}{2g}$$

由连续性方程有

$$u_2 = u_1 \frac{A_1}{A_2}$$

由 U 形管压差计计算式可得 $p_{m1} - p_{m2} = R(\rho_i - \rho)g$，代入上式可整理得

$$u_2 = \frac{1}{\sqrt{1 - \left(\frac{A_2}{A_1}\right)^2}} \sqrt{\frac{2R(\rho_i - \rho)g}{\rho}}$$

若考虑流体流过文丘里流量计的能量损失，必须对上式进行修正，乘以一修正系数 C，上式变为

$$u_2 = \frac{C}{\sqrt{1 - \left(\frac{A_2}{A_1}\right)^2}} \sqrt{\frac{2R(\rho_i - \rho)g}{\rho}}$$

令

$$C_V = \frac{C}{\sqrt{1 - \left(\frac{A_2}{A_1}\right)^2}}$$

则

$$u_2 = C_V \sqrt{\frac{2R(\rho_i - \rho)g}{\rho}} \qquad (2-66)$$

$$q_{V,s} = u_2 A_2 = C_V \frac{\pi}{4} d_2^2 \sqrt{\frac{2R(\rho_i - \rho)g}{\rho}}$$

式中 $q_{V,s}$ 为流量，m^3/s；C_V 为文丘里流量计的流量系数，由实验测得，一般为 $0.98 \sim 0.99$；d_2 为喉管的内径，m；R 为压差计的读数，m；ρ 为流体的密度，kg/m^3；ρ_i 为 U 形管压差计内指示液的密度，kg/m^3。

文丘里流量计以能量损失小，测量精度高为其优点。但各部分尺寸要求严格，需要精细加工，所以造价较高，在使用上受到了限制。因此，在许多场合被测量原理相同、而结构简单得多的"孔板流量计"所代替。

2.孔板流量计

如图 2-30 所示，将一块中央开有圆孔的金属薄板(孔板)，用法兰盘固定在管路上，使孔板垂直于管道轴线，孔的中心位于管道轴线上，这样构成的装置，称为孔板流量计。孔板上的孔口经过精密加工，从前到后扩大，侧边与管轴线成 $45°$ 角，称作锐孔。孔板两侧的测压孔与 U 形压差计相连，由压差计上的读数 R 即可算出孔板两侧的压力差。

如图 2-32 所示，当流体流过孔板的锐孔时，流动截面收缩至锐孔的截面积，在锐孔之后流体由于惯性作用将继续收缩一段距离，然后逐渐扩大到整个管截面。流动截面收缩到最小处

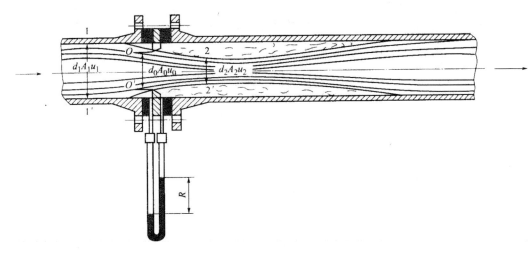

图 2-30　孔板流量计

称为缩脉。在缩脉处，流速最大，流体的压力降至最低。于是在孔板前后便产生压力差，而且流体的流量愈大，孔板前后产生的压力差也就愈大，所以可利用测量孔板两侧压力差的方法来测定流体的流量。

为了建立不可压缩流体在水平管内流动时管内流量与孔板前后压力变化的定量关系，取孔板上游尚未收缩的流动截面为 $1-1'$，下游截面应取在缩脉处，以便测得最大的压力差读数，但由于缩脉的位置及其截面积难以确定，故以锐孔处的截面为下游截面 $0-0'$。在截面 $1-1'$ 与 $0-0'$ 之间列伯努利方程，并暂时略去两截面间的能量损失，则为

$$gZ_1 + \frac{u_1^2}{2} + \frac{p_1}{\rho} = gZ_0 + \frac{u_0^2}{2} + \frac{p_0}{\rho}$$

对于水平管，$Z_1 = Z_0$，简化上式并整理后可得

$$\sqrt{u_0^2 - u_1^2} = \sqrt{\frac{2(p_1 - p_0)}{\rho}} \tag{2-67}$$

实际上，流体流经孔板的能量损失不能忽略，故式（2-67）应引进一校正系数 C_1，用来校正因忽略能量损失所引起的误差，即

$$\sqrt{u_0^2 - u_1^2} = C_1 \sqrt{\frac{2(p_1 - p_0)}{\rho}} \tag{2-67a}$$

此外，由于孔板的厚度很小，如标准孔板的厚度 $\leqslant 0.05 d_1$，而测压孔的直径 $\leqslant 0.08 d_1$，一般为 $6\sim 12$ mm，所以不能把下游测压口正好装在孔板上。比较常用的一种方法是把上、下游的两个测压口安装在紧靠着孔板前后的位置上，这种测压方法称为角接取压法。由此测出的压力差，显然与式（2-67a）中的 $(p_1 - p_0)$ 有差别。若以 $(p_a - p_b)$ 表示角接取压法所测得的孔板前后压力差，并以其代替式（2-67a）中的 $(p_1 - p_0)$，并引入另一校正系数 C_2，用以校正上、下游测压口位置的影响，于是，式（2-67a）变为：

$$\sqrt{u_0^2 - u_1^2} = C_1 C_2 \sqrt{\frac{2(p_a - p_b)}{\rho}} \tag{2-67b}$$

若以 A_1 和 A_0 分别表示管道与锐孔的截面积，按照质量守恒，对不可压缩流体

$$u_1 = u_0 \left(\frac{A_0}{A_1} \right)$$

将该式代入(2−67b),整理可得

$$u_0 = \frac{C_1 C_2}{\sqrt{1 - \left(\frac{A_0}{A_1} \right)^2}} \sqrt{\frac{2(p_a - p_b)}{\rho}}$$

令

$$C_0 = \frac{C_1 C_2}{\sqrt{1 - \left(\frac{A_0}{A_1} \right)^2}}$$

则

$$u_0 = C_0 \sqrt{\frac{2(p_a - p_b)}{\rho}} \tag{2−68}$$

$$q_V = A_0 u_0 = C_0 A_0 \sqrt{\frac{2(p_a - p_b)}{\rho}} \tag{2−69}$$

若上式两端同乘以流体密度,则得质量流量为

$$q_m = A_0 u_0 \rho = C_0 A_0 \sqrt{2\rho(p_a - p_b)} \tag{2−70}$$

当采用 U 形管压差计测量 $p_a - p_b$,其读数为 R,指示液密度为 ρ',则 $p_a - p_b = Rg(\rho' - \rho)$。所以式(2−69)及式(2−70)又可写成

$$q_V = C_0 A_0 \sqrt{\frac{2Rg(\rho' - \rho)}{\rho}} \tag{2−70a}$$

$$q_m = C_0 A_0 \sqrt{2Rg\rho(\rho' - \rho)} \tag{2−70a}$$

以上各式中的 C_0 称为流量系数或孔流系数,是一个没有单位的数。流量系数 C_0 除了与 Re 数、面积比($\frac{A_0}{A_1}$)有关外,还与收缩阻力、取压法、孔口形状、孔板厚度等因素有关。

流量系数 C_0 只能通过实验测得,对于测压方式、结构尺寸、加工状况等均已规定的标准孔板的流量系数可以表示成 $C_0 = f\left(Re, \frac{A_0}{A_1}\right)$。式中 $Re = \frac{d_1 u_1 \rho}{\mu}$,其中的 d_1 与 u_1 是管道内径和流体在管内的平均流速。图 2-31 所示是用角接取压法安装的孔板流量计所测定的 C_0 与 Re 数及 $\frac{A_0}{A_1}$ 的关系。由图 2-31 可见,当 Re 数超过某限度值 Re_c 时,C_0 不再随 Re 而变,成为一个仅取决于 $\frac{A_0}{A_1}$ 的常数。孔板流量计的测量范围最好落在 C_0 为常数的区域。设计合理的孔板流量计,C_0 值约在 $0.6 \sim 0.7$ 之间。

孔板流量计在安装时,在上、下游均必须有 $(15 \sim 40) d_1$ 和 $10 d_1$ 的直管距离,以保证流体通过孔板之前的速度分布稳定。若孔板上游不远处装有弯头、阀门等,则会影响流量计读数的精确性和重现性。

孔板流量计是一种容易制造的简单装置。当流量较大时,为了调整测量条件,更换孔板亦很方便;所以应用十分广泛。其主要缺点是能量损失较大,$\frac{A_0}{A_1}$ 越小,能量损失越大。另外,锐

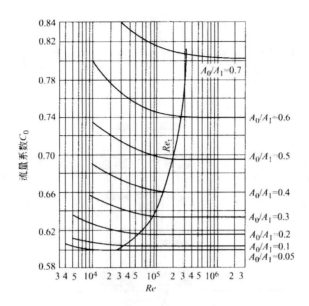

图 2-31　孔板流量计 C_0 和 Re、$\dfrac{A_0}{A_1}$ 的关系曲线

孔边缘容易腐蚀和磨损,所以流量计应定期进行校正。需要指出,流体在孔板前后的压力差,一部分由于流速改变所引起,还有一部分是由于孔板的局部阻力所造成,这一部分不能复原,为永久性压力差。孔板流量计的永久能量损失可按下列经验公式估算

$$h'_{\text{f}} = \frac{\Delta p'_{\text{f}}}{\rho} = \frac{p_{\text{a}} - p_{\text{b}}}{\rho}\left(1 - 1.1\,\frac{A_0}{A_1}\right) \tag{2-71}$$

3. 转子流量计

转子流量计的结构如图 2-32 所示。其主体为上粗下细锥角约为 $4°$ 的锥形玻璃管(或透明塑料管),管内有一个直径略小于玻璃管内径的转子,其密度大于被测流体的密度。转子可由不同材料制成不同的形状,其上部平面略大,有的刻有斜槽,操作时可发生旋转,故称为转子。流体自玻璃管底部流入,经过转子与玻璃管间的环隙,由顶部流出。

当流体自下而上流过垂直的锥形管时,转子受到两个力的作用:一是垂直向上的推动力,由于转子上部截面较大,则与锥形管之间的环隙截面较小,此处流速增大,静压力减小,使转子上下两端产生压力差,在此压差作用下对转子产生一个向上的推力。另一个是垂直向下的静重力,它等于转子所受的重力减去流体对转子的浮力。当流量加大,使压力差大于转子的净重力时,转子就上升;当流量减小,使压力差小于转子的净重力时,转子就下沉;当压力差与转子的净重力相等时,转子处于平衡状态,即停留在一定位置上。根据转子的停留位置所对应的玻璃管外表面上的流量刻度,即可读出被测流体的流量。

设转子的体积为 V_{f},密度为 ρ_{f},最大部分的截面积为 A_{f},被测流体的密度为 ρ。转子上下游流体的压力差为 $\Delta P = P_1 - P_2$,当转子在流体中处于平衡状态时,压力差应等于转子的净重力,即

$$\Delta P A_{\text{f}} = V_{\text{f}}\rho_{\text{f}}g - V_{\text{f}}\rho g$$

整理可得
$$\Delta P = \frac{V_f g (\rho_f - \rho)}{A_f} \qquad (2-72)$$

由上式可以看出,当用固定的转子流量计测量某流体的流量时,式中的 V_f、A_f、ρ_f、ρ 均为定值,所以 ΔP 亦为恒定,与流量大小无关。

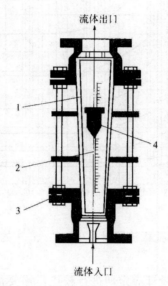

1—锥形硬玻璃管;2—刻度;3—突缘填涵盖板;4—转子

图 2-32　转子流量计

测量时,当流量计中的转子稳定于某位置时,环隙面积亦为固定值,因此流体流经环隙的流量与压力差的关系可仿照流体通过孔板流量计锐孔时的情形加以描述,即

$$q_V = C_R A_R \sqrt{\frac{2\Delta P}{\rho}}$$

将式(2-72)代入上式可得

$$q_V = C_R A_R \sqrt{\frac{2 g V_f (\rho_f - \rho)}{A_f \rho}} \qquad (2-73)$$

式中,A_R 为转子与玻璃管之间的环隙的截面积,m^3;C_R 为转子流量计的流量系数,与 Re 数及转子的形状有关,由实验测定。其值可以从仪表手册中查到。不同形状的转子的流量系数值可由图 2-33 查得,当 $Re \geqslant 10^4$ 时,C_R 约为一常数 0.98。

由式(2-73)可知,对于某一转子流量计,如果在流量的测量范围内,流量系数 C_R 为一常数时,则流量仅随环隙面积 A_R 而变。又由式(2-73)可知,ΔP 是一个恒定值而与流量无关,因此转子流量计为恒压差、恒流速、变截面的截面式流量计,这一点与恒锐孔截面积、变压差的孔板流量计、文丘里流量计是不同的。此外,式(2-73)中根号内的物理量都是常量。所以转子在锥形管内的位置越高,环隙面积 A_R 就越大,流量也就越大。即流量与转子所处的位置的高度成正比,因而可用转子所处位置高低来反映流量的大小。

转子流量计的刻度与被测流体的密度有关。通常流量计在出厂之前,选用 20℃水和 20℃、1 个大气压下的空气进行实际流量的标定,并将流量数值刻在玻璃管上。在流量计使用

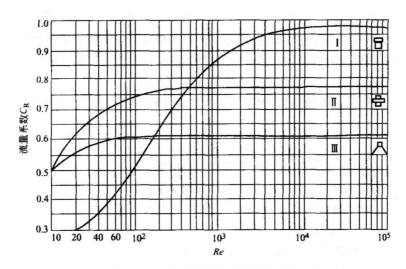

图 2-33　转子流量计的流量系数

时,若流体的种类与标定时的不符,需要对原有的刻度加以校正。

假定出厂标定时所用液体与实际工作时的液体的流量系数 C_R 相等,即忽略黏度变化的影响,则根据式(2-73),在同一刻度之下,两种液体的流量关系为

$$\frac{q_{V_2}}{q_{V_1}} = \sqrt{\frac{\rho_1(\rho_f - \rho_2)}{\rho_2(\rho_f - \rho_1)}} \tag{2-74}$$

式中,下标 1 表示出厂标定时所用的液体;下标 2 表示实际工作时的液体。

同理,对于气体的流量计,在同一刻度之下,两种气体的流量关系为

$$\frac{q_{V_{g,2}}}{q_{V_{g,1}}} = \sqrt{\frac{\rho_{g,1}(\rho_f - \rho_{g2})}{\rho_{g,2}(\rho_f - \rho_{g1})}}$$

由于转子的材质多为固体,其密度 ρ_f 比任何气体密度 ρ_g 要大的多,故上式可简化为

$$\frac{q_{V_{g,2}}}{q_{V_{g,1}}} = \sqrt{\frac{\rho_{g,1}}{\rho_{g,2}}} \tag{2-75}$$

式中,下标 g,1 表示出厂标定时用的气体;下标 g,2 表示实际工作时的气体。

转子流量计的优点是读取流量方便,测量精度高,能量损失很小,测量范围也宽,可用于腐蚀性流体的测量,流量计前后无须保留稳定段。但因流量计管壁大多为玻璃制品,故不能经受高温和高压,一般不能超过 120℃和 392～490 kPa,在安装使用过程中也容易破碎,且要求必须保持垂直。

2.7　流体输送机械

流体输送机械是为完成流体输送任务的化工通用机械。在国民经济的许多领域特别是石油、化学工业中有着广泛的应用。可以说,有化工厂的地方,就有流体输送。搅拌是为实现物质混合或分散的一种化工单元操作,所采用的设备称为搅拌机。

在化学工业生产中,经常需要将流体从低处输送到高处或实现一定距离的转移,此时就需

要对流体施加外功以补充流体的能量,克服流动阻力。通常将为流体提供能量的机械称为流体输送机械。由于气体具有可压缩性,则相应的输送机械与液体输送机械也存在明显差别;常将用于输送液体的机械称为泵,而将用于输送气体的机械称为风机或压缩机。

在化工生产和设计中,对流体输送机械的基本要求如下:

(1)能适应被输送流体的特性,例如它们的黏性、腐蚀性、毒性、可燃性及是否含有固体杂质等;

(2)能满足生产工艺上对流量和能量的要求;

(3)结构简单,操作可靠和高效,投资和操作费用低。

在化工生产中,选择适宜的流体输送机械类型和型号是十分重要的。

按惯例,输送液体的机械称为泵,输送气体的机械根据其产生的压力高低分别称为通风机、鼓风机、压缩机与真空泵。

按照工作原理,流体输送机械可分为以下类型:

(1)动力式(叶轮式)

利用高速旋转的叶轮向流体施加能量,其中包括离心式、轴流式及旋涡式输送机械。

(2)容积式(正位移式)

利用转子或活塞的挤压作用使流体获得能量,往复式、旋转式输送机械为其代表。容积式输送机械的突出特点是在一定操作条件下能保持被输送流体排出量恒定,而不受管路压头或压力的影响,因此又称为定排量式。

(3)流体作用式

利用流体能量转换原理而输送流体,包括空气升扬器、蒸汽或水喷射泵、虹吸管等。

2.7.1 离心泵

1.原理概述

如前所述,液体输送机械种类很多,一般根据其流量和压力(压头)关系可分为离心泵和正位移泵两大类。其中,以离心泵在化工生产中应用最为广泛,这是因为离心泵具有以下优点:①结构简单,操作容易,便于调节和自控;②流量均匀,效率较高;③流量和压头的适用范围较广;④适用于输送腐蚀性或含有悬浮物的液体。当然,其他类型泵也有其本身的特点和适用场合,而且并非是离心泵所能完全代替的。

离心泵是化工生产中应用最广泛的泵,是一种常用的液体输送机械,属于动设备,运行过程中出现泄露等故障的可能性相对较大,所以在化工生产中通常是将两台离心泵并联安装,一台运行一台备用。其特点是结构简单、流量均匀、操作方便、易于控制等。近年来,随着化学工业的迅速发展,离心泵正朝着高效率、高转速、安全可靠方向发展。

图 2-34 所示为离心泵的装置简图,其基本部件是旋转的叶轮和固定的泵壳。具有若干弯曲叶片的叶轮安装在泵壳内并紧固于泵轴上,泵轴可由电动机带动旋转。泵壳中央的吸入口与吸入管路相连接,在吸入管路底部装有单向底阀。泵壳侧旁的排出口与排出管路相连接,其上装有调节阀。

离心泵在启动前需先向壳内充满被输送的液体,启动后泵轴带动叶轮一起旋转,迫使叶片

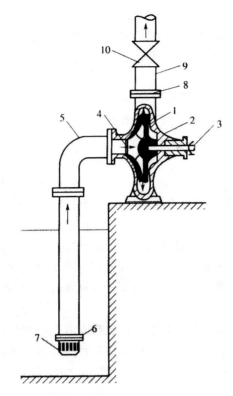

1—叶轮;2—泵壳;3—泵轴;4—吸入口;5—吸入管;
6—底阀;7—滤网;8—排出口;9—排出管;10—调节阀

图 2-34　离心泵的装置简图

间的液体旋转。液体在惯性离心力的作用下自叶轮中心被甩向外周并获得了能量,使流向叶轮外周的液体的静压力增高,流速增大。液体离开叶轮进入泵壳后,因壳内流道逐渐扩大而使液体减速,部分动能转换成静压能。于是,具有较高压力的液体从泵的排出口进入排出管路,被输送到所需的场所。当液体自叶轮中心甩向外周的同时,在叶轮中心产生低压区。由于贮槽液面上方的压力大于泵吸入口的压力,致使液体被吸进叶轮中心。因此只要叶轮不断地旋转,液体便连续地被吸入和排出。由此可见,离心泵之所以能输送液体,主要是依靠高速旋转的叶轮,液体在惯性离心力的作用下获得了能量,提高了压力。

离心泵启动时,若泵内存有空气,由于空气密度很小,旋转后产生的离心力小,因而叶轮中心区所形成的低压不足以将贮槽内的液体吸入泵内,虽启动离心泵也不能输送液体。此种现象称为气缚,表示离心泵无自吸能力,所以在启动前必须向壳内灌满液体。离心泵装置中吸入管路的底阀的作用是防止启动前灌入的液体从泵内流出,滤网则可以阻拦液体中的固体颗粒被吸入而堵塞管道和泵壳。排出管路上装有调节阀,可供开工、停工和调节流量时使用。

2.主要分类

离心泵种类繁多,分类方法也多种多样。按输送液体的性质分,化工生产中常用的离心泵有以下几类。

（1）水泵

清水泵是应用最广泛的泵，凡是输送清水和物性与水相近、无腐蚀性且杂质很少的液体的泵都称水泵。其特点是结构简单，操作容易。

（2）耐腐蚀泵

输送酸、碱和浓氨水等腐蚀性液体时，必须用耐腐蚀泵，主要特点是接触液体的部件用耐腐蚀材料制造，因而要求结构简单，零件容易更换，维修方便，密封可靠，多为小型泵。用于耐腐蚀泵的材料有：高硅铸铁、不锈钢、各种合金钢、塑料、陶瓷、玻璃等。

（3）油泵

输送石油产品的泵称为油泵。石油产品易燃易爆，因而对油泵的重要要求是密封完善。采用填料函进行密封时，要从泵外边连续地向填料函的密封圈注入冷的封油，封油的压力稍高于填料函内侧的压力，以防泵内的油从填料函中溢出。封油从密封圈的另一个孔引出。

输送高温石油产品的热油泵应具有良好的了你却系统，其密封圈、轴承、支座等都装有水夹套，用冷却水冷却，以防其受热膨胀。泵的吸入口与排出口均向上，以便从液体中分离出的气体不致积存于泵内。热油泵的主要部件都用合金钢制造，冷油泵可用铸铁。

（4）液下泵

液下泵在化工生产中作为一种流程泵或过程泵有着广泛的应用，液下泵经常安装在液体贮槽内，对轴封装置要求不是很高，因而可以输送各种腐蚀性液体，由此节省了空间并改善了操作环境。但是，液下泵的效率比较低。

（5）杂质泵

输送含有固体颗粒的悬浮液、稠厚的浆液等的泵称为杂质泵，它又细分为污水泵、砂泵、泥浆泵等。对这种泵的要求是不易堵塞、易拆卸、耐磨。它在构造上的特点是叶轮流道宽，叶片数少，有些泵壳内还衬以耐磨且可更换的钢护板。

（6）屏蔽泵

屏蔽泵为无泄漏泵，它的叶轮和电机联为一个整体并密封在同一个泵壳内，不需轴封，因而又称无密封泵。屏蔽泵常用于输送易燃、易爆、剧毒或发射性物质，但是其效率比较低。

各种类型的离心泵自成一个系列，将每种系列泵的适宜工作范围的 $H-Q$ 特性曲线绘于一张坐标图上，称为系列特性曲线或型谱。有了型谱图，便于用户选泵，也便于为新产品的开发确定方向。

3.主要部件

离心泵由两个主要部分构成：一是包括叶轮和泵轴的旋转部件；二是由泵壳、填料函和轴承组成的静止部件。

（1）叶轮

如图 2-35 所示，按照结构可分为闭式、半开式和开式三种类型。

①闭式叶轮。一般离心泵大多采用闭式叶轮，适用于含悬浮物较多的场合，这种减少叶片的闭式叶轮在化工、食品、造纸和水处理等行业有着广泛的应用。

②半开式叶轮。没有前盖板而有后盖板，适用于输送含掺杂相的液体，当处理液体中含固体颗粒较多时，也需要减少叶片数量。该叶轮在污水处理等特种行业泵中使用较多。

(a)

(b)

(c)

(a)闭式　(b)半闭式　(c)开式

图 2-35　叶轮

③开式叶轮。叶轮吸入口两侧都没有盖板。开式叶轮制造简单,清洗方便,不易堵塞,适于输送含较多固体颗粒的悬浮液或黏稠浆状液体,但泵内容积损失较大,效率很低,多用于流量较大的立式离心泵。

(2)泵壳

离心泵的泵壳通常制成蜗牛形,故又称为蜗壳。叶轮在泵壳内沿着蜗形通道逐渐扩大的方向旋转,愈接近液体的出口,流道截面积愈大。液体从叶轮外周高速流出后,流过泵壳蜗形通道时流速将逐渐降低,因此减少了流动能量损失,且使部分动能转换为静压能。所以泵壳不仅是汇集由叶轮流出的液体的部件,而且又是一个能量转换装置。

4.离心泵特性曲线

要正确地选择和使用离心泵,就必须了解泵的性能和它们之间的相互关系。离心泵的主要性能有流量、压头、效率、轴功率等。离心泵性能间的关系通常用特性曲线表示。

特性曲线是在一定转速下,用 20℃清水在常压下实验测得的。

(1)流量

离心泵的流量是指单位时间内排到管路系统的液体体积,一般用 q 表示,常用单位为L/s、m^3/s 和 m^3/h 等。离心泵的流量与泵的结构、尺寸和转速有关。

(2)压头(扬程)

离心泵的压头是指离心泵对单位重量液体所提供的有效能量,一般用 H 表示,单位为J/N或 m。对于一定的泵,在规定转速下,压头与流量有一定关系。

(3)效率

离心泵在实际运转中,由于存在各种能量损失,致使泵的实际压头和流量均低于理论值,而输入泵的功率比理轮值为高。反映泵中能量损失大小的参数称为效率。

离心泵的能量损失包括以下三项,即

①容积损失。即泄漏造成的损失。无容积损失时泵的功率与有容积损失时泵的功率之比称为容积效率 η_v。闭式叶轮的容积效率值在 0.85~0.95 之间。

②水力损失。由于液体流经叶片、蜗壳的沿程阻力,流道面积和方向变化的局部阻力,以及叶轮通道中的环流和旋涡等因素造成的能量损失。这种损失可用水力效率 η_h 来反映。额定流量下,损失最小,水力效率最高,其值在 0.8~0.9 之间。

③机械效率。由于高速旋转的叶轮表面与液体之间摩擦,泵轴在轴承、轴封等处的机械摩擦造成的能量损失。机械损失可用机械效率 η_m 来反映,其值在 $0.96\sim0.99$ 之间。

离心泵的总效率由上述三部分构成,即

$$\eta = \eta_v \eta_h \eta_m$$

离心泵的效率与泵的类型、尺寸、加工精度、液体流量和性质等因素有关。通常,小型泵效率为 $50\%\sim70\%$,而大型泵可达 90%。

离心泵的轴功率是指泵轴所需的功率。当泵直接由电动机带动时,它即是电机传给泵轴的功率,单位为 W 或 kW。离心泵的有效功率是指液体从叶轮获得的能量。由于存在上述 3 种能量损失,故轴功率必大于有效功率,即

$$N = \frac{N_e}{\eta}$$

$$N_e = HQ\rho g$$

式中,N ——轴功率,W;N_e ——有效功率,W;Q ——泵在输送条件下的流量,m^3/s;H ——泵在输送条件下的压头,m;ρ ——输送液体的密度,k/m^3;g ——重力加速度,m/s^2。

若离心泵的轴功率用 kW 来计量,可最终可得

$$N = \frac{HQ\rho}{102\eta}$$

表示离心泵的性能参数压头、效率、轴功率与流量之间关系的曲线称为离心泵的性能曲线。通常这些曲线是由泵生产厂家在常压下用 $20℃$ 清水、针对特定型号的泵、在额定转速下测定的,载于产品说明书中。图 2-36 为离心泵的特性曲线示意图。

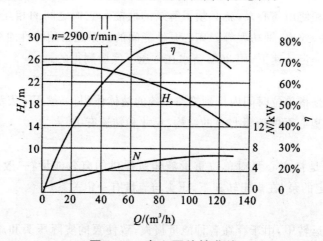

图 2-36　离心泵特性曲线

$H-Q$ 曲线　表示压头与流量的变化关系。离心泵的压头随流量的增大而减小。

$N-Q$ 曲线　表示轴功率与流量的变化关系。离心泵的轴功率随流量的增大而增大,在流量为零时最小。因此离心泵启动前应先关闭出口阀,以使启动电流最小而保护电机。停泵前也应先关闭出口阀以防止管路中液体倒流而损坏叶轮。

$\eta-Q$ 曲线　表示效率与流量的变化关系。当流量为零时,离心泵的效率为零;随着流量的增大,泵的效率增高,出现极大值后则随流量的增大而减小。最高效率点对应的性能参数称

为最佳工况参数,该点称为泵的设计点。为了节能降耗,离心泵应在高效区运行。离心泵的铭牌上标出的所有性能参数都是最高效率点对应的数值。

2.7.2 其他类型的化工用泵

1. 往复泵

往复泵是利用活塞的往复运动将能量传递给液体以完成输送任务的,适于高扬程而流量不大的场合。

往复泵主要由泵缸、活塞、活塞杆、吸入阀和排出阀等部件构成,其中吸入阀和排出阀均为单向阀,具体可见图 2-37。原动机经曲柄连杆等传动机构作用于活塞,使其在泵缸内作往复运动,实现液体增压输送的过程。

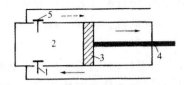

1—吸入阀;2—泵缸;3—活塞;4—活塞杆;5—排出阀

图 2-37 往复泵结构

图中活塞 3 从左向右运动,此时泵缸 2 工作容积增大形成低压,排出阀 5 处于关闭状态,而吸入阀 1 被泵外液体顶开,液体不断流入泵缸,为吸液过程,活塞到达右端时一个行程结束;接下来活塞反向运动,对工作容积中吸入的液体产生推挤作用,使得液体顶开排出阀 5 流入连接管道,为排液过程。活塞往复运动一次称为一个工作循环。

往复泵的流量与扬程无关,而与部件(活塞)位移有关,这种性质称为正位移特性。不难判断,调节出口阀等改变管路特性曲线、从而改变实际扬程的手段无法调节往复泵的流量。主要采用旁路和改变往复泵本身特性的方法实现流量调节。

①旁路往复泵出口增加旁路,将部分液体引回泵的进口,这一手段并没有改变往复泵的总流量,只是减少了向外部管道的输送流量。因此,往复泵对旁路液体实际上作了无用功,造成了功率损失。

②改变转速或活塞行程。往复泵流量与活塞往复频率 n_r 和行程 S 成正比,改变这些参数可以调节泵的流量。

2. 回转泵

回转泵也是一种容积式机械,是通过旋转运动吸入和排出液体的,其形式很多。

(1)齿轮泵

齿轮泵是以齿轮为转动部件实现液体输送的,可以分为外啮合和内啮合的两种,其中外啮合齿轮泵的结构如图 2-38 所示。泵壳内有两个齿轮,将泵内空间分割成吸入和排出两段。泵启动后齿轮按照图中箭头所指方向转动,吸入段两轮啮合齿分开形成低压,将液体不断吸入,接下来液体被嵌入轮齿和泵壳的间隙中,随着齿轮的转动到达排出段,此时两轮啮合齿挤压液体,升高压力后排出。

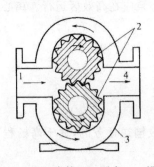 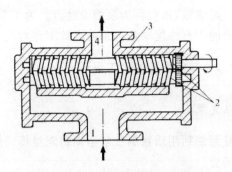

1—吸入口;2—齿轮;3—泵壳;4—排出口
图 2-38 外啮合齿轮泵的结构

1—吸入口;2—螺杆;3—泵壳;4—排出口
图 2-39 双螺杆泵的结构

齿轮泵的扬程较高而流量小,用于输送黏性较大的液体,如润滑油和燃烧油,可作为润滑系统油泵和液压系统油泵,广泛用于发动机、汽轮机、离心压缩机、机床以及其他设备。

(2)螺杆泵

螺杆泵主要由泵壳和一根或多根螺杆构成,是一种较新型的泵类产品。图 2-39 所示为一双螺杆泵,它与齿轮泵的工作原理有相似之处。液体从吸入口进入,到达螺杆的两端,随后嵌在啮合容积中随着螺杆的旋转沿轴向运动,至中央由螺杆挤压排出。

上述的两类回转泵需要通过部件啮合实现流体输送的机械,其性能很大程度上由齿轮、螺杆等关键部件的精确形状和配合情况决定。这一方面要求其部件的加工制造达到很高的精度,另一方面也决定了在杂质含量大、磨损严重的场合设备的性能会明显下降,甚至不能正常工作。

3.旋涡泵

旋涡泵主要由泵壳和叶轮构成,其叶轮如图 2-40(a)所示,是一个圆盘,盘四周由凹槽构成叶片,并呈辐射状排列。泵内结构如图 2-40(b)所示,叶轮上有叶片,叶轮在泵壳内旋转,泵壳内有引液道,吸入口和排出口之间有间壁。间壁与叶轮间的缝隙很小,使吸入腔和排出腔分开。旋涡泵运行时泵内液体随叶轮旋转的同时,又在引液道与各叶片之间作反复迂回运动,因而液体可获得较高的能量。

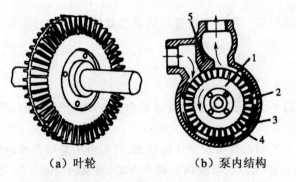

(a)叶轮   (b)泵内结构

1—叶轮;2—叶片;3—泵壳;4—引液道;5—间壁
图 2-40 旋涡泵

旋涡泵工作时,一方面叶轮旋转产生离心力作用,将叶片凹槽中的液体以一定的速度甩向流道,流动截面积增大导致液体流速降低,部分动能转变为静压能;另一方面,叶片内侧因液体被甩出而形成低压,这使得流道内压力较高的液体可能再次进入叶片凹槽,受离心力的作用增压。这样就构成了一个在流道和叶片凹槽之间反复运动的径向环流,在这种环流的作用下,液体到达出口时可以获得很高的压头。

旋涡泵效率较低(一般不超过 40%),但由于扬程高,体积小,结构简单,在化工生产中还是得到了较多的应用。

2.7.3　气体输送机械

气体具有可压缩性,当其压力变化时体积和温度也将随之发生变化。气体在输送机械的出口和进口压力之比定义为压缩比。按出口压力或压缩比的大小,可将气体输送机械分为以下几类。

①通风机:出口表压不大于 15 kPa,压缩比小于 1.15;

②鼓风机:出口表压为 15~300 kPa,压缩比小于 4;

③压缩机:出口表压在 300 kPa 以上,压缩比大于 4;

④真空泵:出口压力略高于大气压,用于在容器或设备内制造和维持真空,压缩比视所需要的真空度而定。

同样,按照结构和工作原理,气体输送机械也有动力式和容积式的差别。

1. 离心式通风机

离心通风机的工作原理与离心泵完全相同。通常按离心式通风机产生的风压大小可分为:

①低压通风机的终压低于 1 kPa(表压);

②中压通风机的风压为 1~300 kPa(表压);

③高压通风机的风压为 3~1500 kPa(表压)。

离心式通风机的结构和工作原理与离心泵大致相同。低压离心通风机的叶片数目较多,呈辐射状平直安装,具体可见图 2-41 所示;中高压通风机为达到较高的效率则常采用后弯形叶片,其外形与结构更接近单级离心泵。离心式通风机机壳的气体通道一般为矩形截面,方便加工及与矩形管道连接。

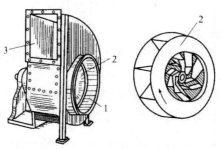

1—吸入口;2—叶轮;3—排出口

图 2-41　低压离心通风机

离心通风机的主要参数包括流量(或称风量)、压头(或称风压)、功率和效率等。

①风量:定义为进口状态下气体流经通风机的体积流量,用 q_V 表示。

②风压:与泵不同的是,离心通风机的风压是单位体积气体获得的能量,与压力的单位相同;另外,通风机中气体出口流速很高,相应的动压能不能忽略。不考虑气体的势能和阻力损失,静止状态吸气的通风机风压可以用下式计算

$$H_T = (p_2 - p_1) + \frac{\rho v_2^2}{2} = H_{st} + H_k$$

式中,H_T 称为全风压;H_{st} 和 H_k 分别为静风压和动风压。

③轴功率和效率:离心通风机的轴功率和效率的关系可以通过下式计算

$$P = \frac{P_e}{\eta} = \frac{H_T q_V}{\eta}$$

此处 η 是针对全风压定义的,称为全压效率;H_T 和 q_V 必须为同一状态下的数值。

一定转速下离心通风机的特性曲线如图 2-47 所示,曲线的基本形状也与离心泵特性曲线相似。与离心泵相比,增加了一条静风压的变化曲线 $H_{st} - q_V$。另外,通风机的特性曲线是用 1 atm、20℃的空气($\rho = 1.2\ kg/m^3$)测定出来的,如果输送介质密度与该条件存在较大差别,需要进行换算。

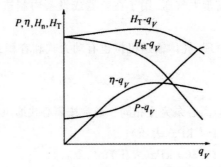

图 2-42　离心通风机特性曲线

离心式通风机的选用和离心泵的情况相类似,其选择步骤为:

①根据机械能衡算式,计算输送系统所需的操作条件下的风压 H'_T 并按式将研换算成实验条件下的风压 H_T。一般的换算为

$$H_T = H'_T \left(\frac{\rho}{\rho'} \right)$$

其中,ρ' 是实际输送气体的密度。

②根据所输送气体的性质与风压范围,确定风机类型。若输送的是清洁空气,或与空气性质相近的气体,则可选用一般类型的离心式通风机。

③根据实际风量 Q(以风机进口状态计)与实验条件下的风压 H_T,从风机样本或产品目录中的特性曲线或性能表选择合适的机号,选择的原则与离心泵相同。

2. 鼓风机

(1)罗茨鼓风机

图 2-43 所示为罗茨鼓风机(Roots blower),它是回转式鼓风机中最常用的一种。它是一

种采用二叶型转子的罗茨鼓风机的结构,其工作原理与齿轮泵类似。两个转子旋转方向相反,从一侧进入的气体被封在转子与机壳围成的工作容积内,最后随着转子的运动被压缩、排出。转子每转动一周吸排气各两次。采用三叶型转子的罗茨风机与之相似,但转子每转动一周可完成三次吸排气,气体脉动和负荷变化减小,机械强度提高,噪声低,振动也较小。

　　罗茨鼓风机具有正位移特性,其风量与转速成正比而受出口压力影响很小,因此流量调节一般通过旁路等方法进行。罗茨风机的风量范围在 $2 \sim 500 \ \mathrm{m^3/min}$,风压一般不超过 $80 \ \mathrm{kPa}$,以免泄漏增大,效率降低;为了防止转子受热膨胀影响配合,其操作温度通常不能超过 $85 ℃$。

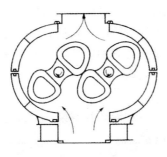

图 2-43　罗茨鼓风机

　　(2)离心式鼓风机

　　离心式鼓风机又称透平鼓风机,工作原理与离心通风机的相同,结构类似于多级离心泵。由于单级风机产生的风压较低,故风压较高的离心式鼓风机通常都是多级的。气体由吸入口进入后依次通过各级的叶轮和导轮,最后由排气口排出。

　　离心式鼓风机的送气量大,但所产生的风压不高。由于在离心式鼓风机中,压缩比不高,所以无需冷却装置,各级叶轮的直径也大致相同。

　　3.压缩机

　　(1)离心式压缩机

　　离心式压缩机又称透平压缩机,其结构、工作原理与离心式鼓风机相似,只是叶轮的级数更多,通常 10 级以上。叶轮转速高,一般在 5000 r/min 以上。因此可以产生很高的出口压强。由于气体的体积变化较大,温度升高也较显著,故离心式压缩机常分成几段,每段包括若干级,叶轮直径逐段缩小,叶轮宽度也逐级有所缩小。段与段间设有中间冷却器将气体冷却,避免气体终温过高。

　　离心式压缩机的主要优点:体积小,质量轻,运转平稳,排气量大而均匀,占地面积小,操作可靠,调节性能好,备件需要量少,维修方便,压缩绝对无油,非常适宜处理那些不宜与油接触的气体。

　　主要缺点:当实际流量偏离设计点时效率下降,制造精度要求高,不易加工。

　　(2)往复压缩机

　　往复式压缩机的基本结构、工作原理与往复泵比较相似,它依靠活塞的往复运动将气体吸入和压出。其主要部件有气缸、活塞、吸气阀和排气阀。在机体内装有一个气缸,活塞连于曲轴上,吸气阀和排气阀都在气缸的上部。曲柄连杆机构推动活塞在气缸中作往复运动。

4.真空泵

真空泵是将气体由大气压以下的低压经过压缩而排向大气的设备,实际上,也是一种压缩机,真空泵的型式很多。

(1)往复式真空泵

往复式真空泵的构造和作用原理虽与往复式压缩机基本相同,但因其在低压下操作,汽缸内外压差很小,所用吸入和排出阀门必须更加轻巧而灵活。为了降低余隙的影响,真空泵汽缸左右两端之间设有平衡气道,活塞排气阶段终了,平衡气道连通很短时间,使残留于余隙中的气体可以从活塞一侧流到另一侧、以降低其压力,从而提高容积系数值。

往复式真空泵属于干式真空泵。若其抽吸气体中含有大量蒸汽,则必须将可凝性气体通过冷凝或其他方法除去之后再进入泵内。

(2)液环真空泵

液环真空泵常用的有水环真空泵和液环真空泵,主要用于抽吸气体,特别在抽吸腐蚀性气体时更为常用,具体可见图 2-44 所示。

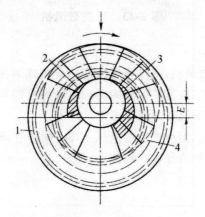

1—水环;2—排气口;3—吸入口;4—转子

图 2-44　水环真空泵

(3)滑片真空泵

滑片真空泵和液环真空泵本质上来说都属于一种典型的旋转真空泵,图 2-45 所示为滑片真空泵。

(4)喷射泵

喷射泵是利用流体流动时,静压能与动压能相互转换的原理来吸送流体的。它可用于吸送气体,也可吸送液体。在化工生产中,喷射泵常用于抽真空,故又称喷射式真空泵。喷射泵的工作流体可以用蒸汽(称蒸汽喷射泵),也可以用水(称水喷射泵)或其他流体。

图 2-46 所示为一单级蒸汽喷射泵。

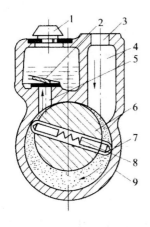

1—排气口;2—排气阀片;3—吸气口;4—吸气管;
5—排气管;6—转子;7—旋片;8—弹簧;9—泵体

图 2-45　滑片真空泵

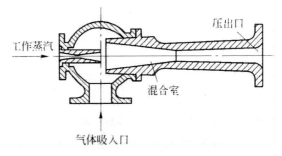

图 2-46　一单级蒸汽喷射泵

第3章 非均相机械分离单元过程

3.1 重力沉降

3.1.1 概述

化工生产中常常会遇到分离混合物的问题。例如,化工生产中的原料、半成品、排放的废物等大多为混合物,为了进行加工、得到纯度较高的产品以及环保的需要等,常常要对混合物进行分离。通常,化工生产中所遇到的混合物可分为两大类,即均相混合物和非均相混合物。均相物系是指不同组分的物质混合形成单一相的物系;非均相物系是指存在两个或两个以上相的物系,有气-固、气-液、液-固和液-液等多种形式。

在非均相物系中,处于分散状态的物质称为分散相或分散物质。包围分散物质,处于连续状态的介质称为连续相或分散介质,如雾和烟气中的气相、悬浮液中的液相、乳浊液中处于连续状态的液相。根据连续相的存在状态可将非均相物系分为气态非均相物系和液态非均相物系。含尘气体和含雾气体属于气态非均相物系;悬浮液、乳浊液及泡沫液则为液态非均相物系。

非均相混合物包括固—液混合物(如悬浮液)、液—液混合物(如乳浊液)、固(液)—气混合物(如含尘气体、含雾气体)等,这类混合物的特点是体系内具有明显的两相界面,故对这类混合物的分离纯粹就是将不同的相加以分开,一般都可以用机械方法达到。例如,悬浮液可以用过滤方法分离成液体和固体渣两部分;气体中所含的灰尘则可以利用重力、离心力或电场将其除去。

由于非均相物系中分散相和连续相具有不同的物理性质,故工业上一般都采用机械方法将两相进行分离。要实现这种分离,必须使分散相与连续相之间发生相对运动。根据两相运动方式的不同,机械分离可分为以下两种操作方式。

①颗粒相对于流体(静止或运动)运动而实现悬浮物系分离的过程称为沉降分离。实现沉降操作的作用力可以是重力,也可以是惯性离心力,因此,沉降过程有重力沉降与离心沉降之分。

②流体相对于固体颗粒床层运动而实现固液分离的过程称为过滤。实现过滤操作的外力可以是重力、压力差或惯性离心力。因此,过滤操作又可分为重力过滤、加压过滤、真空过滤和离心过滤。

气态非均相混合物的分离,工业上主要采用重力沉降和离心沉降方法。在某些场合,根据颗粒的粒径和分离程度要求,也可采用惯性分离器、袋滤器、静电除尘器或湿法除尘设备等,如表 3-1 所示。

表 3-1　气固分离设备性能

分离设备类型	分离效率/%	压力降/Pa	应用范围
重力沉降室	50～60	50～150	除大粒子,$d>75\ \mu m$
惯性分离器及一般旋风分离器	50～70	250～800	除较大粒子,$d>20\ \mu m$
高效旋风分离器	80～90	1000～1500	$d>10\ \mu m$
袋式分离器	95～99	800～1500	细尘,$d\leqslant 1\ \mu m$
文丘里(湿式)除尘器		2000～5000	
静电除尘器	90～98	100～200	细尘,$d\leqslant 1\ \mu m$

对于液态非均相物系,根据工艺过程要求可采用不同的分离操作。若要求悬浮液在一定程度上增浓,可采用重力增稠器或离心沉降设备;若要求固液较彻底地分离,则要通过过滤操作达到目的;乳浊液的分离可在离心分离机中进行。

3.1.2　重力沉降原理

重力沉降是依靠颗粒在重力场中发生的沉降作用而将颗粒从流体中分离出来。为简单计,先介绍单个球形颗粒的沉降分离原理。

1.自由沉降速度

如图 3-1 所示,单个颗粒在无限大流体(容器直径大于颗粒直径的 5000 倍以上)中的沉降过程,称为自由沉降。在重力场中,自由沉降的颗粒在流体中受到三个力的作用。

(1)重力 F_B

重力方向向下,其大小为 $F_B:Mg$,M 为颗粒的质量。

(2)浮力 F_b

浮力方向向上,数值上等于与颗粒同体积的流体的重力,即 $F_b = \dfrac{M\rho g}{\rho_P}$,$\rho$ 和 ρ_P 分别为流体和颗粒的密度。

(3)曳力 F_D

颗粒在流体中运动时,将受到来自流体的阻力,称为曳力,其方向向上。当颗粒与流体间的相对运动速度很小时,流体呈层流运动形态在球的周围绕过,没有旋涡出现,流体对球的阻力为黏性阻力。若相对运动速度增加,便有旋涡出现,即发生边界分离,黏性阻力的作用逐渐让位于形体阻力。令 ξ_D 为阻力(曳力)系数,u 为颗粒与流体间的相对运动速度,A 为颗粒在垂直于沉降方向上的投影面积,则

$$F_D = \xi_D \frac{\rho u^2}{2} A$$

作用于颗粒上的合外力 $(F_B - F_b - F_D)$ 使其产生加速度,颗粒刚开始沉降时,速度 u 为零,因而曳力也为零,颗粒在净重力(重力与浮力之差)作用下加速下降。随着运动速度 u 的增加;曳力开始由零不断增大,直至与净重力相等为止,这时,颗粒加速度减为零,速度 u 达到一恒定值,也是最大值。此后,颗粒等速下降,这一终端速度称为沉降速度,用 u_t 表示。

· 61 ·

图 3-1 颗粒在流体中沉降时受力分析

由此可见,单个颗粒在流体中的沉降过程分为两个阶段,加速段和等速段。对于小颗粒,加速段极短。工程计算时,常将加速阶段忽略不计,而认为整个沉降过程都在沉降速度下匀速进行,即

$$F_B - F_b - F_D = 0 \qquad (3-1)$$

对直径为 d_p 球形颗粒,面积 $A = \dfrac{\pi d_p^2}{4}$,体积 $= \dfrac{\pi d_p^3}{6}$,由此,式(3-1)改写为

$$Mg\left(1 - \frac{\rho}{\rho_p}\right) - \zeta_D \frac{\rho u_t^2}{2} \frac{\pi}{4} d_p^2 = 0$$

即

$$\frac{\pi}{6} d_p^3 \rho_p g\left(1 - \frac{\rho}{\rho_p}\right) - \frac{\pi}{8} d_p^2 \zeta_D \rho u_t^2 = 0$$

整理可得

$$u_t = \sqrt{\frac{4 d_p (\rho_p - \rho) g}{3 \rho \zeta_D}} \qquad (3-2)$$

2. 影响因素

实际中颗粒的沉降尚须考虑下列因素的影响:

①由于大量颗粒的存在使流体的表观黏度和密度较纯流体的大,尤其是沉降设备的下部更是如此,此因素的影响将使实际沉降速度比自由沉降时的小。

②当颗粒沉降时,流体会被置换而向上运动,从而阻滞了邻近颗粒的沉降,此因素的影响将使实际沉降速度要比自由沉降时的小。

③当混合物中颗粒的浓度较大时,大量固相颗粒之间可能会相互粘连而成为较大颗粒向下沉降,此因素的影响将使实际沉降速度要比自由沉降时的大。

④容器的壁面会增大颗粒沉降时的曳力,使颗粒的沉降速度比自由沉降时的小,称为壁面效应。

⑤颗粒形状偏离球形程度越大,曳力系数越大,相应的,沉降速度越小。对非球形颗粒,除了颗粒形状偏离球形程度对沉降速度有影响外,颗粒的位向对沉降速度也有影响。例如,针形颗粒直立着沉降与平卧着沉降,其阻力显然大有区别。

当混合物中颗粒的体积分数超过 10% 时,以上①~⑤所述的干扰沉降的因素的影响便开始显现。这时的沉降称为干扰沉降。

3.1.3　重力沉降设备

1. 降尘室

降尘室是依靠重力沉降从气流中分离出固体颗粒的设备,图 3-2(a)所示为典型的降尘室结构图。含尘气体进入沉降室后,颗粒在随气流以速度 u 水平向前运动的同时,在重力作用下,以沉降速度 u_t 向下沉降。只要颗粒能够在气体通过降尘室的时间降至室底,便可从气流中分离出来。颗粒在降尘室的运动情况示于图 3-2(b)中。设降尘室的长度为 l;宽度为 b;高度为 H。降尘室的生产能力(即含尘气通过降尘室的体积流量)为 $q_{V,s}$;则位于降尘室最高点的颗粒沉降到室底所需的时间为

$$\theta_t = \frac{H}{u_t}$$

气体通过降尘室的时间为

$$\theta = \frac{l}{u}$$

若要使颗粒被分离出来,则气体在降尘室内的停留时间至少要等于颗粒的沉降时间,即

$$\theta \geqslant \theta_t \quad \text{或} \quad \frac{l}{u} \geqslant \frac{H}{u_t} \tag{3-3}$$

气体在降尘室内的水平通过速度由降尘室的生吃能力和降尘室的尺寸决定,即

$$u = \frac{q_{V,s}}{Hb} \tag{3-4}$$

将上式代入(3-3)可得

$$q_{V,s} \leqslant blu_t \tag{3-5}$$

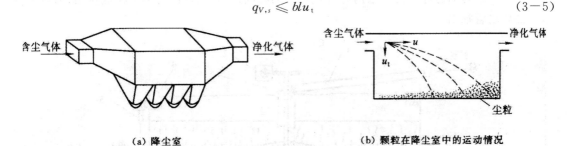

（a）降尘室　　　　　　　　　（b）颗粒在降尘室中的运动情况

图 3-2　降尘室

式(3-5)表明,理论上降尘室的生产能力只与其沉降面积 bl 及颗粒的沉降速度 u_t 有关,而与降尘室高度 H 无关。所以对于一定尺寸的降尘室,为了增大气体处理量,往往将降尘室设计成多层的,即在室内均匀设置多层水平隔板,构成多层降尘室,结构如图 3-3 所示。通常隔板间距为 40~100 mm。降尘室高度的设计还应保证气流通过降尘室的流动处于层流状态,因为气速过高会干扰颗粒的沉降或将已沉降的颗粒重新扬起。

对设置了 n 层水平隔板的降尘室,其生产能力为:

$$q_{V,s} = (n+1)blu_t$$

通常,被处理的含尘气体中的颗粒大小不均,沉降速度 u_t 应根据需完全分离的最小颗粒

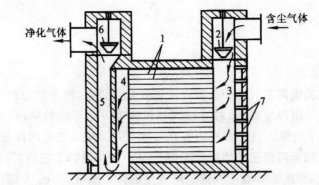

1—隔板；2、6—调节闸阀；3—气体分配道；4—气体集聚道；5—气道；7—清灰口

图 3-3　多层降尘室

尺寸计算。

降尘室结构简单，流动阻力小，但体积庞大，分离效率低，通常只适用于分离粒度大于 $50~\mu m$ 的粗颗粒，一般作为预除尘使用。多层降尘室虽能分离较细的颗粒且节省占地面积，但清灰比较麻烦。

2.沉降槽

沉降槽是用来提高悬浮液浓度并同时得到澄清液体的重力沉降设备。沉降槽又称增浓器或澄清器。沉降槽可间歇操作或连续操作。

间歇沉降槽通常为带有锥底的圆槽，其中的沉降情况与间歇沉降试验时玻璃筒内的情况相似。需要处理的悬浮料浆在槽内静置足够长的时间以后，增浓的沉渣由槽底排出，清液则由槽上部排出管抽出。

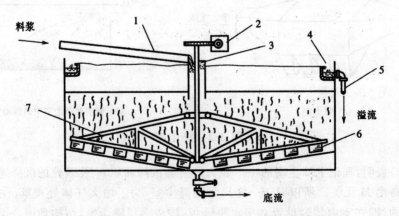

1—进料槽道；2—转动机构；3—料井；4—溢流槽；5—溢流管；6—叶片；7—转耙

图 3-4　连续沉降槽

连续沉降槽是底部略成锥状的大直径浅槽，如图 3-4 所示。料浆经中央进料口送到液面以下 $0.3 \sim 1.0~m$ 处，在尽可能减小扰动的条件下，迅速分散到整个横截面上，液体向上流动，

清液经由槽顶端四周的溢流堰连续流出,称为溢流;固体颗粒下沉至底部,槽底有徐徐旋转的耙将沉渣缓慢地聚拢到底部中央的排渣口连续排出,排出的稠浆称为底流。

有时将数个沉降槽垂直叠放,共用一根中心竖轴带动各槽的转耙,这种多层沉降槽可以节省地面,但操作控制较为复杂。

在沉降槽的增浓段中大都发生颗粒的干扰沉降,所进行的过程称为沉聚过程。

3.分级器

分级是利用颗粒的沉降速度不同将悬浮液中不同粒度的颗粒进行粗略的分离,或将不同密度的颗粒进行分类,实现分级操作的设备称为分级器。图 3-5 为一个双锥分级器。混合粒子由上部加入,水经可调锥与外壁的环形间隙向上流过。沉降速度大于水在环隙处上升流速的颗粒进入底流,而沉降速度小于水流速的颗粒则被溢流带出。通过调节可调锥位置的高低,可调节水在环隙处的上升流速,从而控制带出颗粒的粒径范围。图 3-6 为另一类重力沉降分级器,它是由几个直径不同的柱体容器串联而成,含有固体颗粒的气体或液体垂直进入后,沉降较快的颗粒会沉降到靠近入口端的槽中,沉降较慢的颗粒会沉降到靠近出口端的槽中,使粒径不同的颗粒得以分离。

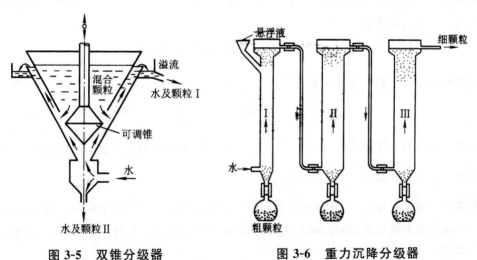

图 3-5　双锥分级器　　　　　图 3-6　重力沉降分级器

3.2　离心沉降

惯性离心力作用下实现的沉降过程称为离心沉降。

当流体围绕某一中心轴作圆周运动时,便形成了惯性离心力场。在与轴距离为 R,切向速度为 u_T 的位置上,离心加速度为 $\dfrac{u_T^2}{R}$。显然,离心加速度不是常数,随位置及切向速度而变,其方向是沿旋转半径从中心指向外周。而重力加速度 g 基本上可视作常数,其方向指向地心。因此,在离心分离设备中,可使颗粒获得比重力大得多的离心力,对于颗粒和流体之间的密度很接近,颗粒粒度较细,或者组分之间有缔合力的物系,采用重力沉降会很慢,分离效率很低甚至完全不能分离时,若改用离心沉降则可大大提高沉降速度,设备尺寸也可缩小很多。

3.2.1 离心沉降原理

在流体带着颗粒旋转时,若颗粒的密度大于流体的密度,则惯性离心力将会使颗粒在径向上与流体发生相对运动而飞离中心。和颗粒在重力场中受到三个作用力相似,惯性离心力场中颗粒在径向上也受到三个力的作用,即惯性离心力、向心力(相当于重力场中的浮力,其方向为沿半径指向旋转中心)和阻力(与颗粒的运动方向相反,其方向为沿半径指向中心)。如果球形颗粒的直径为 d,密度为 ρ_s,流体密度为 ρ,颗粒与中心轴的距离为 R,切向速度为 u_T,则上述三个力分别为:

$$\text{惯性离心力} = \frac{\pi}{6} d^3 \rho_s \frac{u_T^2}{R} \tag{3-6}$$

$$\text{向心力} = \frac{\pi}{6} d^3 \rho \frac{u_T^2}{R} \tag{3-7}$$

$$\text{阻力} = \zeta \frac{\pi}{4} d^2 \frac{\rho u_r^2}{2} \tag{3-8}$$

式中,u_r 为颗粒与流体在径向上的相对速度,m/s。

上述三个力达到平衡时

$$\frac{\pi}{6} d^3 \rho_s \frac{u_T^2}{R} - \frac{\pi}{6} d^3 \rho \frac{u_T^2}{R} - \zeta \frac{\pi}{4} d^2 \frac{\rho u_r^2}{2} = 0 \tag{3-9}$$

平衡时颗粒在径向上相对于流体的运动速度 u_r 便是它在此位置上的离心沉降速度,即

$$u_r = \sqrt{\frac{4d(\rho_s - \rho)}{3\rho\zeta} \frac{u_T^2}{R}}$$

易知颗粒的离心沉降速度 u_r 与重力沉降速度 u_t 具有相似的关系式,若将重力加速度 g 用离心加速度 $\dfrac{u_T^2}{R}$ 代替,便可得相应公式。

但是自心沉降速度 u_r 不是颗粒运动的绝对速度,而是绝对速度在径向上的分量,且方向不是向下而月沿半径向外;另外,离心沉降速度 u_r 随位置而变,不是恒定值,而重力沉降速度 u_t 则是恒定不变的。

离心沉降时,若颗粒与流体的相对运动处于层流区,替换阻力系数 ζ,于是得到

$$u_r = \frac{d^2(\rho_s - \rho)}{18\mu} \frac{u_T^2}{R}$$

同理,用离心加速度 $\dfrac{u_T^2}{R}$ 代替重力加速度 g,则可得球形颗粒在过渡区和湍流区的离心沉降速度

$$K_c = \frac{u_T^2}{gR}$$

比值 K_c 称为离心分离因数,分离因数的大小是反映离心分离设备新能的重要指标。某些高速离心机,分离因数 K_c 可高达数十万。不难推知离心沉降设备的分离效果远较重力沉降设备为高。

3.2.2　离心沉降设备

气固非均相物质离心沉降的典型设备是旋风分离器,液固悬浮物系的离心沉降可在旋液分离器或离心机中进行。

1. 旋风分离器

图 3-7(a)所示为旋风分离器典型的结构形式,称为标准旋风分离器。分离器上部为圆筒形,下部为圆锥形。各部位尺寸均与圆筒直径成比例,比例标注于图中。含尘气体由圆筒上部的进气管切向进入,受器壁的约束由上向下作螺旋运动。在惯性离心力作用下,颗粒被抛向器壁,再沿壁面落至锥底的排灰口而与气流分离。旋风分离器的底部是封闭的,因此气流到达底部后反转方向,在中心轴附近由下而上作螺旋运动,净化后的气体最后由顶部排气管排出。通常,把下行的螺旋形气流称为外旋流,上行的螺旋形气流称为内旋流(又称气芯)。内、外旋流气体的旋转方向相同。外旋流的上部是主要除尘区。图 3-7(b)中描绘了气流在器内的运动情况,这种双层螺旋运动只是大致的运动情况,实际情况要复杂得多。

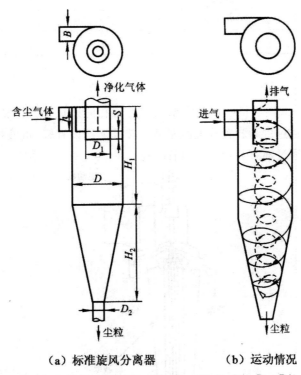

　　(a) 标准旋风分离器　　　　　(b) 运动情况

$h=D/2$;$B=D/4$;$D_1=D/2$;$H_1=2D$;$H_2=2D$;$S=D/8$;$D_2=D/4$

图 3-7　旋风分离器

旋风分离器内的静压强在器壁附近最高,仅稍低于气体进口处的压强,往中心逐渐降低,在气芯中可降至气体出口压强以下。旋风分离器内的低压气芯由排气管入口一直延伸至底部出灰口。因此,如果出灰口或集尘室密封不良,便易漏入气体,把已收集在锥形底部的粉尘重新卷起,严重降低分离效果。

　　旋风分离器因其结构简单,造价低廉,没有活动部件,可用多种材料制造,适用温度范围广,分离效率较高,所以至今仍在化工、冶金、机械、食品、轻工等行业广泛采用。

　　选择旋风分离器时,首先应根据系统的物性,结合各型设备的特点,选定旋风分离器的类型;然后依据含尘气的体积流量,要求达到的分离效率,允许的压力降计算决定旋风分离器的型号与个数。工业常用旋风分离器的类型及操作性能如表 3-2 所示。严格地按照上述三项指标计算指定型式的旋风分离器尺寸与个数,需要知道该型设备的粒级效率及气体中颗粒的粒度分布数据或曲线。但实际往往缺乏这些数据。因此难以对分离效率做出准确计算,只能在满足生产能力及允许压力降的同时,对效率作粗略的考虑。

表 3-2　旋风分离器的结构及性能

性能 ＼ 型号	XLT/A 型	XLP/B 型	XLK 型(扩散式)
适宜气速(m/s)	12～18	12～20	12～20
除尘粒度(μm)	＞10	＞5	＞5
含尘浓度(g/m³)	4.0～50	＞0.5	1.7～200
阻力系数(ζ)	5.0～5.5	4.8～5.8	7～8

2.管式离心机

　　如图 3-8 所示,管式离心机的转鼓为壁面上无通孔的狭长管。它竖直地支撑于机架上的一对轴承之间,电机通过传动装置从上部驱动。转鼓上端设有轻、重液排出口,下端的中空轴与转鼓内腔相通,并通过轴封装置与进料管相连。

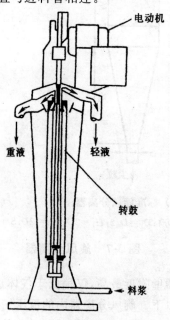

图 3-8　管式高速离心机

管式离心机的转鼓直径一般为 70～160 mm。其长度与直径之比一般为 4～8。这种转鼓允许大幅度地增加转速,转鼓的转速一般约为 15000 r/min 左右,分离因数可达 8000～50000。离心机启动后,料液由进料管进入转鼓底部,在转鼓内从下向上流动的过程中,由于轻、重组分的密度不同而分成内、外两液层。外层为重液,内层为轻液,到达顶部后,轻液与重液分别从各自的溢流口排出。其轻液通过轴周围环状挡板溢流而出,而重液则通过转鼓前端的内径可更换的环状溢流堰外面引出。

为使转鼓内料液能以与转鼓相同的转速随转鼓一起高速旋转,转鼓内常设有十字形挡板,用以对液体加速。

管式离心机的优点为:①分离强度高;②结构紧凑和密封性好。缺点为:①容量小;②生产能力低。

3. 旋液分离器

旋液分离器又称水力旋流器,是利用离心沉降原理从悬浮液中分离固体颗粒的设备,它的结构与操作原理和旋风分离器类似,如图 3-9 所示。旋液分离器底部排出的增浓液称为底流;从顶部的中心管排出的称为溢流。顶部排出清液的操作称为增浓,顶部排出含细小颗粒液体的操作称为分级。旋液分离器的结构特点是直径小而圆锥部分长。因为液固密度差比气固密度差小,在一定的切线进口速度下,较小的旋转半径可使颗粒受到较大的离心力而提高沉降速度;同时,锥形部分加长可增大液流的行程,从而延长了悬浮液在器内的停留时间,有利于液固分离。

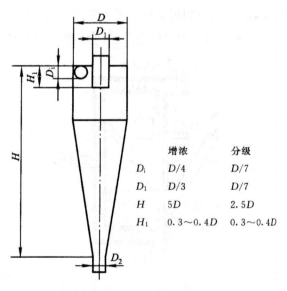

图 3-9　旋液分离器

旋液分离器中颗粒沿器壁快速运动,对器壁产生严重磨损,因此,旋液分离器应采用耐磨材料作内衬。

旋液分离器的粒级效率和颗粒直径的关系曲线与旋风分离器颇为相似,并且同样可根据粒级效率及粒径分布计算总效率。

根据增浓或分级用途的不同,旋液分离器的尺寸比例也有相应的变化,如图 3-9 中的标注。在进行旋液分离器设计或选型时,应根据工艺的不同要求,对技术指标或经济指标加以综合权衡,以确定设备的最佳结构及尺寸比例。例如,用于分级时,分割粒径通常为工艺所规定,而用于增浓时,则往往规定总收率或底流浓度。从分离角度考虑,在给定处理量时,选用若干小直径旋液分离器并联运行,其效果要比使用一个大直径的旋液分离器好得多。正因如此,多数制造厂家都提供不同结构的旋液分离器组,使用时可单级操作,也可并联操作,以获得更高的分离效率。

旋液分离器不仅可用于悬浮液的增浓、分级,而且还可用于不互溶液体的分离,气液分离以及传热、传质和雾化等操作中,因而广泛应用于多种工业领域中。

近年来,各国研究者对超小型旋液分离器(指直径小于 15 mm 的旋液分离器)进行开发。超小型旋液分离器组适用于微细物料悬浮液的分离操作,颗粒直径可小到 $2\sim5\ \mu m$。

4.刮刀卸料式离心机

图 3-10 为刮刀卸料式离心机的示意图。悬浮液从加料管进入连续运转的卧式转鼓,机内设有耙齿以使沉积的滤渣均布于转鼓内壁。待滤饼达到一定厚度时,停止加料,进行洗涤、沥干。然后,借液压传动的刮刀逐渐向上移动,将滤饼刮入卸料斗卸出机外,继而清洗转鼓。整个操作周期均在连续运转中完成,每一步骤均采用自动控制的液压操作。

刮刀卸料式离心机连续运转,生产能力较大,劳动条件好,适宜于过滤连续生产工艺过程中大于 0.1mm 的颗粒。对细、粘颗粒的过滤往往需要较长的操作周期,采用此种离心机不够经济,而且刮刀卸渣也不够彻底。使用刮刀卸料时,晶体颗粒也会遭到一定程度的破损。

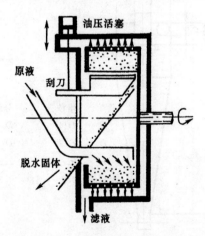

图 3-10 刮刀卸料式离心机

3.3 过滤

过滤是分离悬浮液最普遍和最有效的单元操作之一,通过过滤操作可获得清净的液体或固相产品。与沉降分离相比,过滤操作可使悬浮液的分离更迅速更彻底。在某些场合下,过滤是沉降的后继操作。过滤与蒸发、干燥等非机械操作相比,能量消耗比较低。

3.3.1　概述

过滤是以某种多孔物质为介质,在外力作用下,使悬浮液中的液体通过介质的孔道,而固体颗粒被截留在介质上,从而实现固、液分离的操作。过滤操作采用的多孔物质称为过滤介质,所处理的悬浮液称为滤浆或料浆,通过多孔通道的液体称为滤液,被截留的固体物质称为滤饼或滤渣。图 3-11 是过滤操作的示意图。

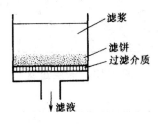

图 3-11　过滤操作图

实现过滤操作的外力可以是重力、压力差或惯性离心力。在化工中应用最多的还是以压力差为推动力的过滤。

1.过滤方式

(1)滤饼过滤

图 3-12(a)是简单的滤饼过滤设备示意图,过滤时悬浮液置于过滤介质的一侧。过滤介质常用多孔织物,其网孔尺寸未必一定须小于被截留的颗粒直径。在过滤操作开始阶段,会有部分颗粒进入过滤介质网孔中发生架桥现象,如图 3-12(b),也有少量颗粒穿过介质而混于滤液中。随着滤渣的逐步堆积,在介质上形成了一个滤渣层,称为滤饼。不断增厚的滤饼才是真正有效的过滤介质,而穿过滤饼的液体则变为清净的滤液。通常,在操作开始阶段所得到滤液是浑浊的,待滤饼形成之后返回重滤。尽管有架桥现象,在选用过滤介质时,仍应使 5% 以上的颗粒大于过滤介质孔径,否则容易出现穿滤现象。

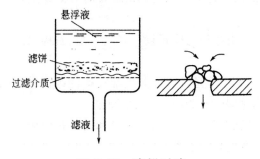

图 3-12　滤饼过滤

(2)深层过滤

图 3-13 是深层过滤示意图。在深层过滤中,固体颗粒并不形成滤饼而是沉积于较厚的过

滤介质内部。此时,颗粒尺寸小于介质孔隙,颗粒可进入长而曲折的通道。在惯性和扩散作用下,进入通道的固体颗粒趋向通道壁面并借静电与表面力附着其上。深层过滤常用于净化含固量很少的悬浮液。

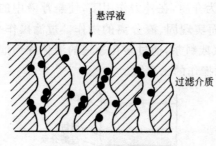

图 3-13 深层过滤

（3）膜过滤

除以上两种过滤方式外,尚有以压差为推动力、用人工合成带均匀细孔的膜作过滤介质的膜过滤,它可分离小于 $1~\mu m$ 的细小颗粒。

膜过滤又分为微孔过滤和超滤,微孔过滤截留 $0.5\sim 50~\mu m$ 的颗粒,超滤截留 $0.05\sim 10~\mu m$ 的颗粒,而常规过滤截留 $50~\mu m$ 以上的颗粒。作为一种精密分离技术,膜过滤可以实现分子级过滤,它是利用膜孔隙的选择透过性进行两相分离的技术。以膜两侧的流体压差为推动力,使溶剂、无机离子、小分子等透过膜,而截留微粒及大分子。近年来膜过滤发展很快,已应用于许多行业。

2.过滤介质

过滤介质是滤饼的支承物,它应具有足够的力学强度和尽可能小的流动阻力,同时,还应具有相应的耐腐蚀性和耐热性。

工业上常用的过滤介质主要有下面几类。

（1）织物介质（又称滤布）。包括由棉、毛、丝、麻等天然纤维及合成纤维制成的织物,以及由玻璃丝、金属丝等织成的网。这类介质能截留颗粒的最小直径为 $5\sim 65~\mu m$。织物介质在工业上应用最为广泛。

（2）堆积介质,此类介质由各种固体颗粒（细砂、木炭、石棉、硅藻土）或非编织纤维等堆积而成,多用于深床过滤中。

（3）多孔固体介质。这类介质是具有很多微细孔道的固体材料,如多孔陶瓷、多孔塑料及多孔金属制成的管或板,能拦截 $1\sim 3~\mu m$ 的微细颗粒。

（4）多孔膜。用于膜过滤的各种有机高分子膜和无机材料膜。广泛使用的是粗醋酸纤维素和芳香聚酰胺系两大类有机高分子膜。

3.滤饼与助滤剂

滤饼是真正有效的过滤介质。当滤饼两侧的压力差增大时,颗粒的形状和颗粒间的空隙不会发生明显变化,单位厚度床层的流动阻力可视为恒定不变,这类滤饼称为不可压缩滤饼。

相反,如果滤饼中的固体颗粒受压会发生变形,则当滤饼两侧的压力差增大时,颗粒的形状和颗粒间的空隙会有明显的改变,单位厚度饼层的流动阻力随着压力差的增大而增大,这种滤饼称为可压缩滤饼。

为了降低可压缩滤饼的过滤阻力,可以向悬浮液中混入或预涂在过滤介质上某种质地坚硬的能形成疏松饼层的固体颗粒或纤维状物质,从而改善滤饼层的性能,使滤液得以畅流。这种预混或预涂的固体颗粒物质称为助滤剂。

对助滤剂的基本要求如下:

①应能形成多孔饼层的刚性颗粒,使滤饼有良好的渗透性及较低的流动阻力;

②应有化学稳定性,不与悬浮液发生化学反应,不溶于液相中;

③在过滤操作压力范围内,应具有不可压缩性,以保持滤饼的较高空隙率。

常用的助滤剂有硅藻土、珍珠岩粉、活性炭和石棉粉等。助滤剂有预涂法和掺滤法两种用法,预涂是将含助滤剂的悬浮液先行过滤,均匀地预涂在过滤介质表面,然后过滤料浆;掺滤是将助滤剂混入料浆中一起过滤,当滤饼为产品时,则不可使用掺滤法。

近年来,国内外过滤分离技术发展很快。研究重点在于如何强化过滤过程,提高过滤速率,如研究新型、功能型滤布,烧结网,滤纸板,滤膜等;采用新型过滤技术,如动态过滤、高梯度磁过滤技术。动态过滤是料浆平行于过滤面高速流动,限制了滤饼的增长从而保持高的过滤速率,它特别适用于低浓度悬浮液的浓缩。近年来人们发现借助于辅助力场(电场或振荡力场)共同作用可大幅度提高动态过滤速率。高梯度磁过滤技术,是让滤浆流过高梯度磁过滤场,利用高梯度磁场产生的强大的磁场力,除去滤浆中的磁性固体。

4. 滤饼的洗涤

某些过滤过程需要回收滤饼中残留的滤液或除去滤饼中的可溶性盐,则在过滤过程结束时用清水或其他液体通过滤饼流动,称为洗涤。在洗涤过程中,洗出液中的溶质浓度与洗涤时间 τ_w 的关系如图 3-14 所示。

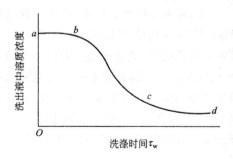

图 3-14　洗涤曲线

图中曲线的 ab 段表示洗出液基本上是滤液,它所含的溶质浓度几乎未被洗涤液所稀释。在滤渣颗粒细小,滤饼不发生开裂的理想情况下,滤饼空隙中 90% 的滤液在此阶段被洗涤液所置换,此称为置换洗涤。此阶段所需之洗涤量约等于滤饼的全部空隙容积。

曲线的 bc 段,洗出液中溶质浓度急骤下降。此阶段所用的洗涤液量约与前一阶段相同。

曲线的 cd 段是滤饼中的溶质逐步被洗涤液沥取带出的阶段,洗出液中溶质浓度很低。只要洗涤液用量足够,滤饼中的溶质浓度可低至所需要的程度。但若洗涤的目的旨在回收溶质,洗出液浓度过低将使回收费用增加。因此,洗涤终止时的溶质浓度应从经济角度加以确定。图 3-13 中所示的洗涤曲线、洗涤液用量和洗涤速率都应通过小型实验确定方属可靠。

5.影响过滤因素

(1)滤液的性质

滤液的黏度对过滤速度有较大影响。黏度越小,过滤阻力越小,过滤速度越快。因此热料比冷料过滤效果好。有时对低温滤浆还可适当预热,对过于黏稠的料液可稀释后再进行过滤。

(2)滤饼的厚度

过滤阻力与颗粒层的厚度和过滤介质的疏密程度有关。颗粒层愈厚,滤饼层的阻力就越大。在操作过程中,随着滤饼层的不断增厚,液体的流动阻力不断增大,使过滤速度逐渐减小,为此应及时清除滤布上的滤饼。

(3)滤饼的比阻

比阻是单位厚度滤饼的阻力,它表示滤饼结构对过滤速度的影响。比阻在数值上等于黏度为 1 Pa·s 的滤液以 1 m/s 的平均流速通过厚度为 1 m 的滤饼层时所产生的压降。其值大小反映了滤液通过滤饼层的难易程度(即过滤操作的难易程度)。若滤饼颗粒越细,结构越紧密,孔隙流通截面积越小,则比阻越大,滤液流动阻力也越大。

由刚性颗粒形成的滤饼,在过滤过程中颗粒形状和颗粒间的空隙率保持不变(即紧密刮不变),称为不可压缩滤饼,比阻为常数。

(4)过滤推动力

要使过滤操作得以进行,必须保持一定的推动力,即在滤饼和介质的两侧之间保持有一定的压差。通常,对不可压缩滤饼,通过加压增大推动力可有效提高过滤速度,但对可压缩滤饼,加压在增大了推动力的同时,也使滤饼变得更加紧密而使过滤阻力显著增大,因而不能有效提高过滤速度。

若要维持过滤速度恒定不变,需要不断增大压差,此为恒速过滤;若维持压强差不变,滤速度将逐渐下降,称为恒压过滤。在过滤初始阶段,为避免压差过大引起小颗粒的过分流失或损坏滤布,可先采用低压差低速的恒速过滤,到达规定压差后再进行恒压过滤,直至过滤了。

过滤机的生产能力用单位时间内所得滤液量表示。连续式过滤机的生产能力主要取决于过滤速度,间歇式过滤机的生产能力除了与过滤速度有关外,还取决于操作周期。操作周期包括浆过滤、滤饼洗涤、卸渣和清理等时间,过滤设备必须能完成各个阶段的不同操作任务。理论实验表明,过滤所得滤液总量近似地与过滤时间的平方根成正比。因此,过滤时间过长会降低产能力。

3.3.2 过滤基本方程

1.滤液通过饼层的流动

滤液通过滤饼和过滤介质的流动是流体流经固体床层的一种情况。所不同的是过滤操作时,滤饼厚度随过程进行而不断增加。操作中可维持操作压力不变,则随滤饼增厚,过滤阻力加大,滤液通过的速率将逐渐减小;也可以维持滤液通过速率不变,则需不断增大操作压力。

在过滤操作中,由于构成滤饼层的颗粒尺寸通常很小,形成的滤液通道不仅细小曲折,而且相互交联,形成不规则的网状结构,所以通常滤液流速很小,多属于层流流动的范围,因此,可用康采尼公式描述过滤过程,可得即

$$u = \frac{\varepsilon^2}{5a^2(1-\varepsilon)^2}\left(\frac{\Delta p_c}{\mu L}\right) \tag{3-10}$$

式中,

Δp_c 为滤液通过滤饼层的压降,Pa;L 为床层厚度,m;μ 为滤液黏度,Pa·s;ε 为床层空隙率,m^3/m^3;a 为颗粒比表面积,m^2/m^3;u 为按整个床层截面计算的滤液流速,m/s。

2.过滤速率与过滤速度

过滤速度是单位时间通过单位过滤面积的滤液体积,单位为 m/s。依式(3-10)得

$$u = \frac{\mathrm{d}V\varepsilon^2}{A\mathrm{d}\theta 5a^2(1-\varepsilon)^2} = \frac{\varepsilon^2}{5a^2(1-\varepsilon)^2}\left(\frac{\Delta p_c}{\mu L}\right) \tag{3-10a}$$

过滤速率定义为单位时间获得的滤液体积,单位为 m^3/s。可写成

$$\frac{\mathrm{d}V}{\mathrm{d}\theta} = \frac{\varepsilon^2}{5a^2(1-\varepsilon)^2}\left(\frac{A\Delta p_c}{\mu L}\right) \tag{3-10b}$$

式中,V 为滤液量,m^3;θ 为过滤时间,s;A 为过滤面积,m^2。

过滤速度是单位过滤面积上的过滤速率,注意不要将二者混淆。若过滤过程中其他因素维持不变,则由于滤饼厚度不断增加,过滤速度会逐渐变小。上面两式表示的是任一瞬间的过滤速度和过滤速率。

3.滤饼的阻力

式(3-10a)和(3-10b)中的 $\dfrac{\varepsilon^2}{5a^2(1-\varepsilon)^2}$ 反映了颗粒及颗粒床层的特性,其值由物料性质决定。若以 $\dfrac{1}{r}$ 代表,即

$$r = \frac{5a^2(1-\varepsilon)^2}{\varepsilon^2} \tag{3-11}$$

则式(3-10a)可写成

$$\frac{\mathrm{d}V}{A\mathrm{d}\theta} = \left(\frac{\Delta p_c}{\mu r L}\right) = \left(\frac{\Delta p_c}{\mu R}\right) \tag{3-12}$$

式中,R 为滤饼阻力,1/m,其计算式为

$$R = rL \tag{3-13}$$

r 为滤饼的比阻,即单位厚度床层的阻力,$1/m^2$。

比阻 r 在数值上等于黏度为 1 Pa·s 的滤液以 1 m/s 的平均流速通过厚度为 1 m 的滤饼层时一所产生的压力降。比阻反映了颗粒形状、尺寸及床层的空隙率对滤液流动的影响。床层空隙率 ε 愈小及颗粒比表面 a 愈大,则床层愈致密,对流体流动的阻滞作用也愈大。对于不可压缩滤饼,过滤过程中滤饼层的空隙率 ε 可视为常数,颗粒的形状、尺寸也不改变,比表面 a

亦为常数,因此,比阻 r 为常数。

显然,式(3—12)具有"速度—推动力/阻力"的形式,式中 $\mu r L$ 或 μR 为过滤阻力。其中 μr 为比阻,但因 μ 代表滤液的影响因素,$r L$ 代表滤饼的影响因素,因此习惯上将 r 称为滤饼的比阻,R 际为滤饼阻力。

4. 过滤介质的阻力

仿照式(3—12)可以写出滤液穿过过滤介质层的速度关系式

$$\frac{dV}{A d\theta} = \frac{\Delta p_m}{\mu R_m} \tag{3—14}$$

式中,Δp_m 为过滤介质两侧的压力差,Pa;R_m 为过滤介质阻力,1/m。

饼层过滤中,过滤介质的阻力一般都比较小,但在过滤初期,滤饼还较薄时,介质阻力占总阻力的比例较大,此时介质阻力不能忽略。过滤介质的阻力与其材质、厚度等因素有关。通常把过滤介质的阻力视为常数。

5. 过滤基本方程

由于过滤介质的阻力与滤饼层的阻力往往是无法分开的,因此很难划定介质与滤饼之间的分界面,更难测定分界面处的压力,所以过滤计算中总是把过滤介质与滤饼联合起来考虑。

通常,滤饼与滤布的面积相同,所以两层中的过滤速度应相等,将式(3—12)、(3—14)等号右边分子,分母分别相加,得:

$$\frac{dV}{A d\theta} = \frac{\Delta p_c + \Delta p_m}{\mu(R + R_m)} = \frac{\Delta p}{\mu(R + R_m)} \tag{3—15}$$

式中 $\Delta p = \Delta p_c + \Delta p_m$,代表滤饼与滤布两侧的总压力降,称为过滤压力差。在实际过滤设备上,常有一侧处于大气压下,此时 Δp 就是另一侧表压的绝对值,所以 Δp 也称为过滤的表压力。式(3—15)表明,过滤推动力为滤饼与滤布两侧的总压差,过滤的总阻力为滤饼与过滤介质的阻力之和。

假设过滤介质对滤液流动的阻力相当于厚度为 L_e 的滤饼层的阻力,即

$$r L_e = R_m \tag{3—16}$$

于是,式(3—15)可写为

$$\frac{dV}{A d\theta} = \frac{\Delta p_c + \Delta p_m}{\mu(r L + r L_e)} = \frac{\Delta p}{\mu r(L + L_e)} \tag{3—17}$$

式中,L_e 为过滤介质的当量滤饼厚度,或称虚拟滤饼厚度,m。

在一定操作条件下,以一定介质过滤一定悬浮液时,L_e 为定值;但同一介质在过滤不同悬浮液的操作中,L_e 值不同。

若每获得 1 m³ 滤液所形成的滤饼体积为 υ,则任一瞬间的滤饼厚度与当时已经获得的滤液体积之间的关系为

$$LA = \upsilon V$$

则

$$L = \frac{\upsilon V}{A} \tag{3—18}$$

式中,υ 为滤饼体积与相应的滤液体积之比,m³/m³。

同理,如生成厚度为 L_e 的滤饼所应获得的滤液体积以 V_e 表示,则

$$L_e = \frac{\upsilon V_e}{A} \tag{3-19}$$

式中, V_e 为过滤介质的当量滤液体积,或称虚拟滤液体积, m^3。

V_e 是与 L_e 相对应的滤液体积,因此,一定的操作条件下,以一定介质过滤一定的悬浮液时, V_e 为定值,但同一介质在过滤不同悬浮液的操作中, V_e 值不同。

将式(3-20)、(3-21)代入式(3-17)中,得

$$\frac{dV}{d\theta} = \frac{A^2 \Delta p}{\mu r \upsilon (V + V_e)} \tag{3-20}$$

若令 $q = \dfrac{V}{A}$, $q_e = \dfrac{V_e}{A}$

$$\frac{dq}{d\theta} = \frac{\Delta p}{\mu r \upsilon (q + q_e)} \tag{3-20a}$$

式中, q 为单位过滤面积所得滤液体积, m^3/m^2; q_e 为单位过滤面积所得当量滤液体积, m^3/m^2。

对可压缩滤饼,比阻在过滤过程中不再是常数,它是两侧压力差的函数。通常用下面的经验公式来粗略估算压力差增大时比阻的变化,即

$$r = r'(\Delta p)^s \tag{3-21}$$

式中, r' 为单位压力差下滤饼的比阻, $1/m^2$; Δp 为过滤压力差,Pa; s 为滤饼的压缩性指数,量纲为一。

一般情况下, $s = 0 \sim 1$;对于不可压缩滤饼, $s = 0$。

几种典型物料的压缩性指数值,列于表 3-3 中。

表 3-3 典型物料的压缩性指数

物料	硅藻土	碳酸钙	钛白(絮凝)	高岭土	滑石	黏土	硫酸锌	氢氧化铝
5	0.01	0.19	0.27	0.33	0.51	0.56~0.6	0.69	0.9

在一定压力差范围内,式(3-21)对大多数可压缩滤饼都适用。

将式(3-21)代入式(3-20),得

$$\frac{dV}{d\theta} = \frac{A^2 \Delta p^{1-s}}{\mu r' \upsilon (V + V_e)} \tag{3-22}$$

或

$$\frac{dq}{d\theta} = \frac{\Delta p^{1-s}}{\mu r' \upsilon (q + q_e)} \tag{3-22a}$$

对于一定的悬浮液, μ, r' 及 υ 皆可视为常数,令

$$k = \frac{1}{\mu r' \upsilon} \tag{3-23}$$

式中, k ——表征过滤物料特性的常数, $m^4/(N \cdot s)$。

将式(3-23)代入式(3-22),得:

$$\frac{dV}{d\theta} = \frac{kA^2 \Delta p^{1-s}}{V + V_e} \tag{3-24}$$

或

$$\frac{\mathrm{d}q}{\mathrm{d}\theta} = \frac{k\Delta p^{1-s}}{q + q_e} \qquad\qquad (3-24a)$$

式(3—22)和式(3—23)均称为过滤基本方程式,表示过滤进程中任一瞬间的过滤速率与各有关因素间的关系,是过滤计算及强化过滤操作的基本依据。该式适用于可压缩滤饼及不可压缩滤饼。对于不可压缩滤饼,$s=0$,上式即简化为式(3—20)。

上面得到的是过滤基本方程式的微分形式,应用时需针对具体的操作方式积分,得到过滤时间与所得滤液体积之间的关系。过滤的操作方式主要有两种,即恒压过滤及恒速过滤。工业上还常常采用先恒速后恒压的复合操作方式,先采用较低的恒定速度操作,当表压升至给定数值后,再转入恒压操作。当然,工业上也有既非恒速亦非恒压的过滤操作,如用离心泵向压滤机送浆即属此例。

3.3.3 恒压过滤

在恒定压力差下进行的过滤操作称为恒压过滤。恒压过滤是最常见的过滤方式。连续过滤机内进行的过滤都是恒压过滤,间歇过滤机内进行的过滤也多为恒压过滤。恒压过滤时,滤饼不断变厚使得阻力逐渐增加,但推动力 Δp 恒定,因而过滤速率逐渐变小。

恒压过滤时,压力差 Δp 不变,k、A、s、V_e 也都是常数。因此,令

$$K = 2k\Delta p^{1-s} \qquad\qquad (3-25)$$

K 是由物料特性及过滤压力差所决定的常数,称为过滤常数,其单位为 $\mathrm{m^2/s}$。所以恒压过滤时过滤基本方程式变为

$$\frac{\mathrm{d}V}{\mathrm{d}\theta} = \frac{KA^2}{2(V + V_e)} \qquad\qquad (3-26)$$

或

$$\frac{\mathrm{d}q}{\mathrm{d}\theta} = \frac{K}{2(q + q_e)} \qquad\qquad (3-26a)$$

对式(3—26)积分,由 $\theta = 0$,$V = 0$ 积分至 $\theta = \theta$,$V = V$,即

$$\int_0^V (V + V_e)\mathrm{d}V = \frac{1}{2}KA^2 \int_0^\theta \mathrm{d}\theta$$

得到

$$V^2 + 2V_e V = KA^2\theta \qquad\qquad (3-27)$$

同理,对式(3—26a)积分,由 $\theta = 0$,$q = 0$ 积分至 $\theta = \theta$,$q = q$,得到

$$q^2 + 2q_e q = K\theta \qquad\qquad (3-27a)$$

式(3—27)称为恒压过滤方程式,它表明恒压过滤时滤液体积与过滤时间的关系为抛物线方程。

当过滤介质阻力可以忽略时,$V_e = 0$,$q_e = 0$,则式(3—27)简化为:

$$V^2 = KA^2\theta \qquad\qquad (3-28)$$

$$q^2 = K\theta \qquad\qquad (3-28a)$$

恒压过滤方程式中的 V_e 与 q_e 是反映过滤介质阻力大小的常数,称为介质常数,单位分别为 $\mathrm{m^3}$ 及 $\mathrm{m^3/m^2}$,V_e、q_e 与 K 总称为过滤常数,其数值由实验测定。

恒速过滤是维持过滤速率恒定的过滤方式。当用排量固定的正位移泵向过滤机供料,并且支路阀处于关闭状态时,过滤速率便是恒定的。在这种情况下,由于随着过滤的进行,滤饼

不断增厚,过滤阻力不断增大,要维持过滤速率不变,必须不断增大过滤的推动力——压力差。

恒速过滤时的过滤速度为常数,即

$$\frac{\mathrm{d}V}{A\mathrm{d}\theta} = \frac{V}{A\theta} = \frac{q}{\theta} = u_R = 常数 \tag{3-29}$$

所以

$$V = Au_R\theta \tag{3-30}$$

或

$$q = u_R\theta \tag{3-30a}$$

式中,u_R 为恒速阶段的过滤速度,m/s。

上式表明,恒速过滤时,V(或 q)与 θ 的关系是通过原点的直线。

对于不可压缩滤饼,根据式(3-20a)可写出:

$$\frac{\mathrm{d}q}{\mathrm{d}\theta} = \frac{\Delta qV}{\mu r\upsilon(q+q_e)} = u_R = 常数$$

对一定的悬浮液,一定的过滤介质,式中 μ、r、υ、u_R 及 q_e 均为常数,仅 Δp 及 q 随 θ 而变化,于是得到:

$$\Delta p = \mu r\upsilon u_R^2\theta + \mu r\upsilon u_R q_e \tag{3-31}$$

或写成

$$\Delta p = a\theta + b \tag{3-31a}$$

式中常数:$a = \mu r\upsilon u_R^2$,$b = \mu r\upsilon u_R q_e$。

式(3-31a)表明,对不可压缩滤饼进行恒速过滤时,其操作压力差随过滤时间成直线增高。

若整个过滤过程都在恒速条件下进行,在操作后期压力会很高,可能引起过滤设备泄漏或动力设备超负荷。若整个过滤过程都在恒压下进行,则过滤刚开始时,滤布表面无滤饼层,过滤阻力小,较高的过滤压力会使细小的颗粒通过介质而使滤液浑浊,或阻塞介质孔道而使阻力增大。因此,实际过滤操作中多采用先恒速后恒压的复合式操作方式。其装置见图 3-15。采用正位移泵送料,支路阀来控制恒速过滤到恒压过滤的切换。具体过程是:过滤初期维持恒定速率,泵出口表压力逐渐升高。经过靠时间(获得体积 VR 的滤液)后,表压力达到能使支路阀自动开启的给定数值,此时支路阀开启,开始有部分料浆经支路返回泵的入口,进入压滤机的料浆流量逐渐减小,而压滤机入口表压力维持恒定。这后一阶段的操作即为恒压过滤。

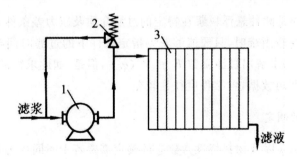

1—正位移泵;2—支路阀;3—过滤机

图 3-15　先恒速后恒压过滤装置

对于恒压阶段的 $V-\theta$ 关系,仍可用过滤基本方程式求得,即

$$\frac{dV}{d\theta} = \frac{kA^2 \Delta p^{1-s}}{V + V_e}$$

或

$$(V + V_e)dV = kA^2 \Delta p^{1-s} d\theta$$

若令 θ_R 分别代表恒速阶段的过滤时间及所得滤液体积,对恒压阶段积分上式得

$$\int_{V_R}^{V} (V + V_e)dV = kA^2 \Delta p^{1-s} \int_{\theta_R}^{\theta} d\theta$$

代入上式可得

$$(V^2 - V_R^2) + 2V_e(V - V_R) = KA^2(\theta - \theta_R) \tag{3-32}$$

此式即为先恒速后恒压阶段的过滤方程,式中 $(V - V_R)$、$(\theta - \theta_R)$ 分别代表转入恒压操作后所得的滤液体积和所经历的过滤时间。

对于工业生产设计,须知道过滤常数 K 和 $V_e(q_e)$,但目前还无法从理论上准确描述过滤过程,因此,过滤常数通常是在相同条件下,用相同物料,在小型实验设备上进行恒压过滤实验而获得。

1.恒压下 K,$V_e(q_e)$ 的测定

在某指定的压力差下对一定料浆进行恒压过滤时,式(3-27a)中的过滤常数 K,$V_e(q_e)$ 可通过恒压过滤实验测定。

将恒压过滤方程式(3-27a)做如下变换:

$$\frac{\theta}{q} = \frac{1}{K}q + \frac{2}{K}q_e \tag{3-33}$$

上式表明 $\frac{\theta}{q}$ 与 q 呈直线关系,直线的斜率为 $\frac{1}{K}$,截距为 $\frac{2}{K}q_e$。

在过滤面积 A 上对待测的悬浮料浆进行恒压过滤实验,每隔一定时间测定所得滤液体积,并由此算出相应的 $q\left(=\frac{V}{A}\right)$ 值。在直角坐标系中标绘 $\frac{\theta}{q}$ 与 q 间的函数关系,可得一条直线,由直线的斜率 $\frac{1}{K}$ 及截距 $\frac{2}{K}q_e$ 的数值便可求得 K 与 q_e,再用 $V_e = q_e A$ 即可求出 V_e。这样得到的 K 和 $V_e(q_e)$ 便是此种悬浮料浆在特定的过滤介质及压力差条件下的过滤常数。

当进行过滤实验比较困难时,只要能够获得指定条件下的过滤时间与滤液量的两组对应数据,也可用式(3-27a)求解出过滤常数 K 和 $V_e(q_e)$,但是,如此求得的过滤常数,其准确性完全依赖于这仅有的两组数据,可靠程度往往较差。

2.压缩性指数 s 的测定

滤饼的压缩性指数 s 以及物料特性常数志的确定需要若干不同压力差下对指定物料进行过滤实验的数据,先求出若干过滤压力差下的 K 值,然后对 $K - \Delta p$ 数据加以处理,即可求得 s 值。

$$K = 2k\Delta p^{1-s} \tag{3-34}$$

上式两端取对数,可得:

$$\lg K = (1-s)\lg(\Delta p) + \lg(2k) \tag{3-34a}$$

因 $k = \dfrac{1}{\mu r' v} =$ 常数，故 K 与 Δp 的关系在双对数坐标上标绘时应是直线，直线的斜率为 $(1-s)$，截距为 $\lg(2k)$。如此可得滤饼的压缩性指数 s 及物料特性常数 k。

值得注意的是，上述求压缩性指数的方法是建立在 k 值恒定的条件上的，这就要求在过滤压力变化范围内，滤饼的空隙率应没有显著的改变。

3.3.4　过滤设备

各种生产工艺的悬浮液，其性质有很大的差异；过滤的目的及料浆的处理量相差也很悬殊。为适应各种不同的要求而发展了多种形式的过滤机。按照操作方式可分为间歇过滤机与连续过滤机；按照采用的压差可分为压滤、吸滤和离心过滤机。工业上应用最广泛的板框压滤机和加压叶滤机为间歇压滤型过滤机，转筒真空过滤机则为吸滤型连续过滤机。

1.板框压滤机

图 3-16 所示为板框压滤机，板框压滤机早为工业所使用，至今仍在应用。它由带凹凸纹路的滤板和滤框交替排列组装于机架而构成。图 3-17 所示为板和框的构造图。板和框一般制成正方形，板和框的角端均开有圆孔，装合、压紧后即构成供滤浆、滤液或洗涤液流动的通道。

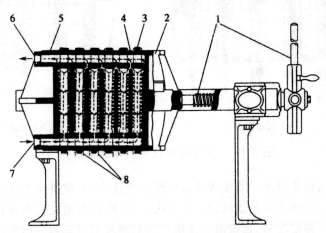

1—压紧装置；2—可动头；3—滤框；4—滤板；5—固定头；
6—滤液出口；7—滤液进口；8—滤布

图 3-16　板框压滤机

框的两侧覆以四角开孔的滤布，空框与滤布围成了容纳滤浆及滤饼的空间。滤板又分为洗涤板与过滤板两种。洗涤板左上角的圆孔内还开有与板面两侧相通的侧孔道，洗水可由此进入框内。为了便于区别，常在板、框外侧铸有小钮或其他标志，通常，过滤板为一钮，洗涤板为三钮，而框则为二钮（可见图 3-17 所示）。装合时即按钮数以 1—2—3—2—1—2……的顺序排列板与框。压紧装置的驱动可用手动、电动或液压传动等方式。

图 3-17 所示为板框压滤机内液体流动路径示意。过滤时，悬浮液在压差推动下经滤浆通道由滤框角端的暗孔流入框内，滤液穿过滤框两侧滤布，再经邻板板面流到滤液出口排出，固体则被截留于框内。过滤过程中液体的流径如图 3-18(a)所示，滤液的排出方式有明流与暗流

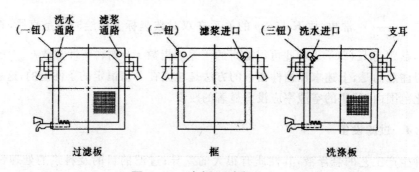

图 3-17　滤板和滤框

两种。若滤液经由每块滤板底部侧管直接排出,则称为明流。若滤液不宜暴露于空气中,则需将各板流出的滤液汇集于总管后送走,称为暗流。

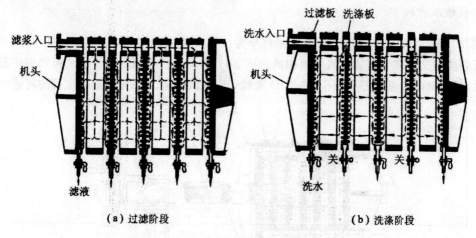

图 3-18　板框压滤机内液体流动路径

滤饼充满滤框后停止过滤。将洗水压入待洗涤滤饼,洗水经洗涤板角端的暗孔进入板面与滤布之间。若该洗涤板下部的滤液出口为关闭状态,则洗水便在压差推动下穿过整个厚度的滤饼及滤框两侧的两层滤布,最后由过滤板下部的滤液出口排出,这便是横穿洗涤法,它能够提高洗涤效率,具体可见图 3-17(b)所示。

洗涤结束后,旋开压紧装置并将板框拉开,卸出滤饼,清洗滤布,完成清洗后重新组装过滤机,进入下一个操作循环。

板框压滤机的操作表压一般在 $3 \times 10^5 \sim 8 \times 10^5$ Pa 的范围内,有时可高达 15×10^5 Pa。滤板和滤框的材料可由金属(如铸铁、碳钢、不锈钢、铝等)、塑料及木材制造。我国已制定板框压滤机 yi 系列标准及规定代号,如 BMS20/635-25,其中 B 表示板框压滤机,M 表示明流式(若为 A,则表 I 示暗流式),s 表示手动压紧式(若为 Y,则表示液压压紧式),20 表示过滤面积为 20m²,635 表示滤框为边长 635 mm 的正方形,25 表示滤框的厚度为 25 mm。在板框压滤机系列中,通常每框边长 320~1000 mm,厚度为 25~50 mm。滤板和滤框的数目,可根据生产任务自行调节,一般为 10~60 块,所提供的过滤面积为 2~80 m²。当生产能力大,所需过滤面积较小时,可在板框间插入一块盲板,切断过滤通道,盲板后部的过滤面积即失去作用。

板框压滤机应用较为为广泛,这主要是由于其结构简单、制造方便、占地面积较小而过滤面积较大,操作压力高,适应能力强等特点。其主要缺点是间歇操作,装卸、清洗需手工操作,劳动强度大,耗时长,工作效率低,滤布损耗也较快。近年来,各种自动操作型板框压滤机的出现,使上述缺点在一定程度上得到改善,在一定程度上解放了劳动力,提高了劳动生产率。

2.叶滤机

图 3-19 所示滤叶结构和叶滤机示意图,叶滤机也是一种间歇操作的过滤设备。其主要部件是圆形或矩形的滤叶。滤叶由金属多孔板或金属网组成框架,其外罩以滤布。滤叶经组装后置于密闭的盛有悬浮液的滤槽中,叶滤机采用加压过滤。

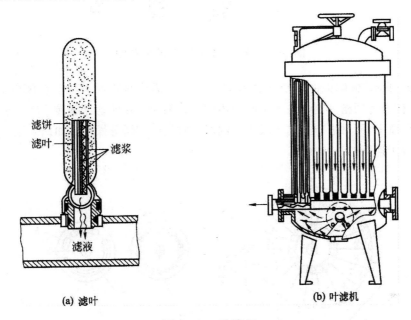

图 3-19　叶滤机

压差作用下,滤液穿过滤布进入滤叶中空部分汇集至总管后排出,滤渣则沉积于滤布煽面形成滤饼,滤饼厚度为 5~35 mm。过滤结束后,若需洗涤,则向滤槽内通入洗涤液,洗涤液滤液通过的路径相同,此为置换洗涤法。洗涤结束后,用压缩空气、清水或蒸汽反向吹卸滤渣。

叶滤机采用密闭操作,过滤面积大,过滤速度快,洗涤效果好,劳动条件优越。每次操作时,滤布不用装卸;但一旦破损,更换很麻烦。由于叶滤机采用加压密闭操作,设备结构较复杂,成本较高。

3.转筒真空过滤机

图 3-20 所示,为转筒真空过滤机,设备的主体是一个能转动的水平圆筒,其表面有一层金属网,网上覆盖滤布,筒的下部浸入滤浆中。圆筒沿径向分隔成若干扇形格,每格都有单独的孔道通至分配头上。圆筒转动时,凭藉分配头的作用使这些孔道依次分别与真空管及压缩空气管相通,因而在回转一周的过程中,每个扇形格表面即可顺序进行过滤、洗涤、吸干、吹松、卸

饼等项操作。它是一种连续操作的过滤机械,广泛应用于各种工业中。

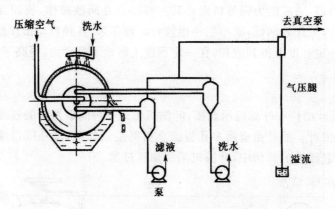

图 3-20　转筒真空过滤机示意图

如图 3-21 所示,分配头由紧密贴合着的转动盘与固定盘构成。转动盘随着筒体一起旋转,固定盘内侧面各凹槽分别与各种不同作用的管道相通。在转动盘旋转一周的过程中,转筒表面的不同位置上,同时进行过滤-吸干-洗涤-吹松-卸饼等操作。如此连续运转,整个转筒表面便构成了连续的过滤操作。

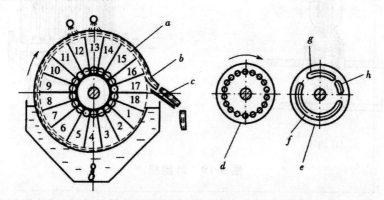

a-转筒;b-滤饼;c-刮刀;d-转动盘;e-固定盘;f-吸走滤液的真空凹槽;
g-吸走洗水的真空凹槽;h-通入压缩空气的凹槽

图 3-21　转筒及分配头的结构

转筒的过滤面积一般为 5~40 m²,浸没部分占总面积的 30%~40%。转速可在一定范围内调整,通常为 0.1~3 r/min。滤饼厚度一般保持在 40 mm 以内,转筒过滤机所得滤饼中液体含量很少低于 10%,常达 30%(体积)左右。

转筒真空过滤机能连续自动操作,节省人力,生产能力大,特别适宜于处理量大而容易过滤的料浆,对难于过滤的胶体物系或细微颗粒的悬浮物,若采用预涂助滤剂措施也比较方便。该过滤机附属设备较多,投资费用高,过滤面积不大。此外,由于它是真空操作,因而过滤推动力有限,尤其不能过滤温度较高(饱和蒸气压高)的滤浆,滤饼的洗涤也不充分。

4.离心机

离心过滤机可分为间歇操作和连续操作两种,而间歇操作又可分为人工卸料和自动卸料两种。

(1)三足式离心机

三足式离心机是一种常用的人工卸料的间歇式离心机,图 3-22 为其结构示意图。离心机的主要部件是一篮式转鼓,壁面钻有许多小孔,内壁衬有金属丝网及滤布。整个机座和外罩借三根拉杆弹簧悬挂于三足支柱上,以减轻运转时的振动。料液加入转鼓后,滤液穿过转鼓于机座下部排出,滤渣沉积于转鼓内壁,待一批料液过滤完毕,或转鼓内的滤渣量达到设备允许的最大值时,可停止加料并继续运转一段时间以沥干滤液。必要时,也可于滤饼表面洒以清水进行洗涤,然后停车卸料,清洗设备。

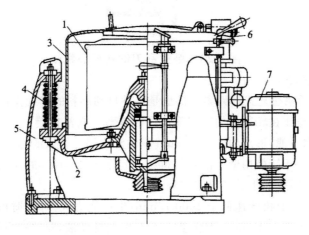

1—转鼓;2—机座;3—处壳;4—拉杆;5—支柱;
6—制动器;7—电机

图 3-22 三足式离心机

三足式离心机的转鼓直径一般较大,转速不高。它与其他型式的离心机相比,具有构造简单,运转周期可灵活掌握等优点,一般可用于间歇生产过程中的小批量物料的处理,尤其适用于各种盐类结晶的过滤和脱水,晶体较少受到破损。它的缺点是卸料时的劳动条件较差,转动部件位于机座下部,不易检修。

(2)卧式刮刀卸料离心机

图 3-23 所示,为卧式刮刀卸料离心机,它是是连续操作的离心过滤机,进料、分离、洗涤、甩干、卸料和洗网等均在转鼓全速运转下连续自动进行。

进料阀定时开启,悬浮液经进料管加入卧式转鼓内。在离心力作用下,滤液经滤网和转鼓上的小孔被甩至鼓外排出,固体颗粒则被截留,机内设有耙齿将沉积的滤渣均布于转鼓内壁的滤网上。当滤饼达到一定厚度,进料阀自动关闭。然后冲洗阀自动开启,洗涤水经冲洗管喷淋在滤渣上。洗涤完毕后持续甩干一定时间,刮刀在液压传动下上升,将滤饼刮入卸料斗沿倾斜的溜槽卸出。刮刀架升至极限位置后退下,冲洗阀开启,清洗滤网,进入下一周期。

每一操作周期约为 35～90 s,连续运转,生产能力较大,劳动条件好,适宜于过滤固体粒径大于 0.1 mm 的悬浮液。采用刮刀卸料时,颗粒会有一定程度的磨损。

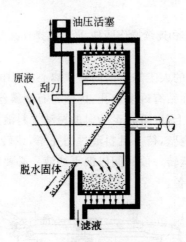

图 3-23   卧式刮刀卸料离心机

(3)活塞往复式卸料离心机

如图 3-24 所示活塞往复式卸料离心机也是一种自动卸料的连续操作离心机,加料、过滤、洗涤、沥干和卸料等操作在转鼓内的不同部位同时进行。料液由旋转的锥形料斗连续加入转鼓底部的小段范围内过滤,形成约 25～75 mm 厚的滤饼层。转鼓底部装有与转鼓一起旋转的推料活塞,其直径稍小于转鼓内壁。活塞与料斗一起作 30 次/min 的往复运动,滤渣被逐步推向加料斗的外缘,经洗涤、沥干后卸出转鼓外。

活塞往复式卸料离心机转速低于 1000 r/min,生产能力大,每小时可处理 0.3～2.5 t 固体,适合于过滤粒径大于 0.15 mm、固含量小于 10%的悬浮液,颗粒破损程度小,常用于食盐、硫酸铵、尿素等产品的生产中。与卧式刮刀卸料离心机相比,控制系统较简单,但对悬浮液浓度较为敏感。若料浆太稀,则来不及过滤即直接流出转鼓;料浆太稠,则流动性差,使滤渣分布不均,引起转鼓震动。

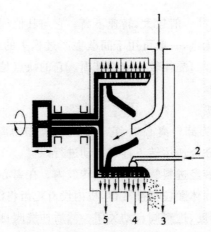

1—原料液;2—洗涤液;3—洗脱;4—洗出液;5—滤液

图 3-24   活塞往复式卸料离心机

第4章 传热单元过程

4.1 概述

热是能量的一种形式。热量是对热在传递过程中的度量，它是一个过程量而非状态量。根据热力学第二定律，凡是存在温度差的地方就会发生热量传递，并导致热量自发地从高温处向低温处传递，这一过程称为热量传递过程，简称传热。

在化工生产过程中，存在着大量与传热相关的过程。因为绝大多数的化学或物理过程均要在一定的温度条件下进行，这就要求向系统输入或输出热量，以求建立适宜的温度条件。因此，传热是化学工业中最常见的单元操作之一。

在化工生产中传热的应用主要是两个方面：

(1)强化传热，即为了使物料达到操作温度的要求而进行的加热或冷却，希望热量以所期望的速率进行传递；

(2)削弱传热，即为了使物料或设备减少热量散失，而对管道或设备进行保温。

在化学工业中传热的作用主要体现在下列几个方面。

(1)化学反应要求一定的温度条件。如预热原料，或在放热反应中移走反应热，在吸热反应中补充热能。

(2)化工单元操作过程要求一定的温度条件。如不断在塔底加热，在冷凝器中不断使用冷却水。

(3)余热回收和热能的有效利用。

(4)绝热与节能。工程上为减少热量或冷量损失，需要对设备或管道施加保温层。

化工生产中的热量交换通常在两种流体之间进行，温度高的流体称为热流体，温度较低的流体称为冷流体。热流体又称加热剂，常见的有水蒸气、烟道气等；冷流体又称冷却剂(或冷凝剂)，常见的冷却剂(或冷凝剂)有空气、水、冷冻盐水等。

工业中的换热器，按其工作原理和设备类型不同，通常分为以下三类。

(1)间壁式换热器。其主要特点是进行热量交换的两种流体被固体间壁隔开，热量由热流体通过壁面传给冷流体，两流体只换热不混合。常见的各种管式和板式结构的换热器属于此类。

(2)混合式换热器。混合式换热器又称直接接触式换热器，依靠冷、热流体直接接触和混合过程实现换热。此类换热器具有传热速度快、效率高、设备结构简单的优点，主要有凉水塔、喷洒式冷却塔、洗涤塔等。

(3)蓄热式换热器。蓄热式换热器又称回流式换热器，冷、热流体轮流与蓄热体接触。此类换热器结构简单，耐高温，一般用于高温气体热量的回收。其缺点是设备体积庞大，效率低，且不能避免冷热流体的混合，如石油化工中的蓄热式裂解炉。

4.1.1　基本概念

1.传热速率与热通量

传热速率 Q 是指单位时间内通过传热面的热量,又称热流量,单位为 W。它是传热过程的基本参数,表征传热过程的快慢程度。

传热速率与传热推动力(即温度差)成正比,与传热阻力成反比,即

$$传热速率 = \frac{传热推动力(温差)}{传热热阻(阻力)}$$

研究传热的目的在于控制传热速率。若要提高传热过程的传热速率,即强化传热过程,可以通过增大传热温差或减小传热阻力来实现;在需要削弱传热的场合,如管道和设备的保温,可以通过增大传热阻力来降低传热速率,以减少热量的散失。

热通量 q 是指单位传热面积上的传热速率,又称热流密度,单位为 W/m²。热通量与传热速率之间的关系为

$$q = \frac{\mathrm{d}Q}{\mathrm{d}A}$$

2.传热形式

热量传递过程分为稳态过程(又称定态过程、稳定过程)与非稳态过程(又称非定态过程、非稳定过程)两大类。凡是物体中各点温度不随时间而改变的传热过程称为稳态传热过程。连续生产过程中的传热多为稳态传热。若物体的温度分布随时间变化,则称为非稳态传热过程。在工业生产中间歇操作的换热设备和连续生产设备的启动、停机过程以及变工况过程的热量传递都是非稳态传热过程。

3.温度场与温度梯度

传热速率取决于物体内部的温度分布,物体内各点温度的集合称为温度场。一般地,物体内任意点的温度是时间和空间位置的函数,温度场的数学表达式为

$$t = f(x, y, z, \tau) \tag{4-1}$$

上式中,t 为温度;x, y, z 为空间坐标;τ 为时间。

温度场也分为两类:一类是物体内各点温度随时间变化,称为非稳态温度场(或称非定态温度场);另一类是物体内温度分布与时间无关,称为稳态温度场(或称定态温度场)。

在某一时刻,温度场中温度相同的点连成的面称为等温面。由于空间中任何一点不可能同时具有两个不同的温度,因此温度不同的等温面不可能相交。对于二维传热问题,物体中等温面表现为等温线,它在物体中形成一个封闭曲线或终止于物体表面上,等温线也不可能相交。沿等温面(或等温线)的切线方向上没有温度变化,也就没有热量传递;而穿过等温面的任何方向上均有温度变化和热量传递。

温度随空间位置的变化率以等温面(线)的法线方向上为最大值,在等温面(线)法线方向上的温度变化率称为温度梯度,可表示为

$$\mathrm{grad}t = \lim_{\Delta n \to 0} \frac{\Delta t}{\Delta n} = \frac{\partial t}{\partial n}$$

式中，Δn 为法线 n 方向上的距离；$\mathrm{grad}t$ 表示温度梯度，是矢量，其方向垂直于等温面(线)，与等温面(线)的法线方向一致，并以温度增加的方向为正方向。

4.1.2　热量传递的基本方式

根据传热机理的不同，可划分热传递为 3 种基本方式：热传导、热对流和热辐射。传热可依靠其中的一种方式或几种方式同时进行。这三种传热基本方式一般不单独存在，一般都是相互伴随，同时出现。热传导、热对流和热辐射可以通过多种形式组成一个传热过程。

1. 热传导

物体各部分之间不发生相对位移时，依靠分子、原子及自由电子等微观粒子的热运动而产生的热量传递称为热传导，又称导热。

从微观的角度来看，气体、液体、导电固体或非导电固体的热传导机理是不同的。气体中，热传导是气体分子不规则热运动时相互碰撞的结果。温度较高的气体分子具有较大的运动动能，不同能量的分子相互碰撞使热量从高温处迁移到低温处。导电固体具有大量的自由电子，它们在固体晶格中的运动类似于气体分子，在导电固体中，自由电子的运动对热量传导起着重要作用。在非导电固体中，热传导是通过晶格的振动实现的。对于液体的热传导机理，目前还存在不同的观点：一种观点认为液体的热传导类似于气体，只是情况更复杂，因为液体的分子间距较小，分子间作用力对分子碰撞的影响比气体的大；另一种观点认为液体的热传导类似于非导电固体，主要靠弹性波的作用。

热传导现象可以用傅里叶(Fourier)定律来描述。

2. 对流传热

对流仅发生于流体中，它是指由于流体的宏观运动使流体各部分之间发生相对位移而导致的热量传递过程。由于流体各部分间的相互接触，除了流体的整体运动所带来的热对流之外，还伴有由于流体微团运动造成的热传导。工程中常见的是流体流经固体表面时的热量传递过程，称之为对流传热。

对流传热通常用牛顿冷却定律来描述，即当主体温度为 t_f 缸的流体被温度为 t_w 的壁面加热时，单位面积上的加热量可以表示为

$$q = \alpha(t_w - t_f)$$

当主体温度为 t_f 的流体被温度为 t_w 的冷壁冷却时，有

$$q = \alpha(t_f - t_w)$$

式中，q 为对流传热的热通量，$\mathrm{W/m^2}$；α 为对流传热系数，$\mathrm{W/(m^2 \cdot ℃)}$。牛顿冷却公式表明，单位面积上的对流传热速率与温差成正比。

3. 热辐射

所谓热辐射是指因热的原因而产生的电磁波在空间的传递。所有物体(包括气体、液体和

固体)都能将热能以电磁波形式发射出去,而不需要任何介质,也就是说它可以在真空中传播。

自然界中一切物体都在不停地向外发射辐射能,同时又不断地吸收来自其他物体的辐射能,并将其转变为热能。物体之间相互辐射和吸收能量的总结果称为辐射传热。由于高温物体发射的能量比吸收的多,而低温物体则相反,从而使净热量从高温物体传向低温物体。辐射传热的特点是:不仅有能量的传递,而且还有能量形式的转移,即在放热处,热能转变为辐射能,以电磁波的形式向空间传递;当遇到另一个能吸收辐射能的物体时,即被其部分地或全部地吸收而转变为热能。需要留意的是,任何物体只要在热力学温度零度以上,都能发射辐射能,但是只有在物体温度较高时,热辐射才能成为主要的传热方式。

4.2 传热机理

4.2.1 传热能量方程

能量方程是以热力学第一定律即能量守恒定律为基础导出的。推导类似于流体流动连续性方程推导过程,在运动流体中选择某一流体微元,可采用欧拉观点或拉格朗日观点进行。但采用后一观点推导比较简单一些。

按照拉格朗日观点选定某一固定质量的流体微元,在整个过程中,令此微元在流体中随波逐流。观察者随流体微元运动并考察流体微元的能量转换情况。在此情况下应用热力学第一定律研究此流体微元时,可观察到流体微元的总能量(内能、动能和位能)中,只有内能发生变化。其原因是,根据拉格朗日观点,当流体微元运动时,该微元与随波逐流的流体之间无相对速度,故无能量交换,同时位能相同。而微元与环境之间的热交换只有以分子传递形式进行的导热。当然辐射传热也可能存在,但在一般温度下很小,可以忽略不计。流体微元对环境做功一项可以用表面应力对流体微元做功的方式表现出来,而该表面应力又是由于受与其毗邻流体的压力和黏性应力的作用产生的,于是将热力学第一定律应用于此流体微元,可得如下关系:

流体微元内能的增长速率=加入流体微元的热速率+表面应力对流体微元所做的功

由于采用了拉格朗日观点,上述文字方程可用如下随体导数的形式表达:

$$\frac{DU}{D\theta} = \frac{DQ'}{D\theta} + \frac{DW}{D\theta} \tag{4-2}$$

式中,U 为每 1 kg 流体的内能,J/kg;Q' 为对每 1 kg 流体加入的热量,J/kg;W 为表面应力对每 1 kg 流体做功时而转变为流体内能的部分,J/kg;θ 为时间,s。

其中,表面应力对流体微元所做功一项 $\frac{DW}{D\theta}$ 亦可用流体微元对环境所做的负功表示。由于式中各项均为针对每 1 kg 流体而言的,故各项的单位均为 J/(kg·s)。

若某瞬时流体微元的密度为 ρ、体积为 $dxdydz$,则其质量为 $\rho dxdydz$。现将式(4-2)两侧同时乘以流体微元的质量,则得:

$$\rho \frac{DU}{D\theta} dxdydz = \rho \frac{DQ'}{D\theta} dxdydz + \rho \frac{DW}{D\theta} dxdydz \tag{4-3}$$

式中,左侧为流体微元内能的增长速率;右侧为对流体微元加入的热速率,第二项为表面应力对流体微元所做的功。各项的单位均为 J/S。

1. 对流体微元加入的热速率

加入流体微元的热能有两种：一种为前述的由环境流体导入流体微元的热能；另一种为流体微元内部所释放的热能，例如，进行化学反应、核反应等时均会有热能释放 TG 其单位为 J/$(m^3 \cdot s)$，即单位体积流体释放的热速率。

由环境流体导入流体微元的热速率，可根据以下方法确定。

如图 4-1 所示，设沿 x 方向由流体微元左侧平面输入流体微元的热通量（单位时间单位面积输入的热量）为 $\left(\dfrac{Q}{A}\right)_x$，单位为 J/$(m^3 \cdot s)$，则由右侧面由流体微元输出的热通量为：

$$\left(\frac{Q}{A}\right)_x + \frac{\partial\left(\frac{Q}{A}\right)_x}{\partial x}\mathrm{d}x$$

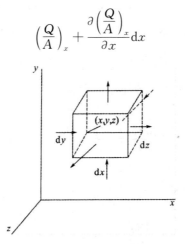

图 4-1　以导热方式输入流体微元的热能

根据热力学第一定律，净吸收的热速率取正值，故此处流体微元净吸收的热运率可用输入与输出之差表示。由此，沿 x 方向净输入此流体微元的热速率为：

$$\left\{\left(\frac{Q}{A}\right)_x - \left[\left(\frac{Q}{A}\right)_x + \frac{\partial\left(\frac{Q}{A}\right)_x}{\partial x}\mathrm{d}x\right]\right\}\mathrm{d}y\mathrm{d}z = \frac{\partial\left(\frac{Q}{A}\right)_x}{\partial x}\mathrm{d}x\mathrm{d}y\mathrm{d}z$$

同样，沿 y 方向净输入此流体微元的热速率为：

$$\left\{\left(\frac{Q}{A}\right)_y - \left[\left(\frac{Q}{A}\right)_y + \frac{\partial\left(\frac{Q}{A}\right)_y}{\partial y}\mathrm{d}y\right]\right\}\mathrm{d}x\mathrm{d}z = \frac{\partial\left(\frac{Q}{A}\right)_y}{\partial y}\mathrm{d}x\mathrm{d}y\mathrm{d}z$$

沿 z 方向净输入此流体微元的热速率为：

$$\left\{\left(\frac{Q}{A}\right)_z - \left[\left(\frac{Q}{A}\right)_z + \frac{\partial\left(\frac{Q}{A}\right)_z}{\partial z}\mathrm{d}z\right]\right\}\mathrm{d}y\mathrm{d}x = \frac{\partial\left(\frac{Q}{A}\right)_z}{\partial x}\mathrm{d}x\mathrm{d}y\mathrm{d}z$$

将上述三式相加，即得以导热方式净输入此流体微元的热速率为：

$$-\left[\frac{\partial\left(\dfrac{Q}{A}\right)_x}{\partial x}+\frac{\partial\left(\dfrac{Q}{A}\right)_y}{\partial y}+\frac{\partial\left(\dfrac{Q}{A}\right)_z}{\partial z}\right]\mathrm{d}x\mathrm{d}y\mathrm{d}z \qquad (4-4)$$

式(4-4)中的热通量$\left(\dfrac{Q}{A}\right)_x$、$\left(\dfrac{Q}{A}\right)_y$、$\left(\dfrac{Q}{A}\right)_z$可采用傅里叶定律表达,即:

对 x 方向而言,傅里叶定律 $\qquad \left(\dfrac{Q}{A}\right)_x=-\lambda\dfrac{\partial t}{\partial x}$ $\qquad\qquad$ (4-5a)

对 y 方向而言,傅里叶定律 $\qquad \left(\dfrac{Q}{A}\right)_y=-\lambda\dfrac{\partial t}{\partial y}$ $\qquad\qquad$ (4-5b)

对 z 方向而言,傅里叶定律 $\qquad \left(\dfrac{Q}{A}\right)_z=-\lambda\dfrac{\partial t}{\partial xz}$ $\qquad\qquad$ (4-5c)

式(4-5a)、式(4-5b)、式(4-5c)中 A 为热导率,单位为 W/(m·K)。将上述三式代入式(4-3)中,即可得以热传导方式输入流体微元的热速率为:

$$\lambda\left(\frac{\partial^2 t}{\partial x^2}+\frac{\partial^2 t}{\partial y^2}+\frac{\partial^2 t}{\partial z^2}\right)\mathrm{d}x\mathrm{d}y\mathrm{d}z \qquad (4-6)$$

由于想流体微元中加入的热速率为热传导速率和微元内部释放的热能速率两者之和,故式(4-3)中右侧的第一项可写成:

$$\rho\frac{\mathrm{D}Q'}{\mathrm{D}\theta}\mathrm{d}x\mathrm{d}y\mathrm{d}z=\lambda\left(\frac{\partial^2 t}{\partial x^2}+\frac{\partial^2 t}{\partial y^2}+\frac{\partial^2 t}{\partial z^2}\right)\mathrm{d}x\mathrm{d}y\mathrm{d}z+T_{\mathrm{G}}\mathrm{d}x\mathrm{d}y\mathrm{d}z \qquad (4-7)$$

或

可简写成 $$\rho\frac{\mathrm{D}Q'}{\mathrm{D}\theta}=\lambda\left(\frac{\partial^2 t}{\partial x^2}+\frac{\partial^2 t}{\partial y^2}+\frac{\partial^2 t}{\partial z^2}\right)+T_{\mathrm{G}} \qquad (4-8)$$

$$\rho\frac{\mathrm{D}Q'}{\mathrm{D}\theta}=\lambda(\bigtriangledown^2 t)+T_{\mathrm{G}} \qquad (4-8\mathrm{a})$$

上式中 $\bigtriangledown^2$(或 $\triangle$)称为拉普拉斯算子,为 $\dfrac{\partial^2}{\partial x^2}+\dfrac{\partial^2}{\partial y^2}+\dfrac{\partial^2}{\partial z^2}$。

2. 表面应力对流体微元所做的功

作用在流体微元表面上的应力是由于流体微元表面受到与其毗邻流体的压力和黏性应力的作用产生的,有多项。在这些应力的作用下,流体微元将发生体积形变(膨胀或压缩)和形状变化(扭变)。应力与形变速率之间的关系十分复杂,故表面应力所做的功也十分复杂,此处仅作简化处理。

由于压力的作用,流体微元可以膨胀或压缩,流体微元的体积形变或膨胀速率为 $\left(\dfrac{1}{v}\right)\left(\dfrac{\mathrm{D}v}{\mathrm{D}\theta}\right)$,$v$ 为比体积(比容),单位为 m³/kg。此膨胀速率等于速度向量的散度 $\bigtriangledown\cdot u$。因此膨胀功为 $-p(\bigtriangledown\cdot u)$,此处"负"号表示压力的方向与流体微元表面的法线方向相反。

另一方面,由于黏性应力的作用,使流体产生摩擦热,可令单位体积流体微元产生的摩擦热速率为 φ,其单位为 J/(m³·s)。

于是,表面应力对流体微元做功一项可以表示为 $-p(\bigtriangledown\cdot u)$ 与 φ 两者之和,即:

$$\rho\frac{\mathrm{D}W}{\mathrm{D}\theta}=\frac{\partial u_x}{\partial x}+\frac{\partial u_y}{\partial y}+\frac{\partial u_z}{\partial z}+\varphi \qquad (4-9)$$

$$\rho \frac{DW}{D\theta} = -p(\nabla \cdot u) + \varphi \tag{4-9a}$$

式中，$-p(\nabla \cdot u)$ 一项实际上表示对流体压缩时所做的功，这种压缩功是可逆的或可回收的；φ 一项表示表面应力在扭变流体时所做的功，此功将在流体中作为摩擦热而散逸，故 φ 称为散逸热速率。φ 取正值表示此摩擦热使流体的内能增加，它将不可能自发转变为功。

将式(4-9a)、式(4-9a)代入式(4-3)中，得：

$$\rho \frac{DU}{D\theta} dxdydz = \lambda(\nabla^2 t)dxdydz + T_G dxdydz - p(\nabla \cdot u)dxdydz + \varphi dxdydz \tag{4-10}$$

或

$$\rho \frac{DU}{D\theta} + p(\nabla \cdot u) = \lambda(\nabla^2 t) + T_G \tag{4-11}$$

单位质量的内能 U 与单位质量的焓 H 的关系为：

$$H = U + pv = U + \frac{p}{\rho} \tag{4-12}$$

式中，v 为流体的比体积(比容)。该式对 θ 取随体导数，得：

$$\frac{DH}{D\theta} = \frac{DU}{D\theta} + \frac{1}{\rho} \times \frac{Dp}{D\theta} - \frac{p}{\rho^2} \times \frac{D\rho}{D\theta}$$

上式两侧乘以流体的密度 ρ 得：

$$\rho \frac{DH}{D\theta} = \rho \frac{DU}{D\theta} + \frac{Dp}{D\theta} - \frac{p}{\rho} \times \frac{D\rho}{D\theta} \tag{4-13}$$

由流体的连续性微分方程：

$$\frac{D\rho}{D\theta} = -\rho(\nabla \cdot u)$$

将连续性微分方程代入式(4-13)中，可得：

$$\rho \frac{DH}{D\theta} = \rho \frac{DU}{D\theta} + \frac{Dp}{D\theta} + p(\nabla \cdot u)$$

或

$$\rho \frac{DU}{D\theta} + p(\nabla \cdot u) = \rho \frac{DH}{D\theta} - D \frac{Dp}{D\theta} \tag{4-14}$$

比较式(4-11)和式(4-14)可得以焓 H 表示的能量方程如下：

$$\rho \frac{DH}{D\theta} - \frac{Dp}{D\theta} = \lambda(\nabla^2 t) + T_G + \varphi \tag{4-15}$$

式中，各项均表示单位体积流体的能量速率，单位为 $J/(m^3 \cdot s)$，式(4-15)即为能量方程的一般形式。

4.2.2 能量方程的特殊形式

式(4-15)所示的能量方程为描述流体流动时有内热源、有摩擦热产生的普遍形式。在实际的传热问题中，该方程中的某些项并不存在或相对来说极小可以略去不计。

式(4-15)中的 φ 为单位体积流体所产生的摩擦热速率，它与流体的速度及黏度有关。对于高速或黏度很大的流体流动问题，例如，超声速的边界层流动，声值很大，必须加以考虑，但在一般化学工程领域的问题中，流体的流速及黏度所产生的摩擦热极少，即 φ 值很小，它与其他各项相比,可以忽略不计,下面将讨论能量方程中可以忽略≠项的情况。

1. 不可压缩流体的对流传热

通常在无内热源情况下进行对流传热时,式(4-15)中的 $T_G = 0$,同时已假设 $\varphi = 0$,则该式可简化为:

$$\rho \frac{DH}{D\theta} - \frac{Dp}{D\theta} = \lambda(\nabla^2 t) \qquad (4-16)$$

对于不可压缩流体,ρ 为常数,由式(4-13)可得:

$$\rho \frac{DH}{D\theta} = \rho \frac{DU}{D\theta} + \frac{Dp}{D\theta}$$

当物质的定容比热容 C_V 为常量,且忽略内能 U 随压强 p 的变化时,有:

$$\rho \frac{DH}{D\theta} = \rho C_V \frac{Dt}{D\theta} + \frac{Dp}{D\theta}$$

对于不可压缩流体或固体,C_V 与定压比热容 C_p 大致相等,即 $C_V \approx C_p$,于是上式变为:

$$\rho \frac{DH}{D\theta} - \frac{Dp}{D\theta} = \rho C_V \frac{Dt}{D\theta} \qquad (4-17)$$

对比式(4-16)与式(4-17),可得:

$$\frac{Dt}{D\theta} = \frac{\lambda D}{\rho C_p}(\nabla^2 t) \qquad (4-18)$$

式中,$\dfrac{\lambda}{\rho C_p}$ 为热扩散系数或导温系数,以 α 表示之,即:

$$\alpha = \frac{\lambda}{\rho C_p} \qquad (4-19)$$

于是

$$\frac{Dt}{D\theta} = \alpha \nabla^2 t \qquad (4-20)$$

上式在直角坐标系上的展开式为:

$$\frac{\partial t}{\partial \theta} + u_x \frac{\partial t}{\partial x} + u_y \frac{\partial t}{\partial y} + u_z \frac{\partial t}{\partial z}$$

$$= \alpha \left(\frac{\partial^2 t}{\partial x^2} + \frac{\partial^2 t}{\partial y^2} + \frac{\partial^2 t}{\partial z^2} \right) \qquad (4-20a)$$

2. 固体中的热传导

在固体内部,由于不存在宏观运动,亦即式(4-15)、式(4-13)中的速度 u_x、u_y、u_z 均为零,故所有随体导数均变为偏导数,此外固体的 ρ 亦为常数,且 $\varphi = 0$,故式(4-15)可写成:

$$\rho \frac{\partial H}{\partial \theta} - \frac{\partial p}{\partial \theta} = \lambda \nabla^2 t + T_G$$

式(4-13)可写成:

$$\rho \frac{\partial H}{\partial \theta} - \frac{\partial p}{\partial \theta} = \rho \frac{\partial U}{\partial \theta} = \rho C_p \frac{\partial t}{\partial \theta}$$

由上两式可得:

$$\frac{\partial t}{\partial \theta} = \frac{\lambda}{\rho C_{\mathrm{p}}} (\nabla^2 t) + \frac{T_{\mathrm{G}}}{\rho C_{\mathrm{p}}} \tag{4-21}$$

或

$$\frac{1}{\alpha} \times \frac{\partial t}{\partial \theta} = \nabla^2 t + \frac{T_{\mathrm{G}}}{\lambda} \tag{4-22}$$

上式在直角坐标系上的展开式为：

$$\frac{1}{\alpha} \times \frac{\partial t}{\partial \theta} = \frac{\partial^2 t}{\partial x^2} + \frac{\partial^2 t}{\partial y^2} + \frac{\partial^2 t}{\partial z^2} + \frac{T_{\mathrm{G}}}{\lambda} \tag{4-22a}$$

式(4－22)是在有内热源存在时的普遍热传导方程。

对无内热源的情况，$T_{\mathrm{G}} = 0$，热传导方程又可变为如下形式：

$$\frac{\partial t}{\partial \theta} = \alpha (\nabla^2 t) \tag{4-23}$$

对于有内热源存在时的稳态热传导，$\dfrac{\partial t}{\partial \theta} = 0$，式(4－22)变为：

$$\nabla^2 t = -\frac{T_{\mathrm{G}}}{\lambda} \tag{4-24}$$

式(4－24)称为泊松(Poisson)方程，为表述有内热源存在时的稳态热传导方程。

对于无内热源存在时的稳态导热，热传导方程变为如下简单形式的拉普拉斯(Laplace)方程：

$$\nabla^2 t = 0 \tag{4-25}$$

3. 柱坐标系和球坐标系的能量方程

上述各种情况下的能量方程，亦可在柱坐标系和球坐标系中导出。在对流传热中，以式(4－18)最为常见，下面分别写出能量方程(4－18)在柱坐标系和球坐标系中的相应表达式。

柱坐标系中的能量方程为：

$$\frac{\partial t}{\partial \theta'} + u_{\mathrm{r}} \frac{\partial t}{\partial r} + \frac{u_\theta}{r} \times \frac{\partial t}{\partial \theta} + u_z \frac{\partial t}{\partial z}$$

$$= \frac{\lambda}{\rho C_{\mathrm{p}}} \left[\frac{1}{\lambda} \times \frac{\partial}{\partial r} \left(r \frac{\partial t}{\partial r} \right) + \frac{1}{r^2} \times \frac{\partial^2 t}{\partial \theta^2} + \frac{\partial^2 t}{\partial z^2} \right] \tag{4-26}$$

式中，θ' 为时间；r 为径向坐标；z 为轴向坐标；θ 为方位角；u_{r}、u_θ 和 u_z 分别为流体速度在坐标系 (r, θ, z) 三个方向上的分量。

球坐标系中的能量方程为：

$$\frac{\partial t}{\partial \theta'} + u_{\mathrm{r}} \frac{\partial t}{\partial r} + \frac{u_\theta}{r} \times \frac{\partial t}{\partial \theta} + \frac{u_\varphi}{r\sin\theta} \times \frac{\partial t}{\partial \varphi}$$

$$= \frac{\lambda}{\rho C_{\mathrm{p}}} \left[\frac{1}{r^2} \times \frac{\partial}{\partial r} \left(r^2 \frac{\partial t}{\partial r} \right) + \frac{1}{r^2 \sin\theta} \times \frac{\partial t}{\partial \theta} \left(\sin\theta \frac{\partial t}{\partial \theta} \right) + \frac{1}{r^2 \sin^2\theta} \times \frac{\partial^2 t}{\partial \varphi^2} \right] \tag{4-27}$$

式中，r 为矢径；θ 为余纬度；φ 为方位角；u_{r}、u_φ 和 u_θ 分别为流体速度在球坐标系 (r, φ, θ) 三个方向上的分量。

4.3 热传导

4.3.1 傅里叶定律

19 世纪由傅里叶建立热传导的基本原理,该原理是在大量实验基础上得出描述热传导的基本规律的定律,称为傅里叶定律,它描述为通过等温表面的热传导速率与温度梯度及传热面积成正比,即:

$$dQ \propto - dA \frac{\partial t}{\partial n}$$

或

$$dQ = - \lambda dA \frac{\partial t}{\partial n} \tag{4-28}$$

式中,Q 为热传导速率,即单位时间传递的热,其方向与温度梯度的相反,W;A 为等温表面的面积,m^2;λ 为比例系数,称为热导率,W/(m·K)。

式(4-28)中的负号表示热流方向总是和温度梯度的方向相反,如图 4-2 所示。热导率 λ 是物质的物理性质之一。热导率的数值和物质的组成、结构、密度、温度及压强有关。各种物质的热导率通常用实验方法测定。热导率值的变化范围很大。一般来说,金属的热导率最大,非金属固体的次之,液体的较小,气体的最小。工程计算中常见物质的热导率可从有关手册中查得。

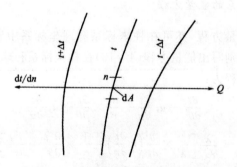

图 4-2 温度梯度和傅里叶定理

4.3.2 热导率

热导率表示物质的导热能力,是物质的物理性质之一,其值常与物质的组成、结构、密度、压力和温度等有关,可用实验方法求得。下面分别叙述固体、液体和气体的热导率。

1.固体的热导率

金属是良好的导热体。纯金属的热导率一般随温度升高而略有减小。金属的纯度对热导率的影响很大,例如纯铜在 20℃ 下的热导率为 386 W(m·K),而若含有一定的砷,即急剧下降到一半以下。

非金属的建筑材料或绝缘材料的热导率与其组成、结构的致密程度以及温度等有关。通常 λ 值随密度的增大或温度的升高而增加。

大多数均一的固体,其热导率在一定温度范围内与温度约成直线关系,可用下式表示

$$\lambda = \lambda_0(1 + \alpha t)$$

式中,λ,λ_0 为固体分别在温度 t、273 K 时的热导率,W(m·K) 或 W/(m·℃);α 为温度系数,对大多数金属材料为负值,而对大多数非金属材料则为正值 K^{-1}。

如图 4-3 所示,(a) 和 (b) 分别给出了常见金属固体和非金属固体的热导率随温度的变化情况。金属的热导率与材料的纯度有关,合金材料热导率小于纯金属。各种固体材料的热导率均与温度有关。

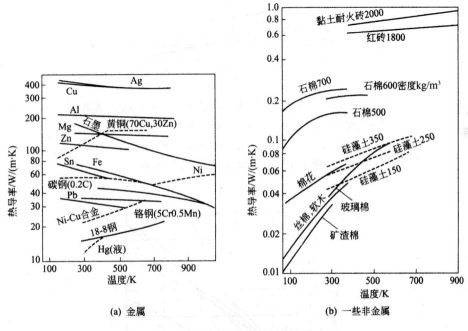

(a) 金属   (b) 一些非金属

图 4-3   一些固体材料的热导率

2. 液体的热导率

非金属液体以水的热导率最大。除水和甘油以外,绝大多数液体的热导率随温度的升高而略有减小。一般来说,纯液体的热导率比其溶液的热导率为大。

图 4-4 所示为几种常见液体的热导率及其与温度的关系。

3. 气体的热导率

气体的热导率随温度的升高而增大。在相当大的压力变化范围内,气体的热导率与压力的关系不是很大,只有在压力大于 2×10^8 Pa 或者很低时,热导率才随压力的升高而增大。气体的热导率很小,对导热不利,但却对保温有力。玻璃棉、软木等材料就是由于内部空隙存在气体,所以平均热导率较小。几种常用气体的热导率如图 4-5 所示,表 4-1 给出了工程上常用

物质的热导率大致范围。

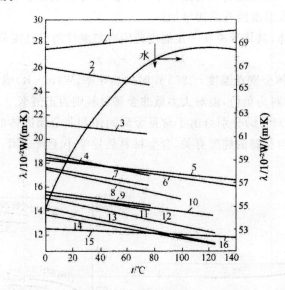

1—无水甘油；2—蚁酸；3—甲醇；4—乙醇；5—蓖麻油；6—苯胺；
7—乙酸；8—丙酮；9—丁醇；10—硝基苯；11—异丙苯；12—苯；
13—甲苯；14—二甲苯；15—凡士林油；16—水（用右边的坐标）

图 4-4　几种常见液体的热导率

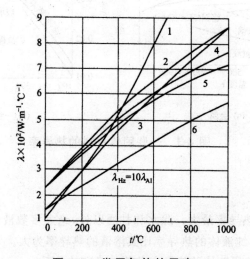

图 4-5　常用气体热导率

1—水蒸气；2—氧气；3—二氧化碳；4—空气；5—氮气；6—氩

表 4-1　工程上常用物质的热导率大致范围

物质种类	热导率范围 W/(m·℃)	常温下常用物质的热导率值(W/(m·℃))
纯金属	20～400	银 427,铜 380,铝 230,铁 70
合金	10～130	黄铜 110,碳钢 45,灰铸铁 40,不锈钢 17
建筑材料	0.2～2.0	普通砖 0.7,耐火砖 1.0,混凝土 1.3
液体	0.1～0.7	水 0.6,甘油 0.28,乙醇 0.18,60%甘油 0.38,60%乙醇 0.3
绝热材料	0.02～0.2	保温砖 0.15,石棉粉 0.13,矿渣棉 0.06,玻璃棉 0.04,膨胀珍珠岩 0.04
气体	0.01～0.6	氢 0.6,空气 0.025,CO_2 0.015,乙醇 0.015

图 4-6 所示为不同物质的热导率的大致范围。

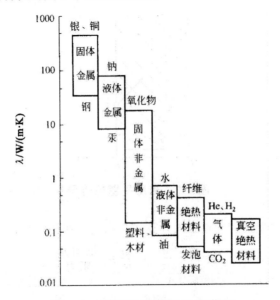

图 4-6　不同物质的热导率范围

4.3.3　平壁的稳定热传导

根据壁面形状,热传导可分为平壁热传导和非平壁热传导两种。由于在化工生产上,传热操作大多在圆管组成的换热器中进行,传热面为圆管壁面,一般称为圆筒壁热传导,是非平壁热传导中典型的实例。

1.单层平壁的稳定热传导

如图 4-7 所示的平壁,壁厚为 b,面积为 A,假设平壁材料均匀,导热系数 λ 不随温度变化而变化,平壁的温度只沿垂直于壁面的 x 轴变化,故等温面皆为垂直于 x 轴的平行平面,此导热过程为一维定态热传导。

对于一维稳定热传导,有:

$$Q = -\lambda A \frac{\mathrm{d}t}{\mathrm{d}x}$$

当 $x = 0$ 时，$t = t_1$ ；$x = b$ 时，$t = t_2$ ；且 $t_1 > t_2$ ，积分上式，有

$$Q\int_0^b \mathrm{d}x = -\lambda A \int_{t_1}^{t_2} \mathrm{d}t$$

积分后，得

$$Q = \frac{\lambda}{b} A (t_1 - t_2) \tag{4-29}$$

式中，Q 为导热速率，即单位时间通过平壁的热量，W 或 J/s；A 为平壁的传热面积，m^2；b 为平壁的厚度，m；又为平壁的导热系数，W/(m · ℃) 或 W/(m · K)；t_1、t_2 为平壁两侧的温度，℃。

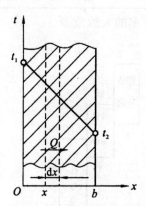

图 4-7　单层平壁热传导

式（4-29）为单层平壁热传导速率的计算式。此式还可改写为下面的形式：

$$Q = \frac{t_1 - t_2}{\dfrac{b}{\lambda A}} = \frac{\Delta t}{R} = \frac{推动力}{阻力} \tag{4-30}$$

式中，$\Delta t = t_1 - t_2$ 为导热推动力，而 $R = \dfrac{b}{\lambda A}$ 则称为导热热阻。

式（4-29）也可用热通量表示：

$$q = \frac{Q}{A} = \frac{\Delta t}{\dfrac{b}{\lambda}} = \frac{t_1 - t_2}{R'} \tag{4-31}$$

此时，热阻 $R' = \dfrac{b}{\lambda}$ ，单位为 m^2 · ℃/W。

若将积分式 $Q\int_0^b \mathrm{d}x = -\lambda A \int_{t_1}^{t_2} \mathrm{d}t$ 的上限从 $x = b$，$t = t_2$ 改为某一点 $x = x$，$t = t$，然后积分得：

$$Q = \frac{\lambda}{b} A (t_1 - t_2) \tag{4-32}$$

则平壁内任意位置的温度可表示为

$$t = t_1 - \frac{Qx}{\lambda A} \qquad (4-33)$$

由此可知,当 λ 视为常数时,平壁内沿 x 轴的温度变化呈线性关系。

2.多层平壁的稳定热传导

若平壁由多层不同厚度、不同热导率的材料组成,其间接触良好,即接触热阻可以忽略。如图 4-8(以三层平壁为例)所示,设各层的厚度分别为 b_1、b_2 及 b_3,热导率分别为 λ_1、λ_2 及 λ_3,壁的导热面积皆为 A,各层的温度降分别为 $\Delta t_1 (= t_1 - t_2)$、$\Delta t_2 (= t_2 - t_3)$ 及 $\Delta t_3 (= t_3 - t_4)$。由于在稳定导热过程中,通过各层的热流量相等,故

$$Q = \lambda_1 A \frac{t_1 - t_2}{b_1} = \frac{\Delta t_1}{\dfrac{b_1}{\lambda_1 A}} = \frac{\Delta t_1}{R_1}$$

$$= \lambda_2 A \frac{t_2 - t_3}{b_2} = \frac{\Delta t_2}{\dfrac{b_2}{\lambda_2 A}} = \frac{\Delta t_2}{R_2}$$

$$= \lambda_3 A \frac{t_3 - t_4}{b_3} = \frac{\Delta t_3}{\dfrac{b_3}{\lambda_3 A}} = \frac{\Delta t_3}{R_3} \qquad (4-34)$$

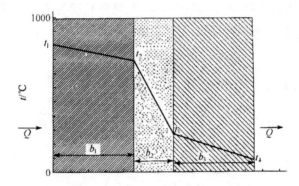

图 4-8　多层平壁的稳定热传导

应用合比定律可得

$$Q = \frac{\Delta t_1 + \Delta t_2 + \Delta t_3}{\dfrac{b_1}{\lambda_1 A} + \dfrac{b_2}{\lambda_2 A} + \dfrac{b_3}{\lambda_3 A}} = \frac{\Delta t_1 + \Delta t_2 + \Delta t_3}{R_1 + R_2 + R_3} = \frac{t_1 - t_4}{\displaystyle\sum_{i=1}^{3} R_i} \qquad (4-35a)$$

推广到 n 层平壁

$$Q = \frac{t_1 - t_{n+1}}{\displaystyle\sum_{i=1}^{n} R_i} = \frac{\text{总导热温差}}{\text{总热阻}} \qquad (4-35)$$

式(4-34)及式(4-35)表明,应用热阻的概念可以简化多层平壁导热的计算。以上因接触良好而忽略两层平壁之间的接触热阻,若不能忽略,则应在总热阻中加入。

式(4-34)还表明,对于串联的多层热阻,各层温差 Δt_i 的大小与其热阻 R_i 成正比。这一概念在以后的实例中会常用到。

4.3.4 圆壁的稳定热传导

1.单层圆筒壁的稳定热传导

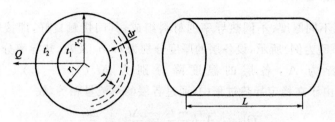

图 4-9 单层圆筒壁的一维稳态热传导

单层圆筒壁的一维稳态热传导如图 4-9 所示,壁内各等温面都是以该圆筒壁轴心线为共同轴线的圆筒面,壁内温度仅是径向坐标 r 的函数,即圆筒壁长度与壁厚之比很大,忽略圆筒壁的边缘传递的热量,看成一维热传导处理,这时的热传导只沿径向坐标 r 传递,则同一等温面上的 $\dfrac{\mathrm{d}t}{\mathrm{d}r}$ 值是相同的,热流方向仅沿径向由高温圆筒面传至低温圆筒面。当圆筒壁内表面半径为 r_1,温度为 t_1,外表面半径为 r_2,温度为 t_2,圆筒壁长度为 L,壁的热导率按常量计。根据傅里叶定律,对厚为 $\mathrm{d}r$ 的薄圆筒壁进行分析得:

$$Q = -\lambda A \frac{\mathrm{d}t}{\mathrm{d}r} = -\lambda (2\pi r L) \frac{\mathrm{d}t}{\mathrm{d}r}$$

将分离变量积分并整理得

$$Q = \frac{2\pi L \lambda (t_1 - t_2)}{\ln\left(\dfrac{r_2}{r_1}\right)} = \frac{t_1 - t_2}{\dfrac{1}{2\pi L \lambda}\ln\left(\dfrac{r_2}{r_1}\right)} = \frac{\Delta t}{R} \tag{4-36}$$

R 为圆筒壁导热热阻:

$$R = \frac{1}{2\pi L \lambda}\ln\left(\frac{r_2}{r_1}\right) = \frac{r_2 - r_1}{2\pi L \lambda (r_2 - r_1)}\ln\left(\frac{r_2}{r_1}\right) = \frac{b}{2\lambda (A_2 - A_1)}\ln\left(\frac{A_2}{A_1}\right)$$

式中,$A_1 = 2\pi r_1 L$ 为圆筒内表面积;$A_2 = 2\pi r_2 L$ 为圆筒外表面积。

令

$$A_m = \frac{A_2 - A_1}{\ln\left(\dfrac{A_2}{A_1}\right)}$$

式中,A_m 是 A_1 和 A_2 的对数平均值。于是有:

$$Q = \frac{t_1 - t_2}{\dfrac{b}{\lambda A_m}} \tag{4-37}$$

此式具有与平壁导热相同的计算式形式。不过,圆筒壁导热式中以内、外壁面积的对数平均值 A_m 替代了平壁导热中的 A。说明:当 $\dfrac{A_2}{A_1} = \dfrac{r_2}{r_1} < 2$ 时,可用算术平均面积 $\dfrac{(A_1 + A_2)}{2}$ 代替对数平均面积 A_m;$\dfrac{A_2}{A_1} = \dfrac{r_2}{r_1} = 1.4$,用算术平均面积代替对数平均面积 A_m。

2.多层圆筒壁的稳定热传导

多层圆筒壁(以三层为例)的热传导如图 4-10 所示。

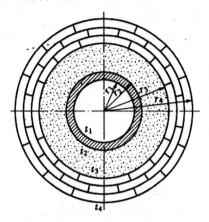

图 4-10　多层圆筒壁的热传导

假设各层间接触良好,各层的导热系数分别为 λ_1 , λ_2 和 λ_3 ,厚度分别为 $b_1 = r_2 - r_1$ 、$b_2 = r_3 - r_2$ 和 $b_3 = r_4 - r_3$ 。根据串联传热的原则,可写出三层圆筒壁的热传导速率方程式为:

$$Q = \frac{\Delta t_1 + \Delta t_2 + \Delta t_3}{R_1 + R_2 + R_3} = \frac{t_1 - t_4}{\dfrac{\ln \dfrac{r_2}{r_1}}{2\pi L\lambda_1} + \dfrac{\ln \dfrac{r_3}{r_2}}{2\pi L\lambda_2} + \dfrac{\ln \dfrac{r_4}{r_3}}{2\pi L\lambda_3}}$$

或

$$Q = \frac{t_1 - t_4}{\dfrac{b_1}{\lambda_1 A_{m1}} + \dfrac{b_2}{\lambda_2 A_{m2}} + \dfrac{b_3}{\lambda_3 A_{m3}}} \tag{4-38}$$

对 n 层圆筒壁:

$$Q = \frac{t_1 - t_{n+1}}{\displaystyle\sum_{i=1}^{n} \frac{\ln \dfrac{r_{i+1}}{r_i}}{2\pi L\lambda_i}}$$

或

$$Q = \frac{t_1 - t_{n+1}}{\displaystyle\sum_{i=1}^{n} \frac{b_i}{\lambda_i A_i}} \tag{4-39}$$

需要注意的是,对圆筒壁的热传导,通过各层的热律导速率都是相同的,但是热通量却都不相等。

4.4　对流传热

4.4.1　基本概念

流体流过平壁时,流体和壁面间将进行热量交换,引起壁面法向方向上温度分布的变化,形成一定的温度梯度,具体可见图 4-11 所示。近壁处,流体温度发生显著变化的区域,称为温度边界层(也是层流内层)。

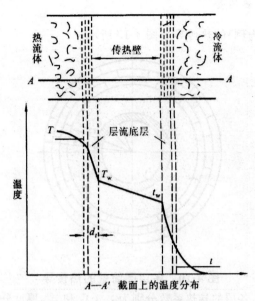

图 4-11　对流传热的温度分布

(1)在层流内层,流体质点只沿流动方向上作一维运动,在传热方向上无质点的混合,传热主要以热传导的方式进行,热阻大,温差大。

(2)在远离壁面的湍流中心,流体质点充分混合,温度趋于一致(热阻小)。

(3)在过渡区域中,传热以热传导和对流两种方式共同进行,温度变化平缓。

根据在热传导中的分析,温差大热阻就大。所以,流体作湍流流动时,热阻主要集中在层流底层中。如果要加强传热,则必须采取措施来减薄层流底层的厚度。

研究表明,对流传热速率与传热面积成正比,与流体和壁面的温差成正比,即

$$Q = \alpha A \Delta t \tag{4-40}$$

式中,Q 为对流传热(或给热)速率,W;A 为对流传热面积,m^2;Δt 为流体温度 t 与壁面温度 t_w 的差值(绝对值),它是对流传热的推动力,K;α 为对流传热系数(或给热系数),反映了对流传热的强度,$W/(m^2 \cdot ℃)$ 或 $W/(m^2 \cdot K)$。

式(4-40)称为牛顿冷却定律。问题的关键是如何求对流传热系数 α。

值得注意的是,对流传热系数一定要与传热面积及温度差相对应。例如,若热流体在列管式换热器的管内流动,冷流体在壳程中流动时,它们的对流传热方程分别是

$$Q = \alpha_i A_i (t_i - t_w) \tag{4-41}$$

$$Q = \alpha_o A_o (t_w - t_o) \tag{4-42}$$

式中,A_i、A_o 为换热器的管内表面积和管外表面积,m^2;α_i、α_o 为与换热器的管内面积和管外面积对应的对流传热系数,$W/(m^2 \cdot ℃)$ 或 $W/(m^2 \cdot K)$。

4.4.2　影响因素

表 4-2 所示为几种对流传热情况下的 α 值,对于对流传热系数 α 不同于物质的导热系数

A，它不是物质的性质，而是受诸多因素影响的一个参数。

表 4-2　α 值范围

对流传热类型(无相变)	$\alpha(\mathrm{W}/(\mathrm{m}^2 \cdot \mathrm{K}))$	对流传热类型(有相变)	$\alpha(\mathrm{W}/(\mathrm{m}^2 \cdot \mathrm{K}))$
气体加热或冷却	5～100	有机蒸气冷凝	500～2000
油加热或冷却	60～1700	水蒸气冷凝	5000～15000
水加热或冷却	200～15000	水沸腾	2500～25000

从表 4-2 易知看出，气体的对流传热系数 α 值最小，发生相变时的 α 值最大，且比气体的大得多。

理论分析和实验证明，影响对流传热系数的因素一般有以下几种。

(1)流体的性质。主要包括导热系数、比热容、黏度和密度等。对于同一种流体，这些物理性质又是温度的函数，有时还与压力有关(气体)。

(2)流体的种类和相变情况。流体的状态不同，如液体、气体和蒸气，它们的对流传热系数各不相同。通常，流体有相变时对流传热系数大得多。

(3)流体的流动状态。当流体呈湍流流动时，随着 Re 值的增大，滞流内层的厚度减薄，对流传热系数增大。当流体呈层流时，对流传热系数较小。

(4)流体流动的原因。通常情况下，强制对流时的对流传热系数较自然对流时的大。

(5)传热面。传热面的形状(如圆管、平板等)、布置(如水平或垂直放置、管束的排列方式等)及传热面的尺寸(如管径、管长、板高等)都对对流传热系数有直接影响。

目前对流传热系数主要采用经验公式(准数群)求得。应用经验公式时应注意以下几点。

(1)应用范围。即 Re、Pr 等特征数的数值范围。

(2)定性温度。定性温度即决定各特征数中流体物性的温度。

(3)特征尺寸。Nu、Re 中表示传热面形状特点的参数，如圆管的内、外径等。

化工生产中的对流传热大致有以下两类。

(1)流体无相变时的对流传热，包括强制对流和自然对流。

(2)流体有相变时的对流传热，包括蒸气冷凝和液体沸腾。

4.4.3　流体无相变时的对流传热系数

(1)管内强制湍流

①圆形直管内强制湍流的对流传热系数

$$\alpha = 0.023\,\frac{\lambda}{d}Re^{0.8}Pr^n \tag{4-43}$$

其中

$$Re = \frac{du\rho}{\mu},\ Pr = \frac{c_{\mathrm{p}}\mu}{\lambda}$$

式中，λ 为流体导热系数，$\mathrm{w}/(\mathrm{m} \cdot ℃)$；$c_{\mathrm{p}}$ 为流体的比热容，$\mathrm{J}/(\mathrm{kg} \cdot ℃)$；$\mu$ 为流体的黏度，$\mathrm{Pa} \cdot \mathrm{s}$；$\rho$ 为流体的密度，kg/m^3；d 为管道内径，m；u 为流体流速，m/s。

当流体被加热时，$n=0.4$；当流体被冷却时，取 $n=0.3$。

式(4-43)的应用范围：$Re > 10^4$，$0.7 < Pr < 120$，管道长径比 $\dfrac{l}{d} > 60$，低黏度(即 $\mu \leqslant 2.0$

$\times 10^{-3}$ Pa·s，光滑管内流动）。

定性温度：流体进、出口温度的算术平均值。

如果上述条件不满足，则用下式对计算结果进行校正：

$$\alpha' = f\alpha \tag{4-44}$$

当 $2300 < Re < 10^4$ 时，$f = 1 - \dfrac{6 \times 10^5}{Re^{1.8}}$；当 $\dfrac{l}{d} < 60$ 时，$f = 1 + \left(\dfrac{d}{l}\right)^{0.7}$。

当黏度超过时，则用下式计算流体的对流传热系数：

$$\alpha = 0.027 \frac{\lambda}{d} Re^{0.8} Pr^{0.33} \left(\frac{\mu}{\mu_w}\right)^{0.14} \tag{4-45}$$

当流体被加热时，取 $\left(\dfrac{\mu}{\mu_w}\right)^{0.14} = 1.05$；当流体被冷却时，取 $\left(\dfrac{\mu}{\mu_w}\right)^{0.14} = 0.95$。

应用范围：$Re > 10^4$，$0.7 < Pr < 700$，管道长径比 $\dfrac{l}{d} > 60$。

定性温度：流体进、出口温度的算术平均值。

若不满足上述条件，需要校正时，校正方法参考式（4-44）。

②圆形管内强制层流的对流传热系数

$$\alpha = 1.86 \frac{\lambda}{d} \left(RePr \frac{d}{l}\right)^{\frac{1}{3}} \left(\frac{\mu}{\mu_w}\right)^{0.14}$$

应用范围：$Re < 2300$，$0.6 < Pr < 6700$，$RePr \dfrac{d}{l} > 10$。

其中定性温度、$\left(\dfrac{\mu}{\mu_w}\right)^{0.14}$ 的定义与上式相同。

（2）管外强制湍流对流传热系数

如图 4-12 所示，对于列管换热器，挡板割去 25% 时，有

$$\alpha = 0.36 \frac{\lambda}{d_e} Re^{0.55} Pr^{\frac{1}{3}} \left(\frac{\mu}{\mu_w}\right)^{0.14} \tag{4-46}$$

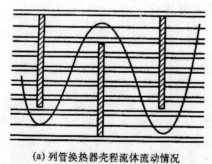

(a) 列管换热器壳程流体流动情况　　　　　　(b) 列管换热器挡板示意图

图 4-12　列管换热器

上式的适用范围：$2 \times 10^3 < Re < 1 \times 10^6$；定性温度为进出口流体平均温度；$d$ 使用当量内径 d_e。

4.4.4 流体有相变时的对流传热系数

1.蒸气冷凝

当饱和蒸气与低温壁面相接触时,蒸气放出潜热,并在壁面上冷凝成液体。

(1)冷凝方式

膜状冷凝:若冷凝液能润湿壁面,则在壁面上形成一层完整的液膜。

滴状冷凝:若冷凝液不能润湿壁面,冷凝液在壁面上形成许多液滴,并沿壁面落下。

滴状冷凝时,大部分壁面直接暴露在蒸气中,由于没有液膜阻碍热流,因此 $\alpha_{滴状} > \alpha_{膜状}$,但在生产中滴状冷凝是不稳定的,冷凝器的设计常按膜状冷凝来考虑。

(2)影响冷凝传热的因素

单组分饱和蒸气冷凝时,热阻主要集中在冷凝液膜内,液膜的厚度及其流动状况是影响冷凝传热的关键因素。

①液膜两侧的温度差的影响。液膜呈滞流流动时,$\Delta t = t_s(蒸气温度) - t_w$,$\Delta t$ 增大,液膜厚度增大,则 α 降低。

②流体物性的影响。液体的密度、黏度、导热系数、汽化热都影响 α 值。若 ρ 增大,μ 降低,则 α 增大;若 λ 增大,则 α 增大;若 r(比汽化焓)增大,则 α 增大。所有物质中,水蒸气的冷凝传热系数最大,一般为 10000 W/(m² · ℃)左右。

③蒸气的流速和流向的影响。蒸气运动时和液膜间会产生摩擦力,若蒸气和液膜同向流动,则摩擦力将使液膜厚度变薄,使 α 增大;若两者逆向流动,则 α 减小。如摩擦力超过液膜重力,则液膜会被蒸气吹离壁面。此时随蒸气流速的增加,α 急剧增大。

④冷凝壁面的布置。水平放置的管束,上部各排管子冷凝液流下使下部管液膜变厚,则 α 变小。垂直方向上管排数越多,α 越小。为增大 α 值,可将管束由直列改为错列或减小垂直方向上管排数目。

⑤蒸气中不凝性气体含量的影响。蒸气冷凝时,不凝性气体在液膜表面形成气膜,冷凝蒸气到达液膜表面冷凝前先要通过气膜,增加了一层附加热阻。由于气体 λ 很小,α 急剧下降,故必须考虑不凝性气体的排除。

(3)膜状冷凝的传热系数

①单根水平圆管外蒸气冷凝时,有

$$\alpha = 0.725\left(\frac{\rho^2 g \lambda^3 r}{d_o \Delta t \mu}\right)^{\frac{1}{4}} \tag{4-47}$$

②多根水平圆管(垂直排列)外蒸气冷凝时,有

$$\alpha = 0.725\left(\frac{\rho^2 g \lambda^3 r}{n^{\frac{2}{3}} d_o \Delta t \mu}\right)^{\frac{1}{4}} \tag{4-48}$$

式中,r 为蒸气的比汽化焓,J/kg;ρ 为冷凝液的密度,kg/m³;λ 为冷凝液的导热系数,W/(m · ℃);μ 为冷凝液的黏度,Pa · s;Δt 为饱和蒸气的温度与冷凝壁面的温度差,℃;n 为水平管束在垂直方向上的根数;d_o 为换热管外径,m。

· 蒸气在垂直管外的冷凝时,

$$Re = \frac{4M}{\mu}$$

式中，M 为冷凝负荷，即单位长度润湿周边上冷凝液的质量流量，$M = \frac{W}{b}$；W 为冷凝液的质量流量，kg/s；b 为冷凝液的润湿周边，对于圆管，$b = d_\circ \pi$；μ 为冷凝液的黏度，Pa·s。

当 $Re < 2100$ 时，

$$\alpha = 1.13 \left(\frac{\rho^2 g \lambda^3 r}{\mu l \Delta t} \right)^{\frac{1}{4}} \qquad (4-49)$$

当 $Re > 2100$ 时，

$$\alpha = 0.0077 \left(\frac{\rho^2 g \lambda^3}{\mu^2} \right)^{\frac{1}{3}} Re^{0.4} \qquad (4-50)$$

冷凝时的传热速率为
$$Q = \alpha b l \Delta t$$

$$Re = \frac{4 \alpha l \Delta t}{r \mu}$$

用试差法判断冷凝液的流动类型。

2. 沸腾传热

对于沸腾传热系数，目前没有比较理想的计算公式，下面公式仅供粗略计算。

$$\alpha = 1.163 m \Delta t^{n-1} \qquad (4-51)$$
$$Q = \alpha A \Delta t = 1.163 m \Delta t^n A \qquad (4-52)$$

式中，α 为核状沸腾传热系数，W/(m²·℃)；Δt 为壁温 t_w 与饱和蒸气温度 t_s 之差；A——传热面积，m²；m、n——与液体有关的经验常数，具体可见表 4-3 所示。

表 4-3　经验常数 m、n 的值

物料	压力(绝压)/(10⁵Pa)	m	n	Δt 范围/℃	Δt_c/℃	加热体
水	1.03	245	3.14	3～6	>6	水平管
水	1.03	560	2.35	6～19	19	垂直管
氧	1.03	56	2.47	3～6	>6	垂直管
氮	1.03	2.5	2.67	3～7	>7	垂直管
氟利昂-12	4.2	12.5	3.82	7～11	>11	水平管
丙烷	1.4～2.5	540	2.5	4～8	—	水平管
	12	765	2.0	8～14	28	垂直管
正丁烷	1.4～2.5	150	2.64	4～8	—	水平管
苯	1.03	0.13	3.87	25～50	50	垂直管
	8.1	14.3	3.27	8～22	22	垂直管
苯乙烯	1.03	262	2.05	11～28	—	水平管
甲醇	1.03	29.5	3.25	6～8	>8	垂直管

续表

物料	压力(绝压)/(10⁵Pa)	m	n	Δt 范围/℃	Δt_c /℃	加热体
乙醇	1.03	0.58	3.73	22～33	33	垂直管
四氯化碳	1.03	2.7	2.90	11～22	—	垂直管
丙酮	1.03	1.90	3.85	11～22	22	水平管

3.液体沸腾

液体与高温壁面接触被加热汽化并产生气泡的过程称为沸腾。工业上液体沸腾的方法可分为两种。

①大容积沸腾:将加热壁面浸没在液体中,液体在壁面处受热沸腾。

②管内沸腾:液体在管内流动时受热沸腾。

(1)液体沸腾曲线

图 4-13 所示为常压下水在容器内沸腾传热。

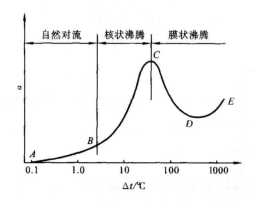

图 4-13 沸腾温度对沸腾传热系数的影响

AB 段:加热表面上的液体轻微受热,使液体内部产生自然对流,没有气泡从液体中逸出液面,仅在液体表面上发生蒸发,α 较低。此阶段称为自然对流区。

BC 段:在加热表面的局部位置上开始产生气泡,该局部位置称为汽化核心。气泡的产生、脱离和上升使液体受到强烈的扰动,因此 α 急剧增大。此阶段称为核状沸腾。

CD 段:加热面上气泡增多,气泡产生的速度大于它脱离表面的速度,表面上形成一层蒸气膜,由于蒸气的导热系数低,气膜的附加热阻使 α 急剧下降。此阶段称为不稳定的膜状沸腾。

DE 段:气膜稳定,由于加热面 t_w 高,热辐射影响较大,α 升高,此时为稳定膜状沸腾。从核状沸腾到膜状沸腾的转折点 C 称为临界点。C 点的 Δt_C、α_C 分别称为临界温度差和临界沸腾传热系数。工业生产中总是设法使沸腾装置控制在核状沸腾下工作,因为此阶段 α 大,t_w 小。

(2)影响因素

· 流体的物性。流体的导热系数、密度、黏度和表面张力等对沸腾传热有重要影响。

· 温度差。温度差是控制沸腾传热的重要因素,应尽量控制在核状沸腾阶段进行操作。

· 操作压强。提高沸腾压强,相当于提高液体的饱和温度,使液体的表面张力和黏度均减小,有利于气泡的形成和脱离,强化了沸腾传热。在相同温度差下,操作压强升高,则 α 增大。

· 加热面的状况加热面越粗糙,气泡核心越多,越有利于沸腾传热。一般,新的、清洁的、粗糙的加热面 α 较大。当表面被油脂玷污后,α 急剧下降。

此外,加热面的布置情况对沸腾传热也有明显的影响。

4.5 传热过程计算

工业上的换热过程多在间壁式换热器中进行,其中,冷流体在管内或管外流动,热流体则在换热管的另一侧流动。

实践证实,定常操作时,换热器的传热速率与传热面积、两流体的温度差成正比,即

$$Q = KA\Delta t_{m} \tag{4-53}$$

式中,Δt_{m} 为热、冷流体的对数平均温度差,℃;K 为总传热系数,$W/(m^2 \cdot ℃)$或 $W/(m^2 \cdot K)$;A 为换热器的传热面积,m^2。

列管换热器的传热面积可用换热管的外面积表示,即

$$A = nd_{o}\pi l$$

式中,n 为换热管数目;d_o 为换热管外径,m;l 为换热管长,m。

4.5.1 换热器热负荷

换热器的热负荷一般以单位时间为基准,当热损失可以忽略不计时,对于定常传热操作,热流体放出的热量等于冷流体吸收的热量。

1. 热流体降温,冷流体升温

如图 4-14 所示,冷、热流体之间的热量衡算如下:

$$W_{h}c_{ph}(T_{1} - T_{2}) = W_{c}c_{p_c}(t_{2} - t_{1}) \tag{4-54}$$

式中,W_h 分别为热流体的质量流量,kg/s;c_{ph} 分别为热流体的比热容,kJ/(kg·℃);T_1、T_2 分别为热流体的进、出口温度,℃;W_c 分别为冷流体的质量流量,kg/s;c_{pc} 分别为冷流体的比热容,kJ/(kg·℃);t_1、t_2 分别为冷流体的进、出口温度,℃。

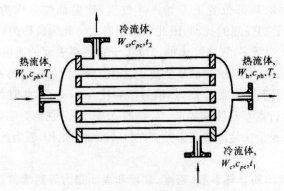

图 4-14　列管换热器热量衡算

2.热流体冷凝,冷流体升温

$$W_{\mathrm{h}}r_{\mathrm{h}} = W_{\mathrm{c}}c_{pc}(t_2 - t_1) \tag{4-55}$$

式中,r_{h} 为热流体的比汽化焓,kJ/kg。

3.热流体降温,冷流体汽化

$$W_{\mathrm{h}}c_{pc}(T_2 - T_1) = W_{\mathrm{c}}r_{\mathrm{c}} \tag{4-56}$$

式中,r_{c} 为冷流体的比汽化焓,kJ/kg。

4.热流体冷凝,冷流体汽化

$$W_{\mathrm{h}}r_{\mathrm{h}} = W_{\mathrm{c}}r_{\mathrm{c}} \tag{4-57}$$

4.5.2　传热平均温度差 Δt_{m}

如图 4-15 所示,换热壁面两侧流体的流动有以下几种形式
(1)逆流:参与热量交换的两种流体在间壁的两侧分别以相反的方向流动。
(2)并流:参与热量交换的两种流体在间壁的两侧分别以相同的方向流动。
(3)错流:参与热量交换的两种流体在间壁的两侧呈垂直方向流动。

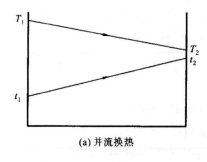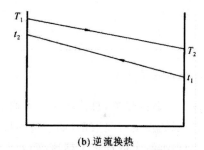

图 4-15　并逆流操作流体温度变化图

在多数情况下,冷、热流体在传热过程温度不断变化,各传热截面的传热温度差各不相同,一般用对数平均温度差 Δt_{m} 表示。其表达式为

$$\Delta t_{\mathrm{m}} = \frac{\Delta t_2 - \Delta t_1}{\ln\dfrac{\Delta t_2}{\Delta t_1}} \tag{4-58}$$

(1)上式是在逆流情况下推导的,但是同样适用于并流操作。
(2)不论 Δt_2、Δt_1 之间的相对大小,Δt_{m} 的计算结果完全一样。因此,对 Δt_2、Δt_1 不作顺序上的要求。
(3)任何一个温度差(Δt_2 或 Δt_1)为零时,均有 $\Delta t_{\mathrm{m}} = 0$。
(4)当 $\Delta t_2 = \Delta t_1$ 时,$\Delta t_{\mathrm{m}} = \Delta t_2 = \Delta t_1$。
逆流与并流操作异同之处可见如下。
(1)在冷、热流体的进出口温度不变的情况下,逆流操作的平均温度差大于并流操作的平均温度差。因此,实际使用中,多数采取逆流操作,这时可采用较小的换热器。

（2）当需要控制热流体的出口温度（不低于某一值）时，如果采用并流操作，只要冷流体的出口温度不低于此值，热流体的出口温度便不会低于设定值。

4.5.3　总传热系数

总传热系数是衡量换热器性能的重要指标之一，其大小主要取决于流体的物理性质、传热过程的操作条件及换热器的类型等。总传热系数的确定方法主要有以下几种。

1. 经验值

在换热器的工艺设计过程中，参阅工艺条件相仿、设备类似而又比较成熟的总传热系数经验数据。表 4-4 列出了工业换热器中总传热系数的大致范围，可供参考。

表 4-4　常见传热过程的 K 值范围

换热流体	$K(W/(m^2 \cdot ℃))$	换热流体	$K(W/(m^2 \cdot ℃))$
气体—气体	10～30	水蒸气冷凝—气体	10～50
气体—有机物	10～40	水蒸气冷凝—有机物	50～400
气体—水	10～60	水蒸气冷凝—水	300～2 000
油—油	100～300	水蒸气冷凝—轻油沸腾	500～1 000
油—水	150～400	水蒸气冷凝—溶液沸腾	300～2500
水—水	800～1800	水蒸气冷凝—水沸腾	2000～4000

2. 生产现场测定

对于已有换热器，总传热系数可通过现场测定法来确定，方法如下。
（1）现场测定有关数据（如设备的尺寸、流体的流量和进出口温度等）。
（2）根据测定数据求传热速率 Q，平均传热温度差 Δt_m 和传热面积。
（3）由传热基本方程计算 K 值。

实测 K 值，不仅可以为换热器的工艺设计过程提供依据，而且可以帮助分析换热器的性能，以便寻求提高换热器传热能力的有效途径。

3. 公式计算法

总传热系数 K 值的计算公式可利用串联热阻叠加原理导出（推导过程略），即

$$\frac{1}{K} = \frac{1}{\alpha_o} + R_{so} + \frac{\delta}{\lambda}\frac{d_o}{d_m} + R_{si}\frac{d_o}{d_i} + \frac{1}{\alpha_i}\frac{d_o}{d_i} \qquad (4-59)$$

式中，K 为换热器的总传热系数，$W/(m^2 \cdot ℃)$；α_o 为管外流体的对流传热系数，$W/(m^2 \cdot ℃)$；$\frac{1}{\alpha_o}$ 为管外对流热阻；α_i 为管内流体的对流传热系数，$w/(m^2 \cdot ℃)$；$\frac{1}{\alpha_i}\frac{d_o}{d_i}$ 为管内对流热阻；λ 为管壁的导热系数，$w/(m^2 \cdot ℃)$；$\frac{\delta}{\lambda}\frac{d_o}{d_m}$ 为管壁热阻；δ 为换热管壁厚，m；R_{so} 为管外污垢热阻，$m^2 \cdot ℃/W$；R_{si} 为管内污垢热阻，$m^2 \cdot ℃/W$；d_o 为换热管外径，m；d_m 为管壁的对数

平均直径,m; d_i 为换热管内径,m。

(1)总传热系数 K 一定小于任何一侧的对流传热系数。

(2)原则上,减少任何一个热阻,均能提高总传热系数 K,但具有最大热阻的一项的影响也最大,因此,优先降低最大热阻一项的热阻。

通常,污垢热阻比传热壁面的热阻大得多,因此在传热计算时,应考虑污垢热阻的影响。污垢热阻通常选用经验值 R_s。表 4-5 列出了一些常见流体的污垢热阻的经验值。

表 4-5　常见流体的污垢热阻 R

流　　体	R_s (m² · ℃/kW)	流　　体	R_s (m² · ℃/kW)
水(>50℃)		水蒸气	
蒸馏水	0.09	优质、不含油	0.052
海水	0.09	劣质、不含油	0.09
清净的河水	0.21	液体	
未处理的凉水塔用水	0.58	盐水	0.172
已处理的凉水塔用水	0.26	有机物	0.172
已处理的锅炉用水	0.26	熔盐	0.086
硬水、井水	0.58	植物油	0.52
气体		燃料油	0.172~0.53
空气	0.26~0.53	重油	0.86
溶剂蒸气	0.172	焦油	1.72

4.6　换热器

4.6.1　间壁式传热器

间壁式传热这种形式是化工生产过程中最普遍采用的传热形式,间壁式传热是冷、热流体被一固体壁隔开,热流体将热量传到固体壁面,通过固体壁将热量传给冷流体。典型的间壁式换热器如下。

1.套管式换热器

由直径不同的两根同轴心线管子组成。进行热交换的冷、热流体分别在内管与环隙中流过。通过内管壁热量传递,套管式换热器结构如图 4-16 所示。

如图 4-17 所示。在这种换热器中,一种流体走管内,另一种流体走环隙,两者皆可得到较高的流速,故传热系数较大。另外,在套管换热器中,两种流体可为纯逆流,对数平均推动力较大。

管式换热器还有沉浸式蛇管换热器和喷淋式蛇管换热器,前者是将金属管绕成各种与容器相适应的形状,并沉浸在容器内的液体中,优点是结构简单、制造方便,管内能承受高压并可选择不同材料以利防腐,管外便清洗,缺点是管外容器中的流动情况较差,对流传热系数小,平均温差也较低。后者是将换热蛇管成排固定在钢架上,冷却水由上方向下方喷淋,流到底部的冷却水可收集回收再利用。相对于沉浸式,喷淋式传热效果较好,结构简单,且管外便于检

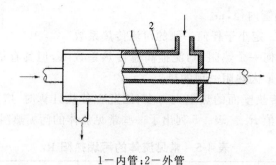

1—内管；2—外管

图 4-16　套管式换热器

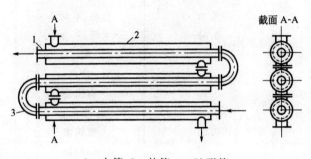

1—内管；2—外管；3—U 形管

图 4-17　套管式换热器

修、清洗，特别适合于高压流体的冷却；缺点是占地面积大，冷却水喷淋不均匀。它仅限于安装在室外。

　　总的来说，套管换热器结构简单，能承受高压，应用亦方便。特别是由于套管换热器同时具备传热系数大、传热推动力大及能够承受高压强的优点，在超高压生产过程中所用的换热器几乎全部是套管式。

　　2.列管式换热器

　　如图 4-18 所示列列管式换热器主要由壳体、管束、管板和封头等部件构成，如图 5-2 所示。操作时一种流体由封头 5 的接管 4 进入器内，经封头与管板 6 间的空间（分配室）分配至管内，流过管束后从另一端封头上接管流出换热器。另一种流体由壳体 1 的接管 3 流入，壳体内装有数块折流挡板 7，使流体在外壳内沿挡板做折流流动，而从另一端的壳体接管 4 流出换热器。通常将流经管束的流体称为管程（或管方）流体，而流经管束外的流体称为壳程（或壳方）流体。由于在换热器中管程流体在管束内只流过一次，故称为单程列管式换热器。

　　图 4-19 所示，为双程列管式换热器，器内隔板 4 将分配室等分为二，管内流体只能先流过一半管束，待流到另一分配室后再折回流过另一半管束，然后从接管流出换热器。由于管程流体在管束内流经两次，故称为双管程列管式换热器。若管程流体在管束内来回流过多次，则称为多管程换热器，诸如四程换热器、六程换热器或八程换热器等）。

　　由于两流体间的传热是通过管壁进行的，故列管式换热器的传热面积是管束管壁的全部表面积，即

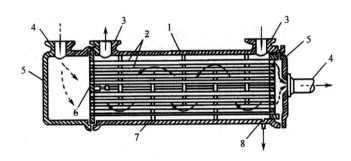

1—外壳;2—管束;3—接管;4—接管;
5—封头;6—管板;7—挡板;8—泄水管

图 4-18　单程列管式换热器

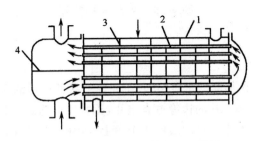

1—外壳;2—列管;3—挡板;4—隔板

图 4-19　双程列管式换热器

$$A = n\pi dL$$

式中,A 为传热面积,m^2;n 为管束的管数;d 为管径,m;L 为管长,m。

这里需要注意的是,式中的管径 d 可以分为管外径 d_o、管内径 d_i 或者平均直径 d_m($d_m = \dfrac{d_i + d_o}{2}$)来表示,则对应的传热面积分别为管外侧面积 S_o、管内侧面积 S_i 或者平均面积 S_m。

4.6.2　板式换热器

1.夹套式换热器

这种换热器构造简单,如图 4-20 所示。换热器的夹套安装在容器的外部,夹套与器壁之间形成密闭的空间,为载热体(加热介质)或载冷体(冷却介质)的通路。夹套通常用钢或铸铁制成,可焊在器壁上或者用螺钉固定在容器的法兰或器盖上。

夹套式换热器主要应用于反应过程的加热或冷却。在用蒸汽进行加热时,蒸汽由上部接管进入夹套,冷凝水则由下部接管流出。作为冷却器时,冷却介质(如冷却水)由夹套下部的接管进入,而由上部接管流出。

这种换热器的传热系数较低,传热面又受容器的限制,因此适用于传热量不太大的场合。为了提高其传热性能,可在容器内安装搅拌器,使器内液体作强制对流;为了弥补传热面的不足,还可在器内安装蛇管等。

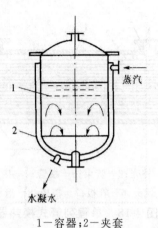

1—容器;2—夹套

图 4-20　夹套式换热器

2.板式换热器

图 4-21 所示,为板式换热器的示意图,它主要由一组长方形的薄金属板平行排列、夹紧组装于支架上而构成。两相邻板片的边缘衬有垫片,压紧后可达到密封的目的,且可用垫片的厚度调节两板间流体通道的大小。每块板的 4 个角上,各开 1 个圆孔,其中有 2 个圆孔和板面上的流道相通,另外 2 个圆孔则不相通,它们的位置在相邻板上是错开的,以分别形成两流体的通道。冷、热流体交替地在板片两侧流过,通过金属板片进行换热。每块金属板面冲压成凹凸规则的波纹,以使流体均匀流过板面,增加传热面积,并促使流体湍动,有利于传热。

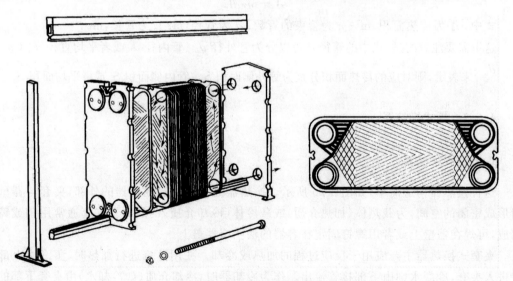

图 4-21　板式换热器

板式换热器优势:结构紧凑,单位体积设备所提供的传热面积大;可根据需要增减板数以调节传热面积;总传热系数高,如对低黏度液体的传热,K 值可高达 7000 W/(m² · ℃);检修和清洗都较方便。

板式换热器的缺点：处理量不太大；操作压力较低，一般低于 1500 kPa，最高也不超过 2000 kPa；因受垫片耐热性能的限制，操作温度不能过高，一般对合成橡胶垫圈不超过 130℃，压缩石棉垫圈低于 250℃。

3.螺旋板式换热器

如图 4-22 所示，螺旋板式换热器是由两块薄金属板焊接在一块分隔挡板（图中心的短板）上并卷成螺旋形而成的。两块薄金属板在器内形成两条螺旋形通道，在顶、底部上分别焊有盖板或封头。进行换热时，冷、热流体分别进入两条通道，在器内作严格的逆流流动。

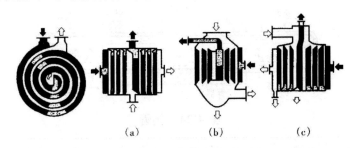

(a)"Ⅰ"型结构；(b)"Ⅱ"型结构；(c)"Ⅲ"型结构

图 4-22　螺旋板式换热器

因用途不同，螺旋板式换热器的流道布置和封盖形式，有下面几种类型。

(1)"Ⅰ"型结构。两个螺旋流道的两侧完全为焊接密封的"Ⅰ"型结构，是不可拆结构，如图 4-22(a)所示。两流体均作螺旋流动，通常冷流体由外周流向中心，热流体从中心流向外周，即完全逆流流动。这种形式主要应用于液体与液体间传热。

(2)"Ⅱ"型结构。Ⅱ型结构如图 4-22(b)所示。一个螺旋流道的两侧为焊接密封，另一流道的两侧是敞开的，因而一流体在螺旋流道中作螺旋流动，另一流体则在另一流道中作轴向流动。这种形式适用于两流体流量差别很大的场合，常用做冷凝器、气体冷却器等。

(3)"Ⅲ"型结构。"Ⅲ"型结构如图 4-22(c)所示。一种流体作螺旋流动，另一流体是轴向流动和螺旋流动的组合。适用于蒸气的冷凝冷却。

螺旋板换热器的直径一般在 1.6 m 以内，板宽 200～1200 mm，板厚 2～4 mm，两板间的距离为 5～25 mm。常用材料为碳钢和不锈钢。

4.6.2　其他换热器

1.热管换热器

热管换热器是以热管为基本传热单元的一种新型高效换热器，是由热管束、壳体和隔板构成，冷、热流体被隔板隔开，其结构示意图如图 4-23 所示。

热管是一种真空容器，基本部件为壳体容器和吸液芯，如图 4-24 所示。热管内充有工作液。化工中常用的工作液有水、氨、乙醇、丙酮、液态钠和锂等。不同的工作液适用于不同的工作温度。

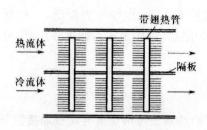

图 4-23　热管换热器

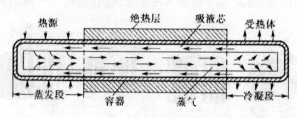

图 4-24　热管

当热源对热管一端供热时,工作液自热源吸收热量而蒸发汽化,蒸气在压差作用下高速流动至热管的另一端,并向冷源放出潜热后凝结,冷凝液回至热端并被再次沸腾汽化。过程如此反复循环,热量不断地从热端传递至冷端。

热管传热的特点是,通过沸腾汽化、蒸气流动和蒸气冷凝 3 步进行。由于沸腾及冷凝的对流传热系数很大,而蒸气流动阻力又较小,因此热管两端的温度差很小,它特别适用于低温差的传热。

热管换热器具有结构简单、使用寿命长、工作可靠、应用范围广等特点,它可用于气—气、气—液和液—液间的换热过程。

2.翅片式换热器

(1)翅片管式换热器

如图 4-25 所示是翅片管式换热器及其常见翅片,翅片管式换热器的构造特点是在管子表面上装有径向或轴向翅片。

当两种流体的对流传热系数相差很大时,例如用水蒸气加热空气,此传热过程的热阻主要在气体一侧。若气体在管外流动,则在管外装置翅片,既可扩大传热面积,又可增加流体的湍动,从而提高换热器的传热效果。一般来说,当两种流体的对流传热系数之比为 3:1 或更大时,宜采用翅片管式换热器。

(2)板翅式换热器

如图 4-26 所示,板翅式换热器的结构形式很多,但基本结构元件相同,即在两块平行的薄金属板(平隔板)间,夹入波纹状的金属翅片,两边以侧条密封,组成一个单元体。将各单元体进行不同的叠积和适当的排列,再用钎焊给予固定,即可得到常用的逆流、并流和错流的板翅式换热器的组装件,称为芯部或板束。将带有流体进、出口的集流箱焊到板束上,就成为板翅式换热器。目前常用的翅片形式有光直翅片、锯齿翅片和多孔翅片。

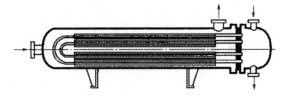

(a)翅片管式换热器

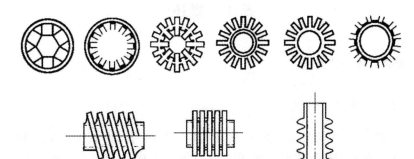

(b)常见的翅片形式

图 4-25　翅片管式换热器

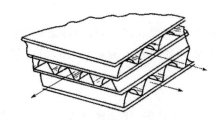

板翅式换热器的板束

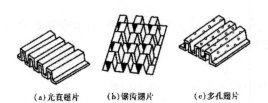

(a)光直翅片　　(b)锯齿翅片　　(c)多孔翅片

图 4-26　板翅式换热器

第5章 吸收单元过程

5.1 概述

5.1.1 吸收概述与分类

1.吸收的概念与应用

在化工生产过程中,为满足工艺要求,常需将均相气体混合物加以分离。吸收操作则是化工生产过程中用以分离均相气体混合物(即广义的气态溶液)的常规单元操作之一。它是利用气体混合物中不同组分在溶剂中溶解能力的差异(即溶解度的差异)或组分与溶剂反应能力的差异来分离均相气体混合物的操作。

吸收操作在化工生产中的应用主要有以下几个方面:

(1)制取化工产品

将气体中需要的成分用指定的溶剂吸收出来,成为液态的成品或半成品。例如,用水吸收 HCl、NO_2 制取 31% 的工业盐酸和 50%～60% 的硝酸,用水或甲醛水溶液吸收甲醛制取福尔马林溶液等。

(2)从气体中回收有用组分

例如,用硫酸从煤气中回收氨生成硫铵,用洗油从煤气中回收粗苯(包括苯、甲苯、二甲苯等),从烟道气或合成氨原料气中回收 CO_2 等。

(3)分离气体混合物

工业上利用吸收分离混合气体的实例很多。例如,油吸收法分离裂解气,用乙酸亚铜氨液从 C_4 馏分中提取丁二烯等。

(4)气体净化

吸收操作在气体净化中的应用大致可分为两类:

①原料气的净化

净化的主要目的是清除后续加工时所不允许存在的杂质,它们或会使催化剂中毒,或会产生副反应而生成杂质。例如,合成氨原料气的脱 CO_2 和脱 H_2S,天然气、石油气和焦炉气的脱 H_2S 以及硫酸原料气的干燥脱水等。

②尾气、废气的净化以保护环境

燃煤锅炉烟气、冶炼废气等脱 SO_2,硝酸尾气脱除 NO_x(氮氧化物),磷酸生产中除去气态氟化物(HF)以及液氯生产时弛放气中脱除氯气等。

(5)生化工程

在生化技术过程中,例如柠檬酸的生产,通常采用深层发酵法,即在带有通气与搅拌的发酵罐中使菌体在液体内培养的发酵工艺。因为是好气性菌,所以发酵中必须给予大量的空气以维持微生物的正常吸收和代谢。在废水处理中采用曝气法以及污泥氧化法等,均要应用空气中氧在水中的溶解(吸收)这一基本过程。

因此,气体吸收也是化工生产过程中常用的单元操作,掌握相关的操作理论、工艺计算方法及设备的设计方法很有必要。

当气体混合物与具有选择性的液体接触时,混合物中的一个或几个组分在该液体中溶解度较大,其大部分进入液相形成溶液,而溶解度小或几乎不溶解的组分仍留在气相中。这种利用混合气中各组分在液体溶剂中溶解度的差异来分离气体混合物的单元操作称为吸收。如以水为溶剂处理空气和氨的混合物,因氨和空气在水中的溶解度差异很大,氨在水中的溶解度很大,而空气几乎不溶于水,因此混合气体中的氨几乎全部溶解于水而与空气分离。

吸收操作中所用的液体称为吸收剂或溶剂,用 S 表示(如上述的水);混合气体中能够显著溶解的组分称为溶质或吸收质,用 A 表示(如上述的氨);不被溶解的组分称为惰性气体或载体,用 B 表示(如上述的空气);吸收操作中所得到的溶液称为吸收液或溶液,其成分为溶质 A 和溶剂 S,用 S+A 表示;吸收操作中排出的气体称为吸收尾气,其主要成分是惰性气体 B 及残余的溶质 A,用 A+B 表示。

为获得纯净的产品和使溶剂再生后循环使用,溶质需从吸收所得到的吸收液中回收出来,这种使溶质从溶液中脱除的过程为解吸(desorption)。一个完整的吸收流程包括吸收和解吸两部分。具体可见图 5-1 所示。

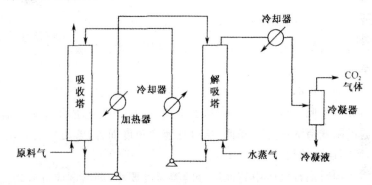

图 5-1　吸收与解吸流程

气体吸收属于溶质从气相向液相转移的过程,其前提是溶质在气相中的实际分压应高于与液相成平衡的分压。反之,若溶质在气相中的实际分压低于与液相成平衡的分压时,溶质便由液相向气相转移,即进行解吸过程。吸收与解吸过程遵循相同的原理,而且可在相同的设备中进行,所以吸收过程的原理和方法完全适用于解吸过程。

2.吸收过程分类

吸收过程的主要分类:
(1)根据吸收过程是否有化学反应分类
①物理吸收。物理吸收即在吸收过程中,溶质与溶剂之间不发生明显的化学反应,主要是

气体中可溶组分单纯溶解于液相的过程。如用水吸收 CO_2，用洗油吸收芳烃等。

②化学吸收。化学吸收即在吸收中溶质与溶剂发生显著的化学反应。如碱液吸收 CO_2，硫酸吸收氨。

(2)根据溶质在气、液两相中浓度分类

①低浓度吸收。溶质在气、液两相中浓度均不太高的吸收过程称为低浓度吸收。

②高浓度吸收。若溶质在气、液两相浓度都比较高，则称为高浓度吸收。

(3)根据吸收过程有无温度变化分类

①非等温吸收。气体溶解于液体时常伴随着热效应，若进行化学吸收，还会有反应热，从而引起液相温度升高。

②等温吸收。当被吸收组分在气相中浓度很低而吸收剂的用量又很大时，热效应很小，几乎觉察不到液相温度的升高，则可视为等温吸收。

(4)根据被吸收的组分数目分类

①单组分吸收。单组分吸收即混合气体中只有一个组分进入液相，其余组分不溶于溶剂。例如合成氨原料气中含有 N_2、H_2、CO、CO_2 等组分，而只有 CO_2 溶于高压水中。

②多组分吸收。多组分吸收即混合气体中有多个组分进入液相。例如用洗油处理焦炉气时，气相中的苯、甲苯、二甲苯等组分都可明显地溶解于洗油中。

5.1.2　吸收剂的选择

吸收操作是气液两相之间的接触传质过程，吸收操作的成功与否在很大程度上决定于溶剂的性能，特别是溶剂与气体混合物之间的相平衡关系。在选择吸收剂时，应注意考虑以下几个方面的问题：

(1)溶解度。溶剂应对混合气中被分离组分(溶质)有较大的溶解度，即在一定的温度和浓度下，溶质的平衡分压要低。这样，从平衡角度来说，处理一定量混合气体所需的溶剂数量较少，气体中溶质的极限残余浓度亦可降低；从过程速率角度而言，溶质平衡分压低，过程推动力大，传质速率快，所需设备的尺寸小。

(2)选择性。溶剂对混合气体中其他组分的溶解度要小，即溶剂应具有较高的选择性。否则吸收操作将只能实现组分间某种程度的增浓而不能实现较为完全的分离。

(3)溶解度随操作条件的变化。溶质在溶剂中的溶解度应对温度的变化比较敏感，即不仅在低温下溶解度要大，平衡分压要小，而且随温度升高，溶解度应迅速下降，平衡分压应迅速上升。这样，被吸收的气体解吸容易，溶剂再生方便。

(4)挥发性。操作温度下溶剂的蒸气压要低，以减少吸收和再生过程中溶剂的挥发损失。

(5)黏性。操作温度下吸收剂的黏度要低，这样可以改善吸收塔内的流动状况，从而提高吸收速率，且有助于降低泵的功耗，减少传质阻力。

(6)安全及稳定性。所选择的溶剂应尽可能无毒性，无腐蚀性，不易燃，不发泡，价廉易得，有较好的化学稳定性。

通常在工程实际中很难找到一个理想的溶剂能够满足上述所有要求，因此，应对可供选择的溶剂作全面的评价以作出经济合理的选择。

5.2 吸收和气液相平衡关系

5.2.1 传质过程

化工生产过程以化学反应为核心,然而反应前后往往需要预处理和后处理分离过程,如反应前将原料净化和将反应后产物纯化分离成不同的产品。其分离方法视物系的性质和要求而定,如对于某些非均相物系,可利用物系内部相界面两侧物质性质的不同,采用机械方法(如沉降、过滤等)进行分离;而对于均相物系(单一相),由于内部不存在相界面,各点处的物理性质又完全相同,这时可利用物系中不同组分的物理性质或化学性质的差异,通过引入第二相、外加能量造成两相或引入第二相与外加能量并举的手段,使其中某一组分或某些组分从一相转移到另一相,即进行相际传质,以达到分离的目的,这一过程称为传质分离过程。

以传质分离过程为特征的基本单元操作在化工生产中很多,表 5-1 所示为典型的传质单元操作。

表 5-1 典型的传质单元操作

单元操作	处理的物系状态	操作特点	操作原理	实　例
气体吸收	气体混合物	选择一定的溶剂(外界引入第二相)造成两相	利用混合气体中各组分在溶剂中溶解性的差异,某(些)组分由气相转移到液相(溶剂),以分离气体混合物	用水作溶剂来吸收混合在空气中的氨,水吸收甲醛制福尔马林溶液等
液体蒸馏	液体混合物	对于液体混合物,通过外加能量,如对液体混合物加热使其部分汽化,造成两相	利用不同组分挥发性的差异,使各组分在气相与液相间浓度不同而进行分离	工业乙醇水溶液精制得无水乙醇,原油蒸馏制汽油、煤油、柴油等
固体干燥	含溶剂的固体混合物	对含一定湿分(水或其他溶剂)的固体提供具有一定热量的惰性气体,使溶剂汽化,并被气体带走	利用湿分分压差,使湿分从固体转移到气相,从而使含湿固体物料得以干燥	用热空气除去某些固体物料中多余的水分
液液萃取	液体混合物	向液体混合物中加入某种液体溶剂造成两相	利用液体中各组分在溶剂中溶解度的差异,使组分在两液相中重新进行分配而分离液体混合物,溶质由一液相转移到另一液相	用苯萃取煤焦油液体中的苯酚,用醋酸戊酯萃取含青霉素发酵液中的青霉素等

单元操作	处理的物系状态	操作特点	操作原理	实例
结晶	液体或气体混合物	对混合物(蒸汽、溶液或熔融物)采用降温或浓缩的方法使其达到过饱和状态,析出溶质	利用溶质在不同温度下溶解度的不同,使结晶物质由液相转入固相	糖溶液中产生糖的晶粒,海水制盐等
吸附	气体混合物或液体混合物	混合物与多孔固体吸附剂相接触	利用多孔固体颗粒选择性地吸附混合物(液体或气体)中的一个组分或几个组分,从而使混合物得以分离	用活性炭回收混合气体中的某些溶剂蒸气,海水提钾等
膜分离	气体混合物或液体混合物	对分离物系施加一种能对组分产生分离作用的场(浓度、压力、温度、电场)	利用膜对混合物中各组分选择性地渗透,从而使混合物得以分离	超滤获得纯水,盐水淡化,天然气中提取氢等

5.2.2 相的组成

传质过程的外在表现是混合物中组分在各相中浓度的变化,传质分离过程共同的基础是平衡时混合物中各组分在两相间分配不同,因此需要分析相组成。

1.质量分数与摩尔分数

所谓质量分数是指混合物中某组分的质量占混合物质量的分数。对于混合物中 A 组分有

$$\omega_A = \frac{m_A}{m}$$

式中。ω_A 为组分 A 的质量分数;m_A 为混合物中组分 A 的质量,kg;m 为混合物质量,kg。若混合物中有组分 A、B…N,则

$$\omega_A + \omega_B + \cdots + \omega_N = 1$$

所谓摩尔分数是指混合物中某组分的物质的量占混合物总物质的量的分数。对于混合物中 A 组分有

气相

$$y_A = \frac{n_A}{n}$$

液相

$$x_A = \frac{n_A}{n}$$

式中,y_A、x_A 分别为组分 A 在气相和液相中的摩尔分数;n_A 为液相或气相中组分 A 的

物质的量,mol; n 为混合物物质的量,mol。

显然,混合物中所有组分的摩尔分数之和为 1,即

$$y_A + y_B + \cdots + y_N = 1$$

$$x_A + x_B + \cdots + x_N = y_A$$

根据摩尔分数和质量分数的定义,可以推导出质量分数与摩尔分数的关系为

$$x_A = \frac{n_A}{n} = \frac{\dfrac{m\omega_A}{M_A}}{\dfrac{m\omega_A}{M_A} + \dfrac{m\omega_B}{M_B} + \cdots + \dfrac{m\omega_N}{M_N}}$$

$$= \frac{\dfrac{\omega_A}{M_A}}{\dfrac{\omega_A}{M_A} + \dfrac{\omega_B}{M_B} + \cdots + \dfrac{\omega_N}{M_N}}$$

式中, M_A 、 M_B 分别为组分 A、组分 B 的摩尔质量,kg/kmol。

2. 质量比与摩尔比

在传质分离计算时,有时为计算方便,以某一组分为基准来表示混合物中其他组分的组成。质量比是指混合物中组分 A 的质量与惰性组分 B(不参加传质的组分)的质量之比,其定义式为

$$\bar{a}_A = \frac{m_A}{m_B}$$

摩尔比是指混合物中某组分 A 的物质的量与惰性组分 B(不参加传质的组分)的物质的量之比,其定义式为

气相

$$Y_A = \frac{n_A}{n_B}$$

液相

$$X_A = \frac{n_A}{n_B}$$

式中, Y_A 、 X_A 分别为组分 A 在气相和液相中的摩尔比。

质量分数与质量比的关系为

$$\omega_A = \frac{\bar{a}_A}{1 + \bar{a}_A}$$

$$\bar{a}_A = \frac{\omega_A}{1 - \omega_A}$$

摩尔分数与摩尔比的关系为

$$x = \frac{X}{1 + X}$$

$$y = \frac{Y}{1 + Y}$$

$$X = \frac{x}{1-x}$$

$$Y = \frac{y}{1-y}$$

3. 质量浓度与物质的量浓度

所谓质量浓度是指单位体积混合物中某组分的质量。

$$\rho_A = \frac{m_A}{V}$$

式中，ρ_A 为组分 A 的质量浓度（密度），kg/m^3；V 为混合物的体积，m^3；m_A 为混合物中组分 A 的质量，kg。

所谓物质的量浓度（简称浓度）是指单位体积混合物中某组分的物质的量。

$$c_A = \frac{n_A}{V}$$

式中，c_A 为组分 A 的物质的量浓度，$kmol/m^3$；n_A 为混合物中组分 A 的物质的量，$kmol$。
质量浓度与质量分数的关系为

$$\rho_A = \omega_A \rho$$

物质的量浓度与摩尔分数的关系为

$$c_A = x_A c$$

式中，c 为混合物的物质的量浓度，$kmol/m^3$；ρ 为混合物的密度（质量浓度），kg/m^3。

4. 总压与组分的分压

这里主要是指气体的总压与理想气体混合物中组分的分压。对于气体混合物，总浓度常用气体的总压 p 表示。当压力不太高（通常小于 500 kPa）、温度不太低时，混合气体可视为理想气体，其中某组分的浓度常用分压 p_A 表示。总压与某组分的分压之间的关系为

$$p_A = p y_A$$

摩尔比与分压之间的关系为

$$Y_A = \frac{p_A}{p - p_A}$$

物质的量浓度与分压之间的关系为

$$c_A = \frac{n_A}{V} = \frac{p_A}{RT}$$

5.2.3 气体溶解度

在一定压力和温度下，使一定量的吸收剂与混合气体充分接触，气相中的溶质便向液相溶剂中转移，经长期充分接触之后，液相中溶质组分的浓度不再增加，此时，气液两相达到平衡，此状态为平衡状态，溶质在液相中的浓度为饱和浓度（简称溶解度），气相中溶质的分压为平衡分压。平衡时溶质组分在气液两相中的浓度存在一定的关系，即相平衡关系。

互成平衡的气、液两相彼此依存，而且任何平衡状态都是有条件的。所以，一般而言，气体

溶质在一定液体中的溶解度与整个物系的温度、压力及该溶质在气相中的组成密切相关。对于单组分的物理吸收，涉及由 A、B、S 三个组分构成的气、液两相物系，根据相律可知其自由度数应为 3，所以在一定的温度和总压之下，溶质在液相中的溶解度取决于它在气相中的组成。但是，在总压不很高的情况下，可以认为气体在液体中的溶解度只取决于该气体的分压，而与总压无关。

在同一溶剂中，不同气体的溶解度有很大差异。图 5-2、图 5-3、图 5-4 所示为常压下氨、二氧化硫和氧在水中的溶解度与其在气相中分压之间的关系（以温度为参数）。图中的关系线称为溶解度曲线。图 5-5 所示为集中不同气体在水中的溶解度曲线。

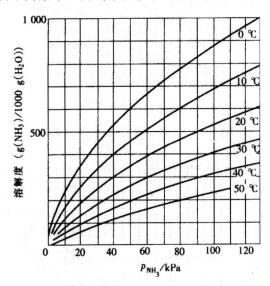

图 5-2　氨在水中的溶解度

通常以浓度 c_A 或摩尔分数 x 表示气体溶质在液相中的量；以气相分压 p_A 或摩尔分数 y 表示溶质在气相中的量。

任何平衡状态都是有条件的，平衡状态与系统的压力、温度、溶质在气液两相的组成密切相关。对于双组分混合气体的单组分物理吸收系统，组分数 $C=3$（溶质 A、吸收剂 S、惰性气体 B），相数 $\varphi=2$（气液两相），根据相律，自由度数应为

$$F = C - \varphi + 2 = 3 - 2 + 2 = 3$$

即气液两相达到平衡时，在温度、总压、气相组成和液相组成中，只有 3 个是独立变量，另一个变量是它们的函数。故溶解度 c_A 或 x 为总压 p、温度 T、气相组成 y（或分压 p_A）的函数。通过实验研究得知，当总压不太高（一般小于 0.5MPa）时，压力的变化对平衡关系的影响可忽略不计。于是，当温度一定时，溶解度 x 或 c_A 仅为分压 p_A 或摩尔分数 y 的函数，可以写成

$$p_A^* = f_1(x)$$
$$y^* = f_2(x)$$
$$p_A^* = f_3(c_A)$$

综上所述，易知影响平衡关系的主要因素如下。

（1）温度的影响。当总压 p、气相中溶质 y 一定时，若吸收温度下降，如图 5-2 所示，温度

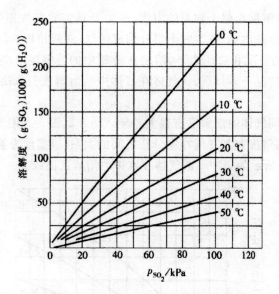

图 5-3　二氧化硫在水中的溶解度

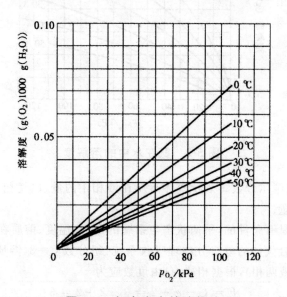

图 5-4　氧在水中的溶解度

由 50℃降为 30℃,平衡曲线变平,溶解度大幅度提高,故在吸收工艺流程中,吸收剂常常经冷却后进入吸收塔。

(2)总压的影响。在一定的温度下,气相中溶质组成 y 不变,当总压 p 增加时,溶质的分压随之增加,在同一溶剂中溶质的溶解度也将随之增加,这有利于吸收,故吸收操作通常在加压条件下进行。

(3)气体溶质的影响。由图 5-5 可以看出,当总压、温度、气相中的溶质组成一定时,不同气体在同一溶剂中的溶解度的差别很大。一般将溶解度小的气体(如 O_2、CO_2 等)称为难溶气体,溶解度大的气体如 NH_3 等称为易溶气体,介乎其间的(如 SO_2 等)气体称为溶解度适中的

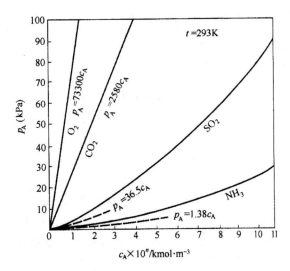

图 5-5　不同气体在水中的溶解度对比

气体。吸收操作正是由于各种气体在同一溶剂中溶解度的不同才可能将它们有效地分离。

（4）溶剂性质的影响。同种气体在不同溶剂中溶解度截然不同。如 25℃、总压为 101.35 kPa 时，乙炔在水中的摩尔分数为 0.00075，而在含水 4% 的二甲基甲酰胺中平衡摩尔分数为 0.0747。所以选择不同的吸收剂吸收效果大不相同。

5.2.4　亨利定律

1. 亨利定律的描述及其基本表达式

对于稀溶液或难溶气体，在温度一定且总压不大（一般不超过 500 kPa）的情况下，达到相平衡时，溶质在气相中的分压与该溶质在液相中的浓度成正比关系。这一关系称为亨利定律。其数学的基本表达式如下：

$$p^* = Ex \tag{5-1}$$

式中，p^* 为溶质在气相中的平衡分压，kPa；x 为溶质在液相中的摩尔分数；E 为亨利系数，kPa。

亨利系数 E 越大表明溶解度越小，其值随物系的特性和体系的温度而异。在同一溶剂中，难溶气体的 E 值大，而易溶气体的 E 值小。对一定的气体与一定的溶剂所构成的确定体系，亨利系数 E 值随该体系的温度升高而增大，体现了气体溶解度随温度升高而减少的变化趋势。

亨利系数值由实验测定。常见物系的亨利系数值可以从有关手册中查得。

亨利定律只适用于稀溶液（理想溶液除外），在液相溶质浓度很低的情况下，亨利系数是常数。值得指出的是，在同一种溶剂中，不同的气体维持其亨利系数为常数的浓度范围是不同的。对于某些较难溶解的系统来说，当溶质分压不超过 1×10^5 Pa，恒定温度下的 E 值可视为常数。当分压超过 1×10^5 Pa 后，E 值是温度和溶质分压的函数。

理想溶液符合拉乌尔定律 $p^* = p^\circ x$，同时，在压强不高和温度恒定的条件下，理想溶液

的 $p^* - x$ 关系在整个浓度范围内都符合亨利定律 $p^* = Ex$，此时 E 值等于该温度下溶质纯态时的饱和蒸气压 p°。

2.亨利定律的其他表达形式

根据气、液相组成的表示方法不同，亨利定律也就有不同的表达形式。

（1）以溶解度系数表示的亨利定律

若溶质 A 在液相中的组成以体积摩尔浓度 c_A 表示，则亨利定律可写成如下形式：

$$p^* = \frac{c}{H} \tag{5-2}$$

式中，p^* 为溶质 A 在气相中的平衡分压，kPa；c 为溶质 A 在单位体积溶液中的物质的量，即溶液的摩尔浓度，$kmol/m^{-3}$；H 为溶解度系数，$kmol/(m^3 \cdot kPa)$。

溶质 A 在液相中的体积摩尔浓度 c 与溶质 A 在液相中的摩尔分数 x 的关系如下：

$$c = c_m x \tag{5-3}$$

式中，c_m 是单位体积溶液的总物质的量，称为溶液体积总摩尔浓度，$kmol/m^3$。将式（5-3）代入式（5-2）得到：

$$p^* = \frac{c_m x}{H}$$

将上式与式（5-1）比较，可知：

$$H = \frac{c_m}{E} \tag{5-4}$$

溶液体积总摩尔浓度 c_m 与溶液密度 ρ_m 以及溶液摩尔质量 M_m 三者间的关系如下：

$$c_m = \frac{\rho_m}{M_m} \tag{5-5}$$

对于稀溶液，因为溶剂的密度 $\rho_S \approx \rho_m$，溶剂的摩尔质量 $M_S \approx M_m$，故式（5-4）可写成：

$$H \approx \frac{\rho_S}{EM_S} \tag{5-6}$$

与亨利系数 E 相反，H 越大表明溶解度越大，易溶气体的 H 值大，难溶气体的 H 值小。溶解度系数 H 也是温度的函数，H 值随体系的温度升高而降低。

（2）以相平衡常数表示的亨利定律

若溶质 A 在液相和气相中的浓度分别用摩尔分数 x 及 y 表示，亨利定律可写成如下形式：

$$y^* = mx \tag{5-7}$$

式中，x 为溶质 A 在液相中的摩尔分数；y^* 为与浓度为 x 的液相达到平衡时的气相溶质摩尔分数；m 为相平衡常数，无量纲。

若系统总压为 P，则由理想气体的道尔顿分压定律 $p = Py$ 可得：

$$p^* = Py^* \tag{5-8}$$

将上式代入式（5-1）可得：

$$Py^* = Ex$$

将此式与式（5-7）相比较，可知：

$$m = \frac{E}{P} \tag{5-9}$$

相平衡系数 m 值的大小同样也能反映气体溶解度的大小，m 值越大，表明该气体的溶解度越小。由式(5—9)可以看出，相平衡系数 m 是温度和压强的函数，对于一定的物系，降低体系温度提高总压将使 m 值变小，有利于吸收操作。

当气相中惰性组分不溶或极少溶于液相，溶剂又没有明显的挥发现象时，可认为惰性组分 B 的流量和液相中溶剂 S 的流量在吸收过程中保持不变，此时，在吸收计算中采用摩尔比 Y 和 X 分别表示气、液两相溶质的组成会使计算方便些。摩尔比的定义如下：

$$X = \frac{\text{液相中溶质 } A \text{ 的物质的量}(\text{mol})}{\text{液相中溶剂 S 的物质的量}(\text{mol})} = \frac{x}{1-x} \tag{5-10}$$

$$Y = \frac{\text{气相中溶质 } A \text{ 的物质的量}(\text{mol})}{\text{气相中惰性组分 } B \text{ 的物质的量}(\text{mol})} = \frac{y}{1-y} \tag{5-11}$$

由上两式可知：

$$x = \frac{X}{1+X} \tag{5-12}$$

$$y = \frac{Y}{1+Y} \tag{5-13}$$

则以摩尔比 Y 和 X 分别表示溶质 A 在气、液相的组成时，亨利定律可写成如下形式：

$$\frac{Y^*}{1+Y^*} = m\frac{X}{1+X} \tag{5-14}$$

整理后得到：

$$Y^* = \frac{mX}{1+(1-m)X} \tag{5-15}$$

对低浓度吸收过程，上式可简化为：

$$Y^* \approx mX \tag{5-16}$$

式(5—16)是亨利定律又一种表达形式，它表明当液相中溶质浓度足够低时，平衡关系在 $X-Y$ 图中可近似地表示成一条通过原点的直线，其斜率为 m。

亨利定律所描述的是互成平衡的气、液两相组成间的关系，故亨利定律也可写成以下形式：

$$x^* = \frac{p}{E}$$

$$c^* = Hp$$

$$x^* = \frac{y}{m}$$

$$X^* = \frac{Y}{m}$$

根据已知的气相组成可以计算与该气相相平衡的液相组成。

5.3 吸收速率

5.3.1 吸收机理

1.传质的基本方式

吸收过程是溶质从气相转移到液相的传质过程。由于溶质从气相转移到液相是通过扩散进行的,因此传质过程也称为扩散过程。扩散的基本方式有两种:分子扩散和涡流扩散。如将一滴红墨水滴于一杯水中,一会儿水就变成均匀的红色,这就是分子扩散的表现;在滴入的同时,加以搅拌,流体质点产生湍动和漩涡,引起各部分流体间的强烈混合,水立刻就变成了均匀的红色,这便是涡流扩散的效果。

物质通过静止流体或作层流流动的流体(且传质方向与流体流动方向垂直)时的扩散只是由于分子热运动的结果,这种借分子热运动来传递物质的现象,称为分子扩散。扩散的推动力是浓度差,扩散速率主要决定于扩散物质和静止流体的温度和某些物理性质。

物质在湍流流体中扩散时主要是流体质点的无规则运动而产生的漩涡,引起各部分流体间的强烈混合,在有浓度差存在的情况下,物质便朝其浓度降低的方向进行扩散。这种借流体质点的湍动和漩涡来传递物质的现象,称为涡流扩散。

分子扩散和涡流扩散的共同作用称为对流扩散。对流扩散时,扩散物质不仅靠分子本身的热运动,同时依靠湍流流动的携带作业而转移,而且后一种作用是主要的。对流扩散速率比分子扩散速率大得多。对流扩散速率主要决定于流体的湍流程度。

2.吸收机理——双膜理论

吸收机理是讨论吸收质从气相主体传递到液相主体全过程的途径和规律的。由于吸收过程中既有分子扩散,又有涡流扩散,因此影响吸收过程的因素极为复杂,许多学者对吸收机理提出了若干不同的简化模型。目前应用较广泛的是"双膜理论"。

图 5-6 所示为双膜理论基于双膜模型,它把复杂的对流传质过程描述为溶质以分子扩散形式通过两个串联的有效膜,认为扩散所遇到的阻力等于实际存在的对流传质阻力。

双膜模型的基本假设:

(1)相互接触的气液两相存在一个稳定的相界面,界面两侧分别存在着稳定的气膜和液膜。膜内流体流动状态为层流,溶质 A 以分子扩散方式通过气膜和液膜,由气相主体传递到液相主体。

(2)相界面处,气液两相达到相平衡,界面处无扩散阻力。

(3)在气膜和液膜以外的气液主体中,由于流体的充分湍动,溶质 A 的浓度均匀,溶质主要以涡流扩散的形式传质。

根据双膜理论,在吸收过程中,吸收质必须以分子扩散的方式从气相主体先后通过此两薄膜而进入液相主体。因此,虽然气、液两膜很薄,但主要的传质阻力或扩散阻力还是来自两个膜层。

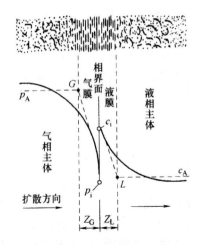

图 5-6　双膜理论示意

根据双膜理论,在吸收过程中,吸收质从气相主体中以对流扩散的方式到达气膜边界,又以分子扩散的方式通过气膜到达气、液界面,在界面上吸收质不受任何阻力从气相进入液相,然后在液相中以分子扩散的方式穿过液膜到达液膜边界,最后又以对流扩散的方式转移到液相主体。

双膜理论将吸收过程的机理大大简化,把复杂的相际传质过程变为通过气、液两膜的分子扩散过程。根据流体力学原理,流速越大,则膜的厚度越薄。因此,增大流体的流速,可以减少扩散阻力,增大吸收速率。实践证明,对于具有稳定相界面的系统及流速不大时,上述论点是符合实际情况的。根据这一理论所建立的吸收速率关系,至今仍是吸收设备设计的理论依据。但当气体速度较高时,气、液两相界面通常处于不断更新的过程中,即已形成的界面不断破灭,而新的界面不断产生。界面更新对整个吸收过程是很重要的因素,双膜理论对此并未考虑。因此,双膜理论在反映客观事实和生产实践方面都有其缺点和局限性。但提高流速可使吸收速率提高这一结论也为其他理论和实践所证实,因此双膜理论一般仍用于吸收的实践中。

5.3.2　吸收速率

所谓吸收速率是指在吸收操作中,单位时间内单位相际传质面积上吸收的溶质量。它表示吸收速率与吸收推动力之间的关系式即为吸收速率方程式。生产中利用吸收速率方程式来计算所需要的相际接触面积,从而进一步确定吸收设备的尺寸或核算混合气体通过指定设备所能达到的吸收程度。其表示形式为"吸收速率＝吸收系数×推动力"。由于相组成的表示方法不同,引起吸收系数及其相应推动力的表示方法也不同,因而出现了多种形式的吸收速率方程式。但实际应用中,以摩尔比表示推动力的吸收速率式最为方便和实用,因此我们仅讨论以摩尔比表示推动力的吸收速率方程式。

1. 气膜吸收速率

吸收质 A 以分子扩散方式通过气膜的吸收速率方程式,可表示为:

$$N_A = k_Y(Y - Y_i) \tag{5-17}$$

式中，N_A 为吸收质 A 的分子扩散速率，$\text{kmol}/(\text{m}^2 \cdot \text{s})$；$k_Y$ 为气膜吸收系数，$\text{kmol}/(\text{m}^2 \cdot \text{s})$；$Y$、$Y_i$ 为吸收质 A 在气相主体与相界面处的摩尔比。

其中 $1/k_Y$ 为吸收质通过气膜的扩散阻力，这个阻力的表达形式是与气膜推动力（$Y - Y_i$）相对应的。气膜吸收系数值反映了所有影响这一扩散过程因素对过程影响的结果，如操作压强、温度、气膜厚度以及惰性组分的分压等。

2. 液膜吸收速率

吸收质 A 以分子扩散方式通过液膜的吸收速率方程式，可表示为：

$$N_A = k_X(X_i - X) \tag{5-18}$$

式中 N_A 为吸收质 A 的分子扩散速率，$\text{kmol}/(\text{m}^2 \cdot \text{s})$；$k_X$ 为液膜吸收系数，$\text{kmol}/(\text{m}^2 \cdot \text{s})$；$X_i$、$X$ 为吸收质 A 在相界面与液相主体处的摩尔比

其中 $1/k_X$ 为吸收质通过液膜的扩散阻力，这个阻力的表达形式是与液膜推动力（$X_i - X$）相对应的。液膜吸收系数值反映了所有影响这一扩散过程因素对过程影响的结果，如扩散系数、溶液的总浓度、液膜厚度以及吸收剂的浓度等。

由此可见，吸收速率与推动力（$Y - Y_i$）或（$X_i - X$）成正比，与扩散阻力 $1/k_Y$ 或 $1/k_X$ 成反比。

3. 吸收速率

在吸收过程中，因吸收质从气相溶入液相，而使气相总量和液相总量不断变化，这也使计算变得复杂。由于相界面上的组成 Y_i、X_i 不易直接测定，因而在吸收计算中很少应用气、液膜的吸收速率方程式，而采用包括气液膜的吸收速率总方程式。

从双膜理论可知，式（5-17）和式（5-18）所表示的推动力（$Y - Y_i$）和（$X_i - X$）中有一界面浓度 Y_i、X_i 不易确定，但从整个吸收过程来看，只要过程是稳定的，在两相界面上无物质积累或消耗，那么单位时间、单位相界面上通过气膜所传递的物质量，必与通过液膜传递的物质量相等。所以可写成：

$$N_A = k_Y(Y - Y_i) = k_X(X_i - X) \tag{5-19}$$

由于
$$Y^* = mX, \quad Y_i = mX_i$$

于是可得
$$N_A = k_Y(Y - Y_i) = k_X\left(\frac{Y_i}{m} - \frac{Y^*}{m}\right)$$

$$N_A = \frac{Y - Y_i}{\dfrac{1}{k_Y}} = \frac{Y_i - Y^*}{\dfrac{m}{k_X}} = \frac{Y - Y^*}{\dfrac{1}{k_Y} + \dfrac{m}{k_X}}$$

令
$$\frac{1}{K_Y} = \frac{1}{k_Y} + \frac{m}{k_X}$$

则
$$\frac{Y - Y^*}{\dfrac{1}{K_Y}} = K_Y(Y - Y^*)$$

由此可得出,以气相摩尔比差 ΔY 表示推动力的吸收速率总方程式

$$N_A = K_Y(Y - Y^*)\tag{5-20}$$

用同样方法可得

$$N_A = \frac{X^* - X}{\dfrac{1}{k_Y m} + \dfrac{1}{k_X}}$$

令

$$\frac{1}{K_X} = \frac{1}{k_Y m} + \frac{1}{k_X}$$

则

$$N_A = \frac{X^* - X}{\dfrac{1}{K_A X}} = K_X(X^* - X)$$

式中 X^* 为与气相主体组成平衡时溶质在液相中的摩尔比; K_X 为液相吸收总系数, $kmol/(m^2 \cdot s)$。

由此可得出,以液相摩尔比差 ΔX 表示推动力的吸收速率总方程式:

$$N_A = K_X(X^* - X)\tag{5-21}$$

由此可见,吸收总系数 K 表示:当推动力为 1 个单位时,吸收质在单位时间内穿过单位传质面积,由气相传递到液相的物质量。

综上所述,吸收速率方程式中的推动力都是以某一截面的浓度差表示的,因此只适合于描述稳定操作的吸收塔内某一确定截面上的速率关系,而不能直接用来描述全塔的吸收速率。在塔内不同截面上的气、液相组成各不相同,所以吸收速率也不相同。值得注意的是,吸收速率方程式还可以用其他相组成的表示方法作为推动力的相应形式。

4. 吸收总系数

吸收速率方程式在实际生产中被用于计算所需的相际接触面积,从而进一步确定设备的尺寸。与传热相比,吸收过程较为复杂,而且由于对它的研究还远不够完善,所以求算吸收系数的公式不像对流传热系数公式那样可靠。

(1)吸收系数的确定

吸收系数通常是通过实验直接测得的,也可以用经验公式或用准数关联式的方法求算。实测数据是以生产设备或中间实验设备进行实验而测得的数据;或从手册及有关资料中查取相应的经验公式,计算出吸收膜系数后,再由公式求出总吸收系数。这类公式应用范围虽较窄,但计算较准确;准数关联式求得的数据,误差较大,计算也较为繁琐。工程上多采用经验公式来确定,选用时应注意其适用范围及经验公式的局限性。

(2)吸收总系数与吸收膜系数的关系

在吸收计算中,要得到每一个具体过程中的吸收总系数较难。与传热中从对流传热系数出发求出总传热系数 K 一样,也可以从气膜和液膜吸收系数 k_Y 和 k_X 出发求出吸收总系数 K_Y 和 K_X。

由前述讨论可知

$$\frac{1}{K_Y} = \frac{1}{k_Y} + \frac{m}{k_X}\tag{5-22}$$

以及

$$\frac{1}{K_X} = \frac{1}{k_Y m} + \frac{1}{k_X} \tag{5-23}$$

式中，m 为相平衡常数；$\frac{1}{K_Y}$、$\frac{1}{K_X}$ 分别为与推动力 ΔY，ΔX 对应的总阻力。

由此可见，吸收过程的总阻力等于气膜阻力和液膜阻力之和，符合双膜理论这一当初的设想。

应该指出，文献中所载的吸收系数大多数以 k_G，k_L，K_G，K_L 表示，但计算中则常用 k_Y，k_X，K_Y，K_X，如比较方便，它们之间的对应关系可近似地用下式计算

$$k_Y = p k_G$$
$$K_Y = p K_G$$
$$k_X = c_总 k_L$$
$$K_X = c_总 K_L$$

式中，p 为气相总压，kPa；$c_总$ 为液相总浓度，$kmol/m^3$；k_G 为以分压差 Δp 为推动力的气膜吸收系数，$kmol/(m^2 \cdot s \cdot Pa)$；$K_G$ 为以分压差 Δp 为推动力的气相吸收系数，$kmol/(m^2 \cdot s \cdot Pa)$；$k_L$ 为以浓度差 ΔC 为推动力的液膜吸收系数，m/s；K_L 为以浓度差 ΔC 为推动力的液相吸收系数，m/s。

(3)气体溶解度对吸收系数的影响

气体的溶解度对吸收系数的有较大的影响，可分为下列三种情况加以讨论。

①溶解度甚大

当吸收质在液相中的溶解度甚大时，亨利系数 E 很小，因此，当混合气体总压 p 一定时，相平衡常数 $m = \frac{E}{p}$ 也很小，由式(5-22)可知。当 m 很小时，则：

$$\frac{1}{K_Y} = \frac{1}{k_Y}$$

即吸收总阻力 $\frac{1}{K_Y}$ 主要由气膜吸收阻力 $\frac{1}{k_Y}$ 所构成。这就是说，吸收质的吸收速率主要受气膜一方的吸收阻力所控制，故称为气膜阻力控制。在这种情况下，气膜阻力是构成吸收阻力的主要矛盾，液膜阻力可以忽略不计，而气相吸收总系数可用气膜吸收系数来代替。

②溶解度甚小

当吸收质在液相中的溶解度甚小时，亨利系数 E 值很大，相平衡常数 $m = \frac{E}{p}$ 也很大，由式(5-23)可知。当 m 很大时，则：

$$\frac{1}{K_X} = \frac{1}{k_X}$$

在这种情况下，液膜阻力构成了吸收阻力的主要矛盾，气膜阻力可忽略不计，而液相吸收总系数可用液膜吸收系数来代替，这种情况称为液膜阻力控制。

③溶解度适中

在这种情况下，气、液两相阻力都较为显著，不容忽略。如符合亨利定律，可根据已知气膜及液膜吸收系数求取吸收总系数。

　　综上所述,当被讨论的系统,一旦能判别属于气膜控制或液膜控制时,则给计算和强化操作等带来很大的方便。若想提高吸收速率,应该从减小主要吸收阻力这一方面着手才能见效,这与强化传热完全类似。

5.4　相际传质

5.4.1　分子扩散

　　气体吸收是作为溶质的气体分子从气相转移到液相的传质过程,这种相际间的物质传递过程主要是通过扩散进行的。

　　气体分子由气相扩散到液相经由以下三个具体过程:

　　(1)气体分子从气相主体转移到两相界面上气体一侧。

　　(2)气体分子从相界面上气体一侧转移到液相的一侧,期间发生相应的物理、化学变化。

　　(3)气体分子从液相界面一侧转移到液相的主体中。

　　从传质角度来考虑,可以把上面三个阶段概括成为两种情况:物质在一相内部的传递单相中物质的扩散;两相界面上发生的传递——相际间传质。

　　1.定态的一维分子扩散

　　(1)分子扩散菲克定律

　　在静止或滞流体内部,若某一组分存在浓度差,则因分子无规则热运动导致该组分由浓度较高处向较低处传递,这种现象称为分子扩散。

　　在图 5-7 所示的容器中,左边盛有气体 A,右边盛有气体 B,两边压力相等,当抽掉隔板后,气体 A 将借助分子无规则热运动通过气体 B 扩散到浓度低的右边。同理,气体 B 也向浓度低的左边扩散,过程一直进行到整个容器里 A、B 两组分浓度完全均匀为止。这是一个非稳定的分子扩散。

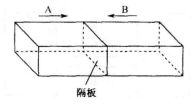

图 5-7　气体相互扩散

　　分子扩散由高浓度向低浓度进行,扩散的推动力是扩散方向 Z 上的浓度梯度 $\dfrac{\mathrm{d}c}{\mathrm{d}Z}$,单位时间通过单位面积扩散的物质量称为扩散速率(扩散通量)。组分 A 的扩散速率与其浓度梯度成正比,即

$$J_{A} = -D_{AB}\frac{\mathrm{d}c_{A}}{\mathrm{d}Z} \tag{5-24}$$

式中，J_A 为组分 A 在扩散方向 Z 上的扩散通量，$kmol/(m^2 \cdot s)$；$\dfrac{dc_A}{dZ}$ 为组分 A 在扩散方向 Z 上的浓度梯度，$kmol/m^4$；D_{AB} 为组分 A 在组分 B 中的扩散系数，m^2/s。

式中负号表示扩散方向与浓度梯度方向相反，扩散沿着浓度降低的方向进行。此式称为菲克定律，其形式与牛顿黏性定律、傅立叶热传导定律相类似。

同理，组分 B 的扩散速率为 J_B

$$J_B = -D_{BA}\frac{dc_B}{dZ}$$

对于双组分混合物，在总压各处相同的情况下，总浓度也各处相等，即

$$c = c_A + c_B = 常数$$

因此

$$\frac{dc_A}{dZ} = -\frac{dc_B}{dZ} \tag{5-25}$$

在这种情况下，由于是等分子反方向扩散，故

$$J_A = -J_B \tag{5-26}$$

结合式（5-24）、式（5-25）和式（5-26）可知

$$D_{AB} = D_{BA}$$

即由 A、B 两种气体组成的混合物中，A 与 B 的扩散系数相等。

（2）等分子反方向扩散

假设用一段粗细均匀的直管将两个很大的容器连通，具体可见图 5-8 所示。两容器中分别充有浓度不同的 A、B 混合气体，$p_{A1} > p_{A2}$，$p_{B1} > p_{B2}$，但温度及总压都相同。两容器内均装有搅拌器，用以保持各自浓度均匀。由于两端存在浓度差，连通管内将发生分子扩散现象，使物质 A 向右传递而物质 B 向左传递，且由于两个容器的总压相同，因此物质 A 的传递量与物质 B 的传递量相等。又由于容器很大而连通管很细，故在有限时间内扩散作用不会使两容器中的气体组成有明显变化，可以认为 1、2 两截面上的 A、B 分压均维持不变，连通管中发生的是稳定的一维分子扩散过程。

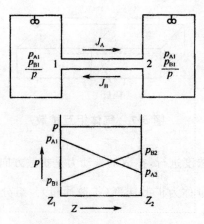

图 5-8　等分子反方向扩散

传质速率定义为:在任一固定的空间位置上,单位时间内通过垂直于传递方向的单位面积传递的物质量,记作 N。

在如图 5-8 所示的等分子反方向扩散中,组分 A 的传质速率等于其扩散速率,即

$$N_A = J_A = -D \frac{dc_A}{dZ} \tag{5-27}$$

在总压不很高的情况下,组分在气相中的浓度 c 可用分压 p 表示,即

$$c_A = \frac{N_A}{V} = \frac{p_A}{RT}$$

将上式代入式(5-27)可得

$$N_A = -D \frac{dp_A}{RT dZ} = -\frac{D}{RT} \cdot \frac{dp_A}{dZ} \tag{5-28}$$

由于该过程是定态过程,故传质速率 N_A 为常数,从图 5-8 中可知积分边界的条件是:$Z_1 = 0$ 处,$P_A = P_{A1}$;$Z_2 = Z$ 处,$P_A = P_{A2}$ 对式(5-28)积分可得

$$N_A \int_0^Z dZ = -\frac{D}{RT} \int_{p_{A1}}^{p_{A2}} dp_A$$

解得传质速率为

$$N_A = -\frac{D}{RTZ}(p_{A1} - p_{A2}) \tag{5-29}$$

5.4.2　扩散系数

通过菲克定律可得扩散系数的物理意义为:单位浓度梯度下的扩散通量,单位为 m^2/s。即

$$D = -\frac{J_A}{\dfrac{dc_A}{dZ}} \tag{5-30}$$

扩散系数反映了某组分在一定介质(气相或液相)中的扩散能力,是物质特性常数之其值随物质种类、温度、浓度或总压的不同而变化。

空气中的扩散系数某些气体在空气中的扩散系数列于表 5-2。

表 5-2　一些物质在空气中的扩散系数($101.3\ kPa$,$0℃$)

扩散物质	扩散系数 D/($10^{-4}\ m^2/s$)	扩散物质	扩散系数 D/($10^{-4}\ m^2/s$)
H_2	0.6l1	H_2O	0.220
N_2	0.132	C_6H_6	0.077
O_2	0.178	C_7H_8	0.076
CO_2	0.138	CH_3OH	0.132
HCl	0.130	C_2H_5OH	0.102
SO_2	0.095	CS_2	0.089
NH_3	0.170	$C_2H_5OC_2H_5$	0.078

水中的扩散系数某些气体在水中的扩散系数列于表 5-3。

表 5-3　一些物质在水中的扩散系数(浓度很低时)

物质名称	温度/K	扩散系数 D/(10^{-9} m^2/s)	物质名称	温度/K	扩散系数 D/(10^{-9} m^2/s)
Cl_2	298	1.25	N_2	293	2.60
CO	293	2.03	SO_2	294	1.69
CO_2	298	1.92	O_2	298	2.10
H_2	293	5.0	甲醇	283	0.84
NH_3	293	2.07	乙醇	283	0.84
NH_3	285	1.64	醋酸	293	1.19
NO	298	1.69	丙酮	293	1.16

5.5　低含量气体吸收

当进塔混合气中的溶质含量较低(小于 10%)时,通常称为低浓度气体吸收。大多数工业吸收操作属于低浓度气体吸收。此类吸收操作具有如下特点:

(1)气液两相流量为常量。因被吸收的溶质量很少,流经全塔的混合气体流量与液体流量变化较小,可视为常量。

(2)吸收过程是等温的。由于塔内组分吸收量较少,由溶解热引起的液体温升不显著,可视为等温操作。

(3)传质系数可视为常量。由于两相在塔内的流量几乎恒定,两相在全塔的流动状况不变,气液两相传质分系数在全塔范围内为常数。又由于是等温吸收,平衡关系沿塔保持不变,则总传质系数也不变。

若被处理气体的溶质含量较高,但在塔内被吸收的量较少,此类吸收也具有上述特点。

低浓度气体的吸收过程是一种等温吸收过程,气液两相的传质分系数 k_X,k_Y 在全塔可视为常数。当平衡关系满足直线关系,或系统为气膜控制或液膜控制时,全塔的 K_X 和 K_Y 也可视为常数。

填料层高度的计算实质是吸收过程相际传质面积的计算问题。它涉及物料衡算、传质速率方程和相平衡方程三个关系式的应用。

低浓度气体吸收时填料层高度的基本关系式为

$$Z = \frac{q_{n,V}}{K_Y a \Omega} \int_{Y_2}^{Y_1} \frac{dY}{Y - Y^*} = H_{OG} \cdot N_{OG}$$

$$Z = \frac{q_{n,L}}{K_X a \Omega} \int_{X_2}^{X_1} \frac{dX}{X^* - X} = H_{OL} \cdot N_{OL}$$

式中,$H_{OG} = \dfrac{q_{n,V}}{K_Y a \Omega}$ 为气相总传质单元高度,m;$N_{OG} = \displaystyle\int_{Y_2}^{Y_1} \frac{dY}{Y - Y^*}$ 为气相总传质单元数,量纲为 1;$H_{OL} = \dfrac{q_{n,L}}{K_X a \Omega}$ 为液相总传质单元高度,m;$N_{OL} = \displaystyle\int_{X_2}^{X_1} \frac{dX}{X^* - X}$ 为液相总传质单元数,量纲为 1。

因此,填料层高度也可看成是传质单元高度和传质单元数的乘积。

上式中 a 为单位体积填料层内气液两相的有效接触面积,其值不仅与填料尺寸、形状、填方式有关,还与流体的物性及流动状况有关,难以直接测定。为此常将 a 与传质系数的乘积视一体,称为体积吸收系数。$K_Y a$ 和 $K_X a$ 分别称为气相总体积吸收系数及液相总体积吸收系数,位为 $kmol/(m^3 \cdot s)$。

5.6　填料塔

5.6.1　概述

1. 结构形式

填料塔是连续接触式气液传质设备,可用于吸收、蒸馏等传质单元操作中。

如图 5-9 所示为填料塔的结构示意图。填料塔的塔身是一个直立式圆筒,底部装有填料支撑板,填料以乱堆或整砌的方式放置在支撑板上。填料的上方安装填料压板,以防被上升气流吹动。液体从塔顶经液体分布器喷淋到填料上,并沿填料表面流下。气体从塔底送入,经气体分布装置分布后,与液体呈逆流连续通过填料层的空隙。在填料表面上,气液两相密切接触进行传质。在正常操作状态下,气相为连续相,液相为分散相。当液体沿填料层向下流动时,有逐渐向塔壁集中的趋势(壁流效应)。壁流效应造成气液两相在填料层中分布不均。因此,当填料层较高时,中间设置再分布装置。

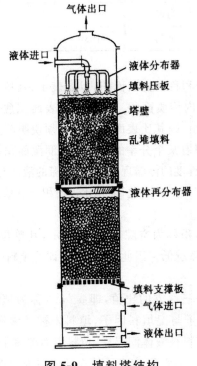

图 5-9　填料塔结构

2.塔内填料

塔内填料提供了气液接触面积,帮助强化气体湍动,降低气相传质阻力,更新液膜表面,降低液相传质阻力。填料塔的流体力学性能、传质速率等与填料密切相关,具体可见表5-4所示。

表 5-4　常见的散装填料特性参数

填料名称	规格(直径×高×厚)/mm	材质及堆积方式	比表面积/(m²/m³)	空隙率/(m³/m³)	干填料因子/m⁻¹	湿填料因子/m⁻¹
拉西环	50×50×4.5	陶瓷,乱堆	93	0.81	177	205
	80×80×9.5	陶瓷,乱堆	76	0.68	243	280
	50×50×1	金属,乱堆	110	0.95	130	175
	76×76×1.6	金属,乱堆	68	0.95	80	105
鲍尔环	50×50×4.5	陶瓷,乱堆	110	0.81	—	130
	50×50×0.9	金属,乱堆	103	0.95	—	66
	25×25×0.6	金属,乱堆	209	0.94	—	160
阶梯环	25×12.5×1.4	塑料,乱堆	223	0.90	—	172
	38.5×19×1.0	塑料,乱堆	132.5	0.91	—	115
鞍形环	25	陶瓷	252	0.69	—	360
矩鞍环	50×7	陶瓷	120	0.79	—	130
θ网环	8×8	金属	1030	0.936	—	—

(1)比表面积

单位体积填料的填料表面积称为比表面积,以 a 表示,其单位为 m²/m³。显然,填料应具有较大的比表面积,以增大塔内传质面积。填料的比表面积愈大,所提供的气液传质面积愈大。同一种类的填料,尺寸越小,则其比表面积越大。须说明两点:第一,操作中有部分填料表面不被润湿,以致比表面积中只有某个分率的面积才是润湿面积;第二,有的部位填料表面虽然润湿,但液流不畅,液体有某种程度的停滞现象,这种每滞的液体与气体接触时间长,气液趋于平衡态,在塔内几乎不构成有效传质区。为此,须把比表面积与有效的传质比表面积加以区分。

(2)空隙率

单位体积填料中的空隙体积称为空隙率,以 ε 表示,其单位为 m³/m³。填料的空隙率越大,气体通过的能力越大且压降越低。因此,空隙率是评价填料性能优劣的重要指标。

(3)填料因子

填料的比表面积与空隙率三次方的比值,即 a/ε^3,称为填料因子,以 Φ 表示,其单位为 m⁻¹。填料因子分为干填料因子与湿填料因子,填料未被液体润湿时的 a/ε^3 称为干填料因子,它反映填料的几何特性;填料被液体润湿后,填料表面覆盖了一层液膜,a 和 ε 均发生相应的玉化,此时的 a/ε^3 称为湿填料因子,它表示填料的流体力学性能。Φ 值越小,表明流动阻力越小,发生液泛时的气速越高,亦即流体力学性能越好。

(4)填料尺寸

散装填料用公称尺寸表示,主要有 DN16、DN25、DN38、DN50、DN76 等几种规格;规整填料用比表面积表示,主要有 125、150、250、350、500、700 等几种规格。

此外,填料还应具有质量轻、造价低、坚固耐用、不易堵塞、耐腐蚀等特性。

3.填料分类

填料的种类很多,根据结构不同,可分为实体填料和网体填料。根据装填方式的不同,填料可分为散装填料和规整填料。散装填料在塔内乱堆。规整填料是按一定的几何构形排列,整齐堆砌在塔内。根据结构特点不同,填料又可分为环形填料、鞍形填料、环鞍形填料及球形填料等。根据其几何结构,填料可分为格栅填料、波纹填料、脉冲填料等,具体的可见图 5-10 所示。

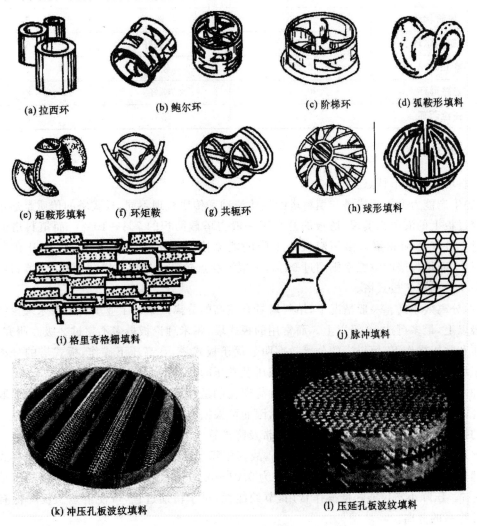

(a)拉西环　　　(b)鲍尔环　　　(c)阶梯环　　　(d)弧鞍形填料

(e)矩鞍形填料　(f)环矩鞍　　(g)共轭环　　　　　(h)球形填料

(i)格里奇格栅填料　　　　　　　　(j)脉冲填料

(k)冲压孔板波纹填料　　　　　(l)压延孔板波纹填料

图 5-10　常见填料

填料的性能优劣通常根据效率、通量及压力降来衡量。在相同的操作条件下,填料的比表面积越大,填料塔内气液分布越均匀,表面润湿性能越优良,则传质效率越高;填料的空隙率越大,结构越开放,则通量越大,压力降也越低。国内学者对九种常用填料的性能进行了评价,用模糊数学方法得出了各种填料的评估值,具体可见表5-5所示。

表 5-5　几种填料的综合性能评价

填料名称	评估值	语言评价	排序
丝网波纹填料	0.86	很好	1
孔板波纹填料	0.61	相当好	2
金属环鞍填料	0.59	相当好	3
金属鞍形环	0.57	相当好	4
金属阶梯环	0.53	一般好	5
金属鲍尔环	0.51	一般好	6
瓷 Intalox	0.41	较好	7
瓷鞍形环	0.38	略好	8
瓷拉西环	0.36	略好	9

4. 填料塔特点

填料塔具有如下特点。

(1)生产能力大。板式塔与填料塔的液体流动和传质机理不同,板式塔的传质是通过上升气体穿过板上的液层来实现,塔板的开孔率一般占塔截面积的 7%～10%。而填料塔的传质是通过上升气体和靠重力沿填料表面下降的液流接触来实现。填料塔内件的开孔率均在50% 以上,而填料层的空隙率则超过 90%,一般液泛点较高。故单位塔截面积上,填料塔的生产能力一般均高于板式塔。

(2)分离效率高。一般情况下,填料塔具有较高的分离效率。工业填料塔每米理论级大多在 2 级以上,最多可达 10 级以上。而常用的板式塔,每米理论板最多不超过 2 级。研究表明,在减压和常压操作下,填料塔的分离效率明显优于板式塔,在高压下操作,板式塔的分离效率略优于填料塔。大多数分离操作是处于减压及常压的状态下。

(3)操作弹性大。由于填料本身对负荷变化的适应性很强,故填料塔的操作弹性取决于塔内件的设计,特别是液体分布器的设计,因而可根据实际需要确定填料塔的操作弹性。而板式塔的操作弹性则受到塔板液泛、雾沫夹带及降液管能力的限制,一般操作弹性较小。

(4)压力降小。填料塔由于空隙率高,故其压降远远小于板式塔。一般情况下,板式塔的每个理论级压降为 0.4～1.1 kPa,填料塔为 0.01～0.27 kPa,通常,板式塔的压降高于填料塔5 倍左右。压降小不仅能降低操作费用,节约能耗,对于精馏过程,可使塔釜温度降低有利于热敏性物系的分离。

(5)持液量小。持液量是指塔存正常操作时填料表面、内件或塔板上所持有的液量。对于填料塔,持液量一般小于 6%,而板式塔则高达 8%～12%。持液量大,可使塔的操作平稳,不易引起产品的迅速变化,但大的持液量使停留时间增长,增加操作周期及操作费用,对于热敏性物系分离及间歇精馏过程是不利的。

近年来,国内外对填料的研究与开发进展很迅速,新型高效填料的不断出现,使填料塔的应用更加广泛,直径达几米甚至几十米的大型填料塔在工业上已很难见到了。

5.6.2　填料塔附件

1.支承板

支承板的主要用途是支承塔内的填料及填料上的持液量,同时又能保证气、液两相顺利通过。支承板应有足够的机械强度和耐腐蚀能力。支承板若设计不当,填料塔的液泛可能首先在支承板上发生。对于普通填料,支承板的自由截面积应不低于全塔截面积的 50%,并且要大于填料层的自由截面积。常用的支承板有栅板和各种具有升气管结构的支承板如图 11-15 所示。栅板式支承装置是由竖立的扁钢条焊接而成,如图 5-11(a) 所示,扁钢条的间距应为填料外径的 0.6~0.7 倍。升气管式支承装置多是为了适应高空隙率填料的要求,如图 5-11(b) 所示。气体由升气管上升,通过气道顶部的孔及侧面的齿缝进入填料层,液体则由支承装置底板上的诸多小孔中流下,气、液分道流动。

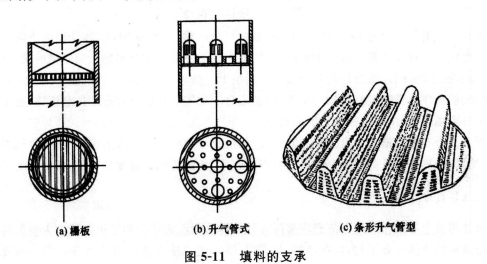

(a) 栅板　　　　　(b) 升气管式　　　　　(c) 条形升气管型

图 5-11　填料的支承

2.液体分布器

当液体沿填料层向下流动时,有逐渐向塔壁集中的趋势,使得塔壁附近的液流量逐渐增大,这种现象称为壁流。除填料本身性能方面的原因外,液体初始分布不均,特别是单位塔截面上的喷淋点数太少,是产生上述状况的重要因素。

常用的液体分布器有多孔管式分布器、槽式分布器、槽盘式分布器等,如图 5-12 所示。

多孔管式分布器能适应较大的液体流量波动,对安装水平度要求不高,对气体的阻力也很小。但管壁上的小孔容易堵塞,弹性一般较小,被分散的液体必须是洁净的,多用于中等以下液体负荷的填料塔和减压精馏及丝网波纹填料塔中。

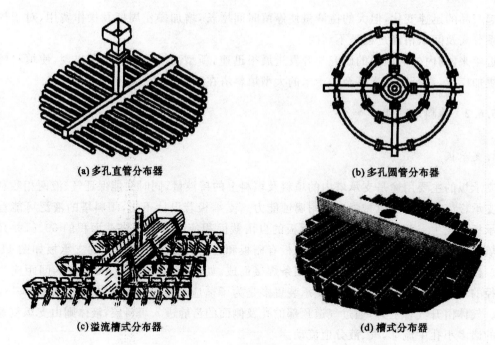

(a) 多孔直管分布器　　　　　　　　　　(b) 多孔圆管分布器

(c) 溢流槽式分布器　　　　　　　　　　(d) 槽式分布器

图 5-12　　液体分布器

槽式分布器是由分流槽(又称主槽或一级槽)、分布槽(又称副槽或二级槽)构成的。一级槽通过槽底开孔将液体初分成若干流股,分别加入其下方的液体分布槽。分布槽的槽底(或槽壁)上设有孔道域导管,将液体均匀分布于填料层上。这种分布器对气体的阻力小,不易堵塞,具有较大的操作弹性和极好的抗污堵性,特别适合于大气液负荷及含有固体悬浮物、黏度大的液体的分离场合,多用于直径较大的填料塔。

槽盘式分布器将槽式及盘式分布器的优点有机地结合起来,兼有集液、分液及分气三种作用,结构紧凑,操作弹性高,气液分布均匀,阻力较小,特别适用于易发生夹带、易堵塞的场合。

3. 液体再分布器

液体再分布器的作用是将流到塔壁附近的液体重新汇集并引向中央区域。为改善向壁偏流效应造成的液体分布不均,可在填料层内部每隔一定高度设置一液体再分布器。每段填料层的高度因填料种类而异,偏流效应越严重的填料,每段高度应越小。

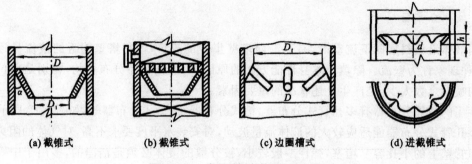

(a) 截锥式　　　　　(b) 截锥式　　　　　(c) 边圈槽式　　　　　(d) 进截锥式

图 5-13　　常用的液体再分布器

常用的液体再分布器具体可见如图 5-13 所示。如考虑分段卸出填料,再分布器之上可另设支承板图 5-13(b)。

5.6.3　填料塔的计算

1.塔径

填料塔的直径 D 与空塔气速 u 及气体体积流量 V_s 之间的关系也可用圆管内流量公式表示,即

$$D = \sqrt{\frac{4V_s}{\pi u}}$$

前已述及,泛点气速是填料塔操作气速的上限。一般取空塔气速为泛点气速的 $50\%\sim$ 85%。空塔气速与泛点气速之比称为泛点率。

泛点率的选择须依具体情况决定。例如,对易起泡沫的物系,泛点率应取 50% 或更低;对加压操作的塔,减小塔径有更多好处,故应选取较高的泛点率;对某些新型高效填料,泛点率也可取得高些。大多数情况下的泛点率宜取为 $60\%\sim80\%$。一般填料塔的操作气速大致为 0.5 ~1.2 m/s。

2.填料层有效高度

填料层的有效高度可采用如下两种方法计算。
(1)传质单元法
$$填料层高度 \ Z = 传质单元高度 \times 传质单元数$$
此法在吸收计算中已有介绍。通常,该法多用于吸收、脱吸、萃取等填料塔的设计计算。
(2)等板高度法
$$Z = N_T \times HETP$$
式中,N_T 是论板层数;$HETP$ 是等板高度,又称理论板当量高度,m。

等板高度($HETP$)是与一层理论塔板的传质作用相当的填料层高度,也称理论板当量高度。显然,等板高度愈小,说明填料层的传质效率愈高,则完成一定分离任务所需的填料层的总高度愈低。等板高度不仅取决于填料的类型与尺寸,而且受系统物性、操作条件及设备尺寸的影响。等板高度的计算,迄今尚无满意的方法,一般通过实验测定,或取生产设备的经验数据。当无实验数据可取时,只能参考有关资料中的经验公式,此时要注意所用公式的适用范围。

应予指出,采用上述方法计算出填料层高度后,还应留出一定的安全系数。根据设计经验,填料层的设计高度一般为
$$Z' = (1.2 \sim 1.5)Z$$
式中,Z' 是设计时的填料层高度,m;Z 是计算得到的填料层高度,m。

还应指出,液体沿填料层下流时,有逐渐向塔壁方向集中的趋势而形成壁流效应。壁流效应造成填料层气、液分布不均匀,使传质效率降低。因此,设计中,每隔一定的填料层高度需要设置液体收集再分布装置,即将填料层分段。

第6章　精馏单元过程

6.1　概述

化工、生物、食品、制药等生产过程中,所处理的原料、中间产物、粗产品等几乎都是由若干趣分所组成的液体混合物,而且其中大多是均相混合物。为满足生产需要,通常要把这些均相混合物分离成较纯净或几乎纯态的物质。

分离均相混合物的方法有多种,其中蒸馏是应用最广泛的一种分离方法。在一定压力下,由于液体混合物各组分的挥发性不同,当加热液体混合物时,挥发性强的组分在气相中的浓度必然高于原来溶液的浓度,再将蒸气全部冷凝,这样就使混合溶液得到初步分离。这种通过加热混合溶液而形成气、液两相物系,并利用物系中各组分挥发性不同而实现分离目的的单元操作称为蒸馏。

蒸馏分离的依据就是液体混合物中各组分挥发性的差异。在蒸馏操作中,将挥发性大的组分称为易挥发组分或轻组分,以 A 表示;挥发性小的组分称为难挥发组分或重组分,以 B 表示。将液体混合物加热至泡点以上,使之沸腾、部分汽化,必有 $y_A > x_A$;反之,将混合蒸气冷却到露点以下,使之部分冷凝,必有 $x_B > y_B$。上述两种情况所得到的气液相组成均满足

$$\frac{y_A}{y_B} > \frac{x_A}{x_B}$$

部分汽化及部分冷凝均可使混合物得到一定程度的分离,它们均是根据混合物中各组分挥发性的差异而达到分离目的的。如果将多次部分汽化和多次部分冷凝相结合,最终可得到较纯的轻、重组分,此操作称为精馏。

由于待分离的液体混合物中各组分挥发性、分离要求、操作条件等各不相同,故蒸馏操作分类方法各异,具体如下:

(1)按蒸馏方式可分为简单蒸馏、平衡蒸馏、精馏和特殊蒸馏等;

(2)按操作方式可分为间歇蒸馏和连续蒸馏;

(3)按物系组分数可分为双组分蒸馏和多组分蒸馏;

(4)按操作压力可分为常压蒸馏、加压蒸馏和减压蒸馏。

6.2　双组分溶液的气液相平衡

蒸馏过程伴随着液体的汽化和气体的冷凝过程,也就是说气、液两相是共存的,因此气、液相平衡是蒸馏过程的热力学基础,它能判断过程进行的可能性。

根据相律,用于描述相平衡物系的自由度数 N_f 应该满足以下关系式:

$$F = C - \varphi + 2$$

式中,C 为组分数;φ 为相数。

对于二元物系的气、液相平衡,所涉及的参数有温度 t、压力 p 以及气、液两相的组成 y、x,共四个参数。由于该体系中 $C=2$,$\varphi=2$,所以 $F=2$,即上述四个参数中只有两个是独立的。

蒸馏过程通常在一定的压力下进行,此时二元物系达气液平衡时的温度 t、液相组成 x 和气相组成 y 这三个参数之间只有一个自由度。因此 p 一定时,$t-x$、$t-y$ 和 $x-y$ 之间存在一定的关系。

6.2.1　溶液的蒸汽压

在密闭容器内,在一定温度下,纯组分液体的汽液两相达到平衡状态,称为饱和状态。其蒸气称为饱和蒸气,其压力就是饱和蒸气压,简称蒸气压。

某一纯组分液体的饱和蒸气压只是温度的函数,随温度升高而增大。在相同温度下,不同液体的饱和蒸气压不同。液体的挥发能力越大,其蒸气压就越大。所以液体的饱和蒸气压是表示液体挥发能力的一个属性。纯组分液体的饱和蒸气压与温度的关系通常用称为安托因(Antoine)方程表示:

$$\lg p^\circ = A - \frac{B}{t+C} \tag{6-1}$$

式中,p° 为纯组分液体的饱和蒸气压,kPa;t 为温度,℃;A、B、C 为 Antoine 常数。

液体混合物在一温度下也具有一定的蒸气压,其中各组分的蒸气分压与其单独存在时的蒸气压不同。对于二组分混合液,由于 B 组分的存在,使 A 组分在汽相中的蒸气分压比其在纯态下的饱和蒸气压要小。

由溶剂与溶质组成的稀溶液,在一定温度下汽液两相达到平衡时,溶剂 A 在汽相中的蒸气分压 p_A 与其在液相中的组成 x_A 之间有下列关系

$$p_A = p^\circ_A x_A \tag{6-2}$$

式中,p°_A 为同温度下纯溶剂的饱和蒸气压。

式(6-2)表明溶液中溶剂 A 的蒸气分压 p_A 等于纯溶剂的蒸气压 p°_A 与其液相组成 x_A 的乘积。这就是拉乌尔根据实验发现的规律,称为拉乌尔(Raoult)定律。

对于大多数溶液来说,拉乌尔定律只有在浓度很低时才适用。因为在很稀的溶液中,溶质的分子很少,溶剂周围几乎都是自己的分子,其处境与在纯态时的情况几乎相同。溶剂分子所受的作用力并未因为少量溶质分子的存在而改变,它从溶液中逸出能力的大小也不变。只是由于溶质分子的存在使溶剂分子的浓度减少了。所以溶液中溶剂的蒸气分压加就按纯溶剂的饱和蒸气压 P_A 打了一个折扣,其折扣大小就是溶剂 A 在溶液中的组成 x_A。

拉乌尔定律对大多数的浓溶液都不适用。但由实验发现,由性质极近似的物质所构成的溶液在全部浓度范围内拉乌尔定律都适用。这是因为它们的微观特征是分子结构及分子大小非常接近,分子间的相互作用力几乎相等。

在全部浓度范围内符合拉乌尔定律的溶液称为理想溶液。上述理想溶液的微观特征在宏观上则表现为各组分混合成溶液时不产生热效应和体积变化。

理想溶液中两个组分的蒸气分压都可以用拉乌尔定律表示,对于组分 B,则有

$$p_B = p^{\circ}_B x_B = p^{\circ}_B (1 - x_A) \tag{6-3}$$

式中，p_B 为汽相中组分 B 的蒸气分压，kPa；p°_B 为同温度下纯组分 B 的饱和蒸气压，kPa；x_B 为液相中组分 B 的摩尔分数。

由上式导出

$$x_A = \frac{p - p^{\circ}_B}{p^{\circ}_A - p^{\circ}_B} = f(p,t) \tag{6-4}$$

式（6-4）称为泡点方程。该方程描述在一定压力下平衡物系的温度与液相组成的关系。它表示在一定压力下，液体混合物被加热产生第一个气泡时的温度，称为液体在此压力下的轴点温度（简称泡点）。此泡点也为该组成的混合蒸气全部冷凝成液体时的温度。

由式（6-2）和式（6-4）可得

$$y_A = \frac{p_A}{p} = \frac{p^{\circ}_A x_A}{p} = \frac{p^{\circ}_A}{p} \frac{p - p^{\circ}_B}{p^{\circ}_A - p^{\circ}_B} = f(p,t) \tag{6-5}$$

式（6-5）称为露点方程。该方程描述在一定压力下平衡物系的温度与气相组成的关系。它表示在一定压力下，混合蒸气开始冷凝出现第一滴液滴时的温度，称为该蒸气在此压力下露点温度。露点也为该组成的混合液体全部汽化时的温度。

在总压一定的条件下，对于理想溶液，只要已知溶液的泡点温度，根据 A，B 组分的蒸气压数据，并查出饱和蒸气压 p°_A，p°_B，则可以采用泡点方程确定液相组成 x_A，采用露点方程确定与液相呈平衡的气相组成 y_A。

6.2.2 理想溶液汽液相平衡

1. 挥发度与相对挥发度

纯组分的饱和蒸气压仅仅反映了纯液体的挥发性大小，为了更好地说明混合液中各组分的挥发能力，引入"挥发度"的概念。组分的挥发度是组分挥发性大小的标志，纯组分的挥发度可用它的蒸气压表示，蒸气压愈大，则挥发性也愈大，混合液中组分的挥发度定义为它在气相的平衡分压与其在液相中的组成之比，即：

$$\nu_A = \frac{p_A}{x_A} \text{ 和 } \nu_B = \frac{p_B}{x_B} \tag{6-6}$$

式中，ν_A、ν_B 分别为溶液中 A，B 组分的挥发度。

将其代入式（6-2）和式（6-3）得：

$$\nu_A = \frac{p_A}{x_A} = \frac{p^{\circ}_A x_A}{x_A} = p^{\circ}_A$$

$$\nu_B = \frac{p_B}{x_B} = \frac{p^{\circ}_B x_B}{x_B} = p^{\circ}_B$$

由此表明，理想溶液各组分的挥发度等于其饱和蒸气压，挥发度随温度而变。

溶液中两组分挥发度之比，称为相对挥发度，以 α 表示，习惯上以易挥发组分的挥发度为分子，则相对挥发度为：

$$\alpha = \frac{\nu_A}{\nu_B} = \frac{\dfrac{p_A}{x_A}}{\dfrac{p_B}{x_B}} \tag{6-7}$$

设气体为理想气体混合物,则:

$$\alpha = \frac{\dfrac{p_A}{x_A}}{\dfrac{p_B}{x_B}} = \frac{\dfrac{py_A}{x_A}}{\dfrac{py_B}{x_B}} = \frac{\dfrac{y_A}{x_A}}{\dfrac{y_B}{x_B}} \tag{6-8}$$

此式能很方便地表示平衡时两组分在气、液相中的组成关系。相对挥发度 α 的数值一般由实验测定,对于理想溶液可由组分的饱和蒸气压计算,有:

$$\alpha = \frac{p^\circ_A}{p^\circ_B} \tag{6-9}$$

可见在理想溶液中,相对挥发度等于同温度下纯组分 A 和纯组分 B 的饱和蒸气压之比。α 随纯组分饱和蒸气压 p°_A 及 p°_B 而变,即随温度而变,但它是一相对值,p°_A 与 p°_B 之间的比值变化通常不大,因此当温度变化不大时,可认为是常数或取其平均值。压强提高,一般 α 值变小。

对于双组分混合体系

$$x_B = 1 - x_A \ , \ y_B = 1 - y_A$$

于是有:

$$\frac{y_A}{1 - y_A} = \frac{\alpha x_A}{1 - x_A}$$

由以上解出 y_A,并略去下标得:

$$y = \frac{\alpha x}{1 + (\alpha - 1)x} \tag{6-10}$$

当两组分的相对挥发度 α 已知,可按式(6-10)求得相平衡 $x-y$ 关系,故式(6-10)称为汽液平衡方程。对于恒沸体系,平衡时气、液两相的组成相同,即 $y = x$,由式(6-10)得 $\alpha = 1$,表明不能用普通蒸馏方法分离。若 $\alpha > 1$,则 $y > x$,α 愈大,则两相中组成 y 与 x 的相对含量差别愈多,混合液容易用蒸馏的方法将两组分分开。故根据溶液相对挥发度的大小,可以判断混合液能否用蒸馏方法分离以及分离的难易程度。

2.温度组成($t-x-y$)

在总压恒定的情况下,气液组成与温度的关系可用 $t-x-y$ 图表示,该图对蒸馏过程的分具有重要意义。$t-x-y$ 图又称温度—组成图。

在总压恒定的条件下,根据泡点方程式和露点方程式,可确定理想溶液的气(液)相组成与温度的关系,图 6-1 为苯—甲苯物系的 $t-x-y$ 图。该图纵坐标为温度,横坐标为易挥发组分(苯)的组成。图中曲线①为饱和液体线(泡点线),曲线②为饱和蒸气线(露点线)。曲线①以下部分表示溶液尚未沸,即液相区,曲线②以上部分表示温度高于露点的气相,称为过热蒸气区,两线之间的区域表示气、液两相同时存在,即气液共存区。若在某一温度下,则曲线①和②上有相应的点 A 与 B,它表示在此温度下平衡的气液两相组成,而在同一组成下曲线①和曲线②上相应两点 A 与 D 所对应的温度分别表示该液相组成的泡点(t_b)温度和组成相同的气相露点(t_d)温度。

图 6-1 中 O 点表示温度为 80℃、苯含量为 0.4(x_1,摩尔分数)的过冷苯—甲苯混合液,经加热升温至 A 点,则溶液开始沸腾,当产生第一个气泡时,其组成为 y_1,相应的温度 t_b 为泡

点。若不移出气相继续加热至 P 点时,则此物系可生成互成平衡的气液两相,其气相组成为 y_2,液相组成为 x_2。再继续升温至 D 点,液体全部汽化,此时的温度称为露点。若再加热到 Q 点,则变为过热蒸气,此时气相组成与原液体组成相同。若将此过热蒸气冷却,则过程与升温时相反。由上可知,只有在气液共存区内才能生成互呈平衡的气液两相,且气相中易挥发组分的含量大于液相中易挥发组分的含量,即 $x - y$。

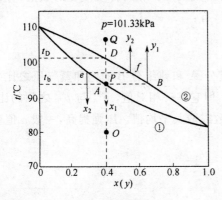

图 6-1　苯－甲苯体系的 $t - x - y$ 图

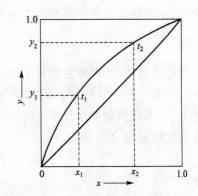

图 6-2　苯－甲苯体系的相平衡曲线

3.气液平衡($x - y$)

在蒸馏计算中经常使用 $x - y$ 图,它表示在一定外压下,气相组成 y 和与之平衡的液相组成 x 之间的关系。该图以气相组成 y 为纵坐标,以液相组成 x 为横坐标,所以又称为气液平衡图。$x - y$ 图可通过 $t - x - y$ 图作出,图 6-2 是苯－甲苯混合液的 $x - y$ 图。图中对角线称为参考线,其方程式为 $y = x$。对于理想溶液,由于平衡时气相组成 y 恒大于液相组成 x,所以平衡曲线在对角线上方。平衡线离对角线越远,表示该溶液越易分离。但应注意的是 $x - y$ 曲线上各点所对应的温度均不相同。

6.2.3　非理想溶液汽液相平衡

除理想物系外的体系统称为非理想物系。化工生产中遇到的物系大多为非理想物系。非理想物系可能有以下几种情况:

①液相为非理想溶液,气相为理想气体;

②液相为理想溶液,气相为非理想气体;

③液相为非理想溶液,气相为非理想气体。

对于二元非理想物系,其 $t - x - y$ 图和 $y - x$ 相图的形状与理想物系有较大的差异,对不同物系,曲线的形状也变化较大。

根据溶液的蒸气压偏离拉乌尔定律的方向,一般可将非理想溶液分成两大类:

当异分子间吸引力 f_{AB} 小于同分子间吸引力 f_{AA} 和知时,溶液中组分的平衡分压比拉乌尔定律预计的高,即 $p_A > p^\circ_A x_A$,$p_B > p^\circ_B x_B$。属于该类的物系较多,如甲醇－水、乙醇－水、苯－乙醇等。

当异分子间吸引力 f_{AB} 大于同分子间吸引力 f_{AA} 和 f_{BB} 时,溶液中组分的平衡分压比拉乌尔定律预计的低，即 $p_A < p^\circ_A x_A$，$p_B < p^\circ_B x_B$。属于该类的物系有硝酸－水、氯仿－丙酮等。

非理想溶液的平衡分压可用修正的拉乌尔定律表示，即

$$p_A = p^\circ_A x_A \gamma_A \text{ 或 } p_B = p^\circ_B x_B \gamma_B \tag{6—11}$$

式中，γ 为组分的活度系数。各组分的活度系数还与其组成有关，一般可用热力学公式和少量实验数据求得。

当总压不高时，气相为理想气体，则平衡气相组成为

$$y_A = \frac{p^\circ_A x_A \gamma_A}{P} \tag{6—12}$$

当蒸馏操作在高压或低温下进行时，大平衡时气相不是理想的，应对其进行修正，此时应用逸度代替压强，以进行相平衡计算。

对某些非理想溶液，当它们的正偏差大到一定程度，致使溶液在某一组成下两组分的蒸气压之和出现最大值时，该组成下溶液的泡点都比两纯组分的沸点低，即这时出现最低恒沸点；同样对某些负偏差溶液，将会出现最低蒸气压和最高恒沸点。对应恒沸点的组成则称为恒沸组成。

图 6-3 和图 6-4 分别表示了具有恒沸点的乙醇－水体系（正偏差溶液，最高蒸气压和最低恒沸点）和硝酸－水体系（负偏差溶液，最低蒸气压和最高恒沸点）的 $t-x-y$ 图和 $y-x$ 相图。M 点为恒沸点，对应的组成就是恒沸组成。可见在 M 点处相平衡线与对角线相交，表明此时的相对挥发度 $\alpha = 1$，因此若该体系初始组成在这一点，已无法用常规的蒸馏方法进一步提浓，即在恒沸点处不能用蒸馏进行分离，这也就是为什么常见乙醇的浓度为 95% 的原因。要得到无水乙醇，应设法打破恒沸点或改变其位置。

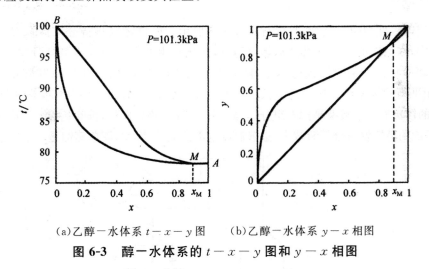

(a) 乙醇－水体系 $t-x-y$ 图　　(b) 乙醇－水体系 $y-x$ 相图

图 6-3　醇－水体系的 $t-x-y$ 图和 $y-x$ 相图

对给定物系，恒沸点的位置与总压有关，理论上只要将操作压力降至 12.7 kPa 以下，就能通过蒸馏操作得到 99% 以上的无水乙醇。但对该体系采用上述减压蒸馏的方法在经济上不合算，故无水乙醇的制取实际上采用其他特殊的办法，如恒沸精馏、萃取精馏等。

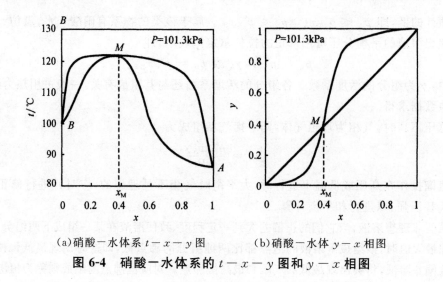

　　(a)硝酸—水体系 $t-x-y$ 图　　　　(b)硝酸—水体 $y-x$ 相图

图 6-4　硝酸—水体系的 $t-x-y$ 图和 $y-x$ 相图

6.3　精馏过程

6.3.1　简单蒸馏与平衡蒸馏

1. 简单蒸馏

　　简单蒸馏也称为微分蒸馏,其流程如图 6-5 所示。简单蒸馏将待分离混合液一次性加入蒸馏釜 1 中,在恒定的压力下将其加热至泡点,汽化产生的蒸气引入冷凝器 2 中,全部冷凝后进入回收罐 3 中。在简单蒸馏过程中,随着蒸气的不断引出,塔釜的易挥发组分浓度逐渐下降,与之相平衡的气相组成也随之降低。因馏出液的浓度不同,通常采用分批收集的方法,得到不同组成的馏出液。当釜液易挥发组分达到分离要求时,停止操作,排除釜液。在简单蒸馏过程中,随着釜液的易挥发组分不断减少,釜液温度也不断上升,因此,简单蒸馏是一个非稳态过程。

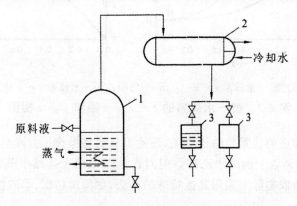

1—蒸馏釜;2—冷凝器;3—回收罐

图 6-5　简单蒸馏

简单蒸馏适合于混合物的粗分离,特别适合于沸点相差较大而分离要求不高的场合。

2.平衡蒸馏

平衡蒸馏又称闪蒸,是一个连续定态过程,其流程如图 6-6 所示。原料液先由加压泵 1 加压后,连续通过加热器(或加热炉)2,加热至高于闪蒸器 4 压力下的泡点。经节流阀 3 骤然减压至闪蒸器内的压力,此时液体成为过热液体,其高于泡点的显热将使部分液体汽化,这个过程称为闪蒸。然后平衡的气液两相在分离器中及时分离,其中气相易挥发组分较多,经冷凝器 4 冷凝后作为塔顶产品排出,液相的易挥发组分较少,由塔釜作为底部产品排出。

由于平衡蒸馏可连续操作,且在闪蒸器内通过一次部分汽化使料液得到初步分离,因此它适合于大批量、粗分离的场合。

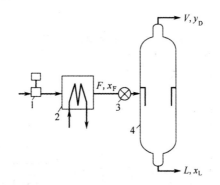

1—加压泵;2—加热器;3—节流阀;4—闪蒸器

图 6-6　平衡蒸馏

6.3.2　精馏原理

1.多次部分汽化和冷凝

精馏过程原理可用 $t-x-y$ 图来说明。如图 6-7 所示,将组成为 x_F 温度为 t_F 的某混合液加热至泡点以上,则该混合物被部分汽化,产生气液两相,其组成分别为 y_1 和 x_1,此时 $y_1 > x_F > x_1$。将气液两相分离,并将组成为 y_1 的气相混合物进行部分冷凝,则可得到组成为 y_2 的气相和组成为 x_2 的液相,继续将组成为 y_2 的气相进行部分冷凝,又可得到组成为 y_3 的气相和组成为 x_3 的液相,显然 $y_3 > y_2 > y_1$。如此进行下去,最终气相经全部冷凝后,即可获得高纯度的易挥发组分产品。同时,将组成为 x_1 的液相进行部分汽化,则可得到组成为 y'_2 的气相和组成为 x'_2 的液相,继续将组成为 x'_2 的液相部分汽化,又可得到组成为 y'_3 的气相和组成为 x'_3 的液相,显然 $x'_3 < x'_2 < x'_1$。如此进行下去,最终的液相即为高纯度的难挥发组分产品。

由此可见,液体混合物经多次部分汽化和冷凝后,便可得到几乎完全的分离,这就是精馏过程的基本原理。

图 6-8 为多次部分汽化和部分冷凝流程示意图。显然,若将此流程用于工业生产,则会带来许多实际困难,如流程过于复杂,设备费用极高;部分汽化需要加热剂,部分冷凝需要冷却

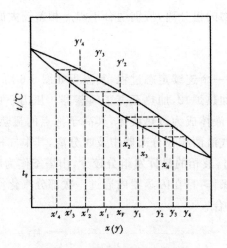

图 6-7　精馏原理示意图

剂,能量消耗大;纯产品的收率很低等。

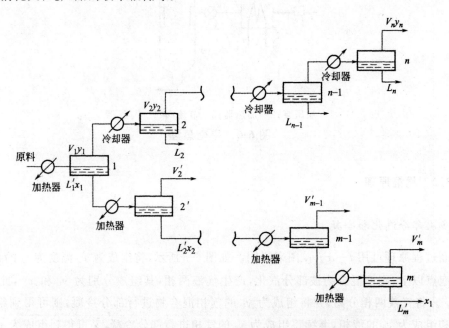

图 6-8　多次部分汽化和多次部分冷凝流程

　　为了克服上述缺点,可以设法将中间产物引回前一级分离器。在最上一级设置部分冷凝器以提供回流液体,在最下一级设置部分蒸发器以提供上升蒸气,如图 6-9 所示。由于来自上一级的液体和来自下一级的蒸气温度不同,相互接触后,蒸气部分冷凝放出的热量用于加热液体,使之部分汽化。这样,流程中省去了中间加热器和中闭冷却器。液体逐级下降,蒸气逐级上升,通过不断的传质和传热过程,最终得到较纯的产品。在实际工业装置中,精馏流程是通过板式塔或填料塔来实现的。

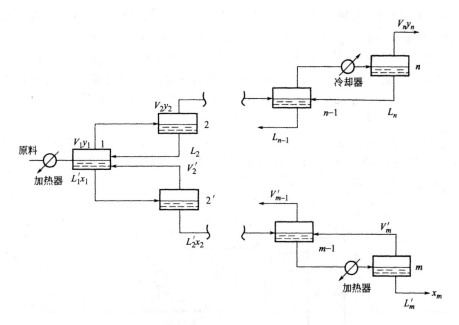

图 6-9　带回流的多次部分汽化和冷凝流程

2.精馏操作流程

　　精馏操作可分为连续精馏和间歇精馏,但无论何种方式,精馏塔必须同时在塔底设置再沸器、塔顶设置冷凝器,冷凝器的作用是获得液相产品以及保证有一定的液相回流量,再沸器的作用是提供一定量的上升蒸气流。此外,有时还需要原料液预热器、回流液泵等附属设备才能实现整个操作。

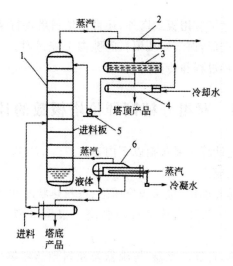

1—精馏塔;2—全凝器;3—储槽;4—冷却器;5—回流液泵;6—再沸器

图 6-10　连续精馏操作流程

图 6-10 为连续精馏装置。可以看出,原料液经预热器加热到辅定温度后,进入精馏塔中部的进料板,料液在该板与自塔上部下降的回流液体汇合后,再逐层下流,最后流入塔底的再沸器。液体在下降的同时,它与上升的蒸气在各板上互相接触,同时进行着部分汽化、部分冷凝的传热过程和气液两相传质过程。出塔顶的蒸气经冷凝器冷凝成液体,一部分送入塔顶作回流液,一部分经冷却器后作为塔顶馏出液。塔底再沸器的液体一部分汽化,产生上升蒸气,依次通过各层塔板,一部分作为塔底釜液。

图 6-11 为间歇精馏装置。它与连续精馏操作不同的是,物料一次性加入塔釜,所以间歇精馏没有提馏段,只有精馏段,另外随着操作过程的进行,间歇精馏中釜液的浓度不断的变化,塔顶产品的组成也随之减少。

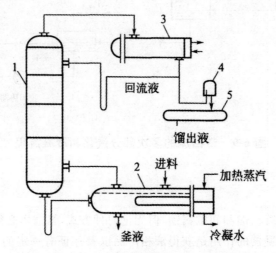

1—精馏塔;2—再沸器;3—全凝器;4—观察罩;5—储槽

图 6-11 间歇精馏操作流程

在工业生产和科研中,除了应用板式塔外,还可用填料塔进行精馏操作。在填料塔内装有各种填料,液体分散在填料表面,而气体从填料间隙向上流过时,气液两相在填料表面相互接触,同时进行气液两相的传热过程和传质过程。

6.4 双组分精馏理论塔板数的计算

双组分连续精馏的工艺计算主要包括以下内容:

①确定产品的流量和组成。

②适宜操作条件的选择和确定,包括操作压强、进料热状况和回流比等。

③确定精馏塔的类型,如选择板式塔或填料塔。根据塔型,求算理论板层数和填料层高度。

④精馏装置的热量衡算,计算冷凝器、再沸器及原料预热器等的热负荷,并确定其类型和尺寸。

⑤确定塔高和塔径以及塔的其他结构,对板式塔,进行塔板结构尺寸的计算及塔板流体力

学验算；对填料塔，需确定填料类型及尺寸，并计算填料塔的流体阻力。

6.4.1　理论板与恒摩尔流假设

1.理论板与板效率

在精馏过程中，由于未达到平衡的气液两相在塔板上的传质过程十分复杂，它不仅与物系有关，还与塔板的结构和操作条件有关，同时在传质过程中还伴有传热过程，故传质过程难以用简单的数学方程来表示，为简化计算，常引入理论板这一概念。

理论板是指离开塔板的气液两相组成上互成平衡且温度相等的理想化塔板。其前提条件是气液两相皆充分混合、各自组成均匀、塔板上不存在传热传质的阻力。实际上，由于塔板上气液间的接触面积和接触时间是有限的，因此塔板上气液两相一般都难以达到平衡状况，也就是说难以达到理论板的传质分离效果，理论板仅作为实际板分离效率的依据和标准。在工程设计中，可先求出理论塔板数，再根据塔板效率来确定实际塔板数。所谓塔板效效率，即一块实际塔板的分离作用对于一块理论塔板的分离作用之比，它有多种表示方法，下面介绍常用的两种。

(1)单板效率 E_m

单板效率又称默弗里效率，它是以气相(或液相)经过实际板的组成变化值与经过理论板的组成变化值之比来表示的。对于任意的第 n 层塔板，单板效率可分别按气相组成及液相组成的变化来表示，即

$$E_{m,V} = \frac{y_n - y_{n+1}}{y_n^* - y_{n+1}} \tag{6-13}$$

$$E_{m,L} = \frac{x_{n-1} - x_n}{x_{n-1} - x_n^*} \tag{6-14}$$

式中，$E_{m,V}$ 为气相默弗里效率；$E_{m,L}$ 为液相默弗里效率；y_n^* 为与 x_n 成平衡的气相组成摩尔分数；x_n^* 为与 y_n 成平衡的液相组成摩尔分数。

单板效率一般由实验测定。

(2)全塔效率 E

在一个精馏塔内，各塔板上的传质情况不完全相同，因而各塔板相应的塔板效率往往不完全一样，为了便于工程计算，引入全塔效率概念。全塔效率是指精馏过程中完成规定的任务所需的理论板数与实际板数之比，表示为

$$E = \frac{N_T}{N_P} \tag{6-15}$$

式中，N_T 为理论板层数；N_P 为实际板层数。

全塔效率反映了塔中各层塔板的平均效率，因此它是理论板层数的一个校正系数，其值恒小于 1。对一定结构的板式塔，若已知在某种操作条件下的全塔效率，便可由理论板数求得实际板层数。

由于影响板效率的因素很多，且非常复杂，目前还不能用纯理论公式计算其值。设计时一般选用经验数据，或用经验公式进行估算。

2.恒摩尔流假设

为简化精馏过程的计算,引入恒摩尔流的假设。

(1)恒摩尔流气流(化)

精馏段内,每层塔板上升的蒸气摩尔流量均相等;提馏段内也是一样,其数学表达式为:

$$V_1 = V_2 = \cdots = V_n = V = 定值$$
$$V'_1 = V'_2 = \cdots = V'_n = V' = 定值$$

式中,V 为精馏段上升蒸气的摩尔流量,kmol/h;V' 为提馏段上升蒸气的摩尔流量,kmol/h。

下标表示塔板的序号,排序从上往下。

两段上升蒸气的摩尔流量不一定相等。

(2)恒摩尔流液(溢)流

精馏段内,每层塔板溢流的液体摩尔流量皆相等;提馏段内也是一样,其数学表达式为:

$$L_1 = L_2 = \cdots = L_n = L = 定值$$
$$V'_1 = V'_2 = \cdots = V'_n = V' = 定值$$

式中,L 为精馏段内液体的摩尔流量,kmol/h;L' 为提馏段内液体的摩尔流量,kmol/h。

下标表示塔板的序号,排序从下往上。

两段下降液体的摩尔流量一般不相等。恒摩尔气流与恒摩尔液流统称为恒摩尔流假设。

上述假设满足下列条件时成立:①各组分的摩尔汽化潜热相等;②气、液两相接触时,因两相温度不同而交换的显热可以忽略;③塔设备保温良好,热损失可以忽略不计。

6.4.2 全塔物料衡算

精馏塔顶、塔底的产量与进料量及各组成之间的关系可通过全塔物料衡算求出。对图 6-12 所示的精馏塔做全塔物料衡算,得到

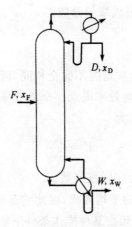

图 6-12 精馏塔的全塔物料衡算

$$F = D + W$$

$$Fx_F = Dx_D + Wx_W$$

式中，F 为料液流率，kmol/h；D 为塔顶馏出液流率，kmol/h；W 为塔底釜液流率，kmol/h；x_F 为料液中易挥发组分的摩尔分数；

x_D，x_W ——分别为塔顶、塔底产品的摩尔分数。

这两个方程中共有三个摩尔流率和三个摩尔分数，已知其四可解出其余两个。当然，如果单位采用质量，方程也同样适用。

通常是由任务给出 F、x_F、x_D、x_W，求解塔顶、塔底产品流率 D、W。有时也常规定组分的回收率 η，其定义为塔顶易挥发组分回收量占原料中该组分总量的百分数。

$$\eta = \frac{Dx_D}{Fx_F} \times 100 \% \qquad (6-16)$$

6.4.3　操作线方程

在连续精馏塔中，因原料液不断地进入塔内，故精馏段和提馏段的操作关系是不相同的，应分别予以讨沦。

1. 精馏段操作线

按图 6-13 虚线范围（包括精馏段的第 $n+1$ 层板以上塔段及冷凝器）作物料衡算，以单位时间为基准，即

总物料　$V = L + D$

易挥发组分　$Vy_{n+1} = Lx_n + Dx_D$

式中，x_n 为精馏段中第 n 层板下降液体中易挥发组分的摩尔分数；y_{n+1} 为精馏段第 $n+1$ 层板上升蒸气中易挥发组分的摩尔分数。

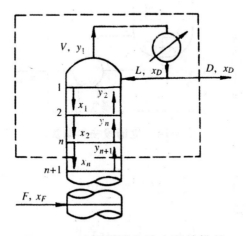

图 6-13　精馏段操作线方程的推导

于是有

$$y_{n+1} = \frac{L}{L+D}x_n + \frac{D}{L+D}x_D \qquad (6-17)$$

上式等号右边两项的分子及分母同时除以 D，则

$$y_{n+1} = \frac{\frac{L}{D}}{\frac{L}{D}+1}x_n + \frac{1}{\frac{L}{D}+1}x_D$$

令 $R = \dfrac{L}{D}$，代入上式得

$$y_{n+1} = \frac{R}{R+1}x_n + \frac{1}{R+1}x_D \qquad (6-18)$$

式中，R 称为回流比。根据恒摩尔流假定，L 为定值，且在稳定操作时 D 及 x_D 为定值，故 R 也是常量，其值一般由设计者选定。

式(6-18)称为精馏段操作线方程式，表示在一定操作条件下，精馏段内自任意第 n 层板下降的液相组成 x_n 与其相邻的下一层板上升蒸气相组成 $n+1$ 之间的关系。该式在 $x-y$ 直角坐标图上为直线，其斜率为 $\dfrac{R}{(R+1)}$，截距为 $\dfrac{x_D}{R}+1$。

2. 提馏段操作线

对图 6-14 虚线框范围内(包括提馏段的第 m 层板以下的塔段及再沸器)作物料衡算，以单位时间为基准。

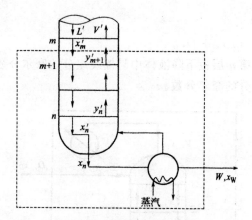

图 6-14　提馏段物料衡算

总物料衡算

$$L' = V' + W$$

易挥发组分的物料衡算：

$$L'x'_m = V'y'_{m+1} + Wx_W \qquad (6-19)$$

式中，x'_m 为提馏段中第 m 层板下降液相中易挥发组分的摩尔分数；y'_{m+1} 为提馏段中第 $m+1$ 层板上升蒸气中易挥发组分的摩尔分数；L' 为提馏段中每块塔板下降的液体流量，kmol/h；V' 为提馏段中每块塔板上升的蒸气流量，kmol/h。

将式(6-19)除以 V' 得

$$y'_{m+1} = \frac{L'}{V'}x_m - \frac{Wx_W}{V'}$$

于是得

$$y'_{m+1} = \frac{L'}{L'-W}x_m - \frac{W}{L'-W}x_W \qquad (6-20)$$

上式即为提馏段操作线方程,表示在一定操作条件下,提馏段内自任意第 m 层板下降的液相组成 x_m 与其相邻的下一层板(第 $m+1$ 层板)上升的气相组成 y_{m+1} 之间的关系。

在定态连续操作过程中,W、x_W 为定值,同时由恒摩尔流假设可知,L' 和 V' 为常数,故提馏段操作线方程亦为直线。其斜率为 L'/V',截距为 $-\dfrac{Wx_W}{V'}$。

6.4.4　进料热状态参数与 q 线方程

1. 原料的进料状况

在实际生产中,引入塔内的原料有五种不同的状况(如图 6-15 所示):
①低于泡点以下的过冷液体进料(H 点);
②泡点进料(饱和液体进料)(B 点);
③气液混合进料(G 点);
④露点进料(饱和蒸气进料)(D 点);
⑤高于露点的过热蒸气进料(I 点)。

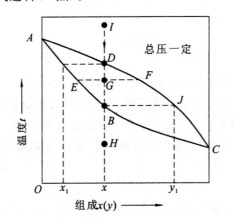

图 6-15　进料状况示意图

由于不同进料热状况的影响,使从进料板上升的蒸气量及下降的液体量发生变化,也即上升到精馏段的蒸气量及下降到提馏段的液体量发生了变化。图 6-16 定性地表示在不同的进料热状况下,由进料板上升的蒸气及由该板下降的液体的摩尔流量变化情况。

(1)冷液进料

对于冷液进料,提馏段内回流液流量 L' 包括 3 部分:①精馏段的回流液流量 L;②原料液流量 F;③为将原料液加热到板上温度,必然会有一部分自提馏段上升的蒸气被冷凝下来,冷凝液量也成为 L' 的一部分。由于这部分蒸气的冷凝,上升到精馏段的蒸气量 V 比提馏段的

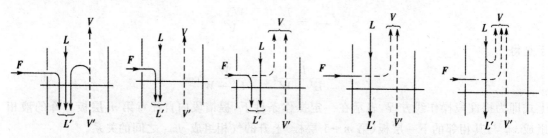

（a）冷液进料　（b）饱和液体进料　（c）气液混合物进料　（d）饱和蒸气进料　（e）过热蒸气进料

图 6-16　进料热状况对进料板上、下各流股的影响

V' 要少，其差额即为冷凝的蒸气量。

（2）泡点进料

对于泡点进料，由于原料液的温度与板上液体的温度相近，因此原料液全部进入提馏段，作为提馏段的回流液，而两段的上升蒸气流则相等，即

$$L' = L + F$$
$$V' = V$$

（3）气液混合物进料

对于气液混合物进料，进料中液相部分成为 L' 的一部分，而蒸气部分则成为 V 的一部分。

（4）饱和蒸气进料

对于饱和蒸气进料，整个进料变为 V 的一部分，而两段的液体流量则相等，即

$$L = L'$$
$$V = V' + F$$

（5）过热蒸气进料

对于过热蒸气进料，此种情况与冷液进料的恰好相反，精馏段上升蒸气流量 V 包括 3 部分：①提馏段上升蒸气流量 V'；②原料液流量 F；③为将进料温度降至板上温度，必然会有一部分来自精馏段的回流液体被汽化，汽化的蒸气量也成为 V 中的一部分。由于这部分液体的汽化，下降到提馏段中的液体量 L' 将比精馏段的 L 少，其差额即为汽化的那部分液体量。

2. 进料热状况参数

在精馏塔内，由于原料的热状态不同，从而使进料板上上升的蒸气量和下降的液体量发生变化。对进料板作物料衡算和热量衡算，衡算范围如图 6-17 所示。

物料衡算
$$F + L + V' = L' + V$$
$$\frac{L' - L}{F} = \frac{F + V' - V}{F}$$

令 $q = \dfrac{L' - L}{F}$，则 $1 - q = \dfrac{V - V'}{F}$。

热量衡算
$$FI_F + LI_L + V'I_{V'} = VI_V + L'I_{L'}$$

式中，I_F 为原料的焓，kJ/kmol；I_L、$I_{L'}$ 分别为进入、离开进料板的饱和液体的焓，kJ/

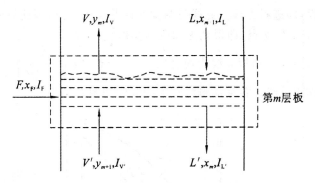

图 6-17　进料板物料衡算图

kmol；I_V、$I_{V'}$ 分别为进入、离开进料板饱和蒸气的焓，kJ/kmol。

根据恒摩尔流假设，$I_L = I_{L'}$，$I_V = I_{V'}$，则热量衡算式可改写为

$$I_F = \frac{L' - L}{F}I_L + \frac{V - V'}{F}I_V$$
$$= qI_L + (1-q)I_V$$

则

$$q = \frac{I_V - I_F}{I_V - I_L} \tag{6-21}$$

式中，$I_V - I_F$ 为进料变成饱和蒸气所需要的热量，kJ/kmol；$I_V - I_L$ 为原料的摩尔汽化潜热，kJ/kmol；q 为精馏操作过程的进料热状况参数。

q 值称为进料热状况参数。对各种进料热状况，均可用式(6-21)计算 q 值。

根据 q 的定义，可得

冷液进料　　$q > 1$

饱和液体(泡点)进料　　$q = 1$

气液混合物进料　　$0 < q < 1$

饱和蒸气(露点)进料　　$q = 0$

过热蒸气进料　　$q < 0$

在实际生产中，以接近泡点的冷液进料和泡点进料者居多。

3. 进料热状况对操作线方程的影响

精馏段与提馏段的气、液流量关系为：

$$L' = L + qF$$
$$V' = V + (q-1)F$$

应用两操作线方程的初始形式：

$$Vy = Lx + Dx_D$$
$$V'y = L'x - Wx_W$$

由此可得

$$q = \frac{q}{q-1}x - \frac{x_F}{q-1} \tag{6-22}$$

此方程称为 q 线方程,即进料方程。此线与两操作线共交于一点,因此只要找出它与精馏线交点 d ,连接 (x_W, x_W) 点和 d 点,即得到提馏段的操作线。

当 $x = x_F$ 时, $y = x_F$,所以 q 线为通过 (x_F, x_F) 点、斜率为 $\dfrac{q}{(q-1)}$ 的直线。根据加料状态,算出 q ,即可作出 q 线。各种加料状态下的 q 线如图 6-18 所示。

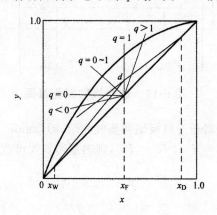

图 6-18　加料状态对操作线交点的影响

4.加料位置

加料位置应该在塔内气、液组成与料液相同或相近的板上。例如饱和液体加料,料液应在塔中液体组成等于 x_F 处加入;饱和蒸气加料,则应在塔中蒸气组成等于 x_F 处加入。用图解法求理论板数时,加料位置由精馏段与提馏段操作线的交点确定,加料位置应该在两操作线交点所处的阶梯上。图 6-19 中示出料液组成为 x_F 的 3 种不同加料状态的加料位置,饱和液体加料应在第 4 块理论板上,气、液混合物加料应在第 5 块理论板上,而饱和蒸气加料则应在第 6 块理论板上,因为在这些位置上的气、液组成与加料的组成相近。

在设计计算中,若加料位置定得不适当,将使求出的理论板数比真正需要的理论板数多。在操作中,加料位置不合适,将表现为馏出液与釜残液不能同时达到规定的要求。加料位置过低,使釜残液中易挥发组分含量偏高;加料位置过高,使馏出液中难挥发组分含量过高。

6.4.5　理论塔板数的确定

理论板数(包括精馏段和提馏段)的求取原理是交替地应用相平衡和物料衡算两关系,如前所述对二元精馏有逐板计算法和 $x-y$ 图解法两种方法。此外,由进料热状况的概念可知,为使第一块板下流的液体流率等于进入第一块板的回流流率 L ,回流的热状况需为泡点,即从全凝器到进塔之间的热损失可以忽略。

1.逐板计算法

逐板计算法是在已知 x_F 、 x_D 、 x_W , q 及 R 的条件下,应用相平衡方程与操作线方程从塔顶开始逐板计算各板的气相与液相组成,从而求得所需要的理论板数。

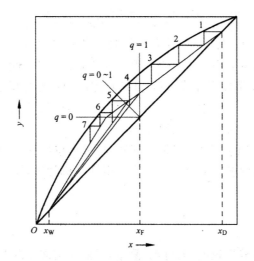

图 6-19　加料位置与加料状态的关系

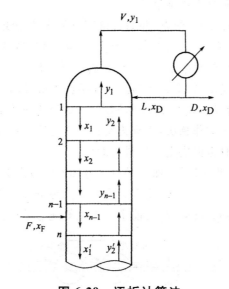

图 6-20　逐板计算法

如图 6-20 所示,假设塔顶冷凝器将来自塔顶的蒸气全部冷凝,凝液在泡点温度下部分回流到塔内,塔釜为间接蒸气加热。由于塔顶采用全凝器,所以从塔顶第一块塔板上升的蒸气进入冷凝器后被全部冷凝,故塔顶馏出液及回流液组成即为第一块塔板上升的蒸气组成 y_1,即 $y_1 = x_D$,根据理论板的概念,离开第一块塔板的液相组成 x_1 与从该板上升的蒸气组成 y_1 互成平衡,可利用相平衡方程由 y_1 求得 x_1,即 $x_1 = \dfrac{y_1}{y_1 + \alpha(1 - y_1)}$,从第二层塔板上升的蒸气组成 y_2 与 x_1 符合精馏段操作线关系,故可用精馏段操作线方程由 x_1 求得 y_2,即

$$y_2 = \frac{R}{R+1}x_1 + \frac{1}{R+1}x_D \qquad (6-23)$$

同理,用相平衡关系从 y_2 求出 x_2,再用操作线方程从 x_D 求出 y_3。依此类推,即

$$x_D = y_1 \xrightarrow{\text{相平衡}} x_1 \xrightarrow{\text{操作线}} y_2 \xrightarrow{\text{相平衡}} x_2 \xrightarrow{\text{操作线}} y_3 \xrightarrow{} \cdots \xrightarrow{} x_n$$

直到计算出 $x_n \leqslant x_q$ 时为止，说明第 n 块理论塔板为进料板，精馏段所需理论板数为 $(n-1)$。在计算过程中，每应用一次平衡方程就表示需要一块理论塔板。

当 $x_n \leqslant x_q$ 后改用提馏段操作线方程，其计算方法和步骤与精馏段相同，反复利用平衡方程和提馏段操作线方程，一直计算到 $x_m \leqslant x_W$ 为止。对间接蒸气加热情况，再沸器相当于一块理论塔板，所以提馏段所需理论板层数为 $(m-1)$。

用逐板计算法计算理论塔板数，结果较准确，且可求得塔板上的气液相组成，但计算过程繁琐，尤其是当理论板数较多时更为突出。若采用计算机计算，既可以提高准确性，又能提高计算速度。

2. $x-y$ 图解法

$x-y$ 图解法虽然准确性较差，但直观、简单，目前在精馏计算中仍在采用。对于 $x-y$ 图解法，可将其步骤归纳如下。

(1) $x-y$ 图中作出平衡曲线及对角线。

在轴上定出 $x = x_D$、x_F、x_W 的点，并通过这三点依次按垂线定出对角线上的点 a、f、b。

(2) 轴上定出 $y_c = x_D/(R+1)$ 的点 c，联结点 a、点 c，作出精馏段的操作线。

(3) 进料热状况求出 q 线的斜率 $q/(q-1)$，并通过点 f 作 q 线。

(4) 将 q 线精馏段操作线 ac 的交点 d 与点 b 联结成提馏段的操作线 bd。

(5) 从点 a 开始，在平衡线与线 ac 之间作梯级，当梯级跨过点 d 时，此梯级就相当于加料板。然后改在平衡线与线 bd 间作梯级，直到再跨过点 b 为止。梯级的数目可以分别得出精馏段和提留段的理论板数，同时也就决定了加料板的位置。

如果塔顶上的冷凝器不是全凝器，而只是将部分回流液冷凝下来，如图 6-21 所示，则称为分凝器。显然，它也相当于一层理论板，使得分离所需的理论板数再减去一层。但由于调节回流比时分凝器不如全凝器便利、准确，故目前生产上主要还是采用全凝器。

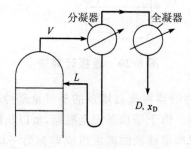

图 6-21　分凝器的流程

图解法和逐板计算法从原理上是等价的，只不过前者用平衡线和操作线代替了相平衡方程和操作线方程，但应当指出：以 $x-y$ 图解法代替逐板计算虽较直观，但当所需的理论板数相当多，则不易准确，这时宜采用适当的数值计算法；上述解法中应用了恒摩尔物流的简化假定，与之偏差较大的物系，如水—乙酸，误差较大，需采用其他方法。

6.4.6　回流比的影响与理论塔板数的简捷计算

1.回流比的影响

回流是保证精馏塔连续稳定操作的必要条件之一,且回流比是影响精馏操作费用和投资费用的重要因素。对于一定的分离任务而言,应选择适宜的回流比。

回流比有两个极限值,上限为全回流时的回流比,下限为最小回流比,实际回流比为介于两极限值之间的某适宜值。

(1)全回流和最少理论板层数

若塔顶上升蒸气经冷凝后全部回流至塔内,这种方式称为全回流。此时,塔顶产品 D 为零,通常 F 和 W 也均为零,即既不向塔内进料,亦不从塔内取出产品,全塔也就无精馏段和提馏段之区分,两段的操作线合二为一。全回流时的回流比为

$$R = \frac{L}{D} = \frac{L}{0} \to \infty \tag{6-24}$$

因此,精馏段操作线的斜率为 $\frac{R}{R+1} = 1$,在 y 轴上的截距 $\frac{x_D}{R+1} = 0$。此时在 $x-y$ 图上操作线与对角线相重合,操作线方程式为 $y_{n+1} = x_n$。显然,此时操作线和平衡线的距离最远,因此达到给定分离程度所需的理论板层数最少,以 N_{min} 表示。N_{min} 可在 $x-y$ 图上的平衡线与对角线间直接图解求得,也可由芬斯克(Fenske)方程式计算得到,该式的推导过程如下。

全回流时,求算理论板层数的公式可由气液平衡方程和操作线方程导出。

设气液平衡关系用下式表示:

$$\left(\frac{y_A}{y_B}\right)_n = \alpha_n \left(\frac{x_A}{x_B}\right)_n$$

全回流时操作线方程为 $y_{n+1} = x_n$,若塔顶采用全凝器,则

$$\left(\frac{y_A}{y_B}\right)_1 = \left(\frac{x_A}{x_B}\right)_D$$

第 1 层板的气液平衡关系为

$$\left(\frac{y_A}{y_B}\right)_1 = \alpha_1 \left(\frac{x_A}{x_B}\right)_1 = \left(\frac{x_A}{x_B}\right)_D$$

第 1 层板和第 2 层板之间的操作关系为 $\left(\frac{y_A}{y_B}\right)_2 = \left(\frac{x_A}{x_B}\right)_1$,所以

$$\left(\frac{x_A}{x_B}\right)_D = \alpha_1 \left(\frac{y_A}{y_B}\right)_2$$

同理,第 2 层板的气液平衡关系为 $\left(\frac{y_A}{y_B}\right)_2 = \alpha_2 \left(\frac{x_A}{x_B}\right)_2$,所以

$$\left(\frac{x_A}{x_B}\right)_D = \alpha_1 \alpha_2 \left(\frac{x_A}{x_B}\right)_2$$

若将再沸器视为第 $N+1$ 层理论板,重复上述的计算过程,直至再沸器为止,可得

$$\left(\frac{x_A}{x_B}\right)_D = \alpha_1 \alpha_2 \cdots \alpha_{N+1} \left(\frac{x_A}{x_B}\right)_W$$

若令 $\alpha_m = \sqrt[N+1]{\alpha_1 \alpha_2 \cdots \alpha_{N+1}}$，则上式可改写为

$$\left(\frac{x_A}{x_B}\right)_D = \alpha_m^{N+1} \left(\frac{x_A}{x_B}\right)_W$$

因全回流时所需理论板层数为 N_{min}，以 N_{min} 代替上式中的 N，并将该式等号两边取对数，经整理得

$$N_{min} + 1 = \frac{\lg\left[\left(\frac{x_A}{x_B}\right)_D \left(\frac{x_B}{x_A}\right)_W\right]}{\lg \alpha_m}$$

对两组分溶液，上式可略去下标 A、B 而写为

$$N_{min} + 1 = \frac{\lg\left[\left(\frac{x_D}{1-x_D}\right)_D \left(\frac{1-x_W}{x_W}\right)_W\right]}{\lg \alpha_m} \tag{6-25}$$

式中，α_m 为全塔平均相对挥发度。

当 α 变化不大时，可取塔顶和塔底的几何平均值。

式（6—25）称为芬斯克方程式，用以计算全回流下采用全凝器时的最少理论板层数。将式中的 x_W 换成进料组成 x_F，α 取塔顶和进料的平均值，则该式也可用以计算精馏段的理论板层数，并可确定进料板位置。

应予指出，全回流是回流比的上限。由于在这种情况下得不到精馏产品，即生产能力为零，因此对正常生产无实际意义。但是在精馏的开工阶段或实验研究时，多采用全回流操作，以便于过程的稳定或控制。

（2）最小回流比

在完成指定分离任务的精馏操作过程中，当回流比逐渐减小时，精馏段操作线的截距随之增大，两操作线位置将向平衡线靠近，理论塔板数也逐渐增多。当回流比进一步减小到两个操作线交点正好落在平衡线上，此时所需理论塔板数为无穷多，相对应的回流比为最小回流比 R_{min}，如图 6-22 所示。在最小回流比条件下操作时，在 d 点上、下塔板无增浓作用，所以此区称为恒浓区（或称挟紧区），d 点称为挟紧点。最小回流比是回流比的下限。

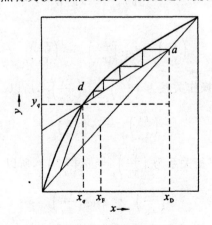

图 6-22　最小回流比的确定

最小回流比可用作图法或解析法求得。

（1）作图法

根据平衡曲线形状不同，图解法也不同。对于理想溶液平衡曲线，如图 6-22 所示。由精馏段操作线的斜率可知

$$\frac{R_{\min}}{R_{\min}+1}=\frac{x_D-y_q}{x_D-x_q}$$

整理上式得

$$R_{\min}=\frac{x_D-y_q}{y_q-x_q} \tag{6-26}$$

式中，x_q、y_q 为 q 线与平衡曲线交点的横坐标、纵坐标，可用图解法由图中读得，或由 q 线方程与相平衡方程联立确定。

（2）解析法

当进料热状态为泡点液体进料时，$x_q=x_F$，则有

$$R_{\min}=\frac{1}{\alpha-1}\left[\frac{x_D}{x_F}-\frac{\alpha(1-x_D)}{1-x_F}\right] \tag{6-27}$$

若为饱和蒸气进料，$y_q=x_F$，则有

$$R_{\min}=\frac{1}{\alpha-1}\left[\frac{\alpha x_D}{x_F}-\frac{1-x_D}{1-x_F}\right]-1 \tag{6-28}$$

（3）回流比的选择

对于一定的分离任务，若在全回流下操作，所需的理论塔板数最少，但是得不到产品；若在最小回流比下操作，则所需理论塔板数为无限多。这两种情况都无法在正常工业生产中应用，实际中所采用的回流比应介于全回流与最小回流比之间。

适宜回流比是指操作费用和设备费用之和为最低时的回流比，需要通过经济衡算来决定。精馏的设备费用包括精馏塔、再沸器、冷凝器等设备的折旧费，而操作费用主要是指再沸器中加热剂用量、冷凝器中冷凝剂用量和动力消耗等，这些又与塔内上升蒸气量有关，即

$$V=(R+1)D$$
$$V'=V-(1-q)F$$

因而当 F、q、D 一定时，上升蒸气量 V' 和 V 随着 R 的增大而增大。增加回流比起初可显著降低所需塔板数，如图 6-23 所示。随着 R 的增大，为得到同样数量的产品 D，精馏段上升蒸气 V 随着增大，从而使再沸器和冷凝器的负荷随之增大，设备费用的明显下降能补偿操作费用的增加。再增加回流比，所需的理论塔板数缓慢下降，此时设备费用的减少将不足以补偿操作费用的增长，此外，回流比的增加也将使塔顶冷凝器和塔低再沸器的传热面积增大，即设备费将随着 R 的增大而增加。因此，随着 R 的增加，设备费用是先降低而后又重新增加。操作费用主要是加热蒸气和冷却水的费用，它随着 R 的增大成线性增长。

回流比与费用的关系如图 6-23 所示，显然存在着一个总费用的最低点，与此对应的回流比即为最适宜回流比 R_{opt}，但很难完整准确地知道这一个点，通常取经验数据，即 $R=(1.1\sim2)R_{\min}$。实际中还应视具体情况而定，如为了减少加热蒸气耗量，可采用较小的回流比，而对于难分离物系则选用较大的回流比。

2. 理论塔板数的简捷计算

如图 6-24 所示，文献上称为吉利兰关联图。图中以 $X=(R-R_{\min})/(R+1)$ 为横坐标，

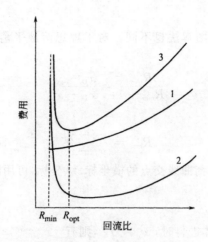

1—操作费；2—设备费；3—总费用

图 6-23　回流比对精馏费用的影响

为计算中的已知值；以 $Y = (N - N_{min})/(N + 1)$ 为纵坐标。使用此图时，先根据给定条件算出的 x，由曲线查出 y，再求得 N_{min}，即可算出 N。这就是求理论板数的捷算法（简捷法），但此法有一定误差，故常在初步设计或进行粗略估算时使用；其主要优点在于能用于多元精馏过程中做初步估计。

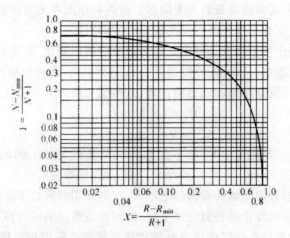

$$X = \frac{R - R_{min}}{R + 1}$$

图 6-24　吉利兰关联图

现讨论吉利兰关联图中的几个问题。

（1）最少理论板数 N_{min}

对于二元精馏的一般方法是采用 $x-y$ 图解法：N_{min} 对应于全回流，其操作线与对角线重合，故重合，故 N_{min} 就是在平衡线与对角线之间从点 $a(x_D, x_D)$ 画到点 $b(x_W, x_W)$ 的梯级数。

对于理想溶液，可以导出计算 N_{min} 的公式而不必作 $x-y$ 图。精馏塔在全回流时的操作简图如图 6-25 所示，对图 6-25 中虚线所示的范围进行物料衡算，则有

$$V = L$$
$$Vy_{n+1} = Lx_n$$

故

$$y_{n+1} = x_n$$

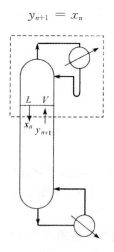

图 6-25　精馏塔的全回流操作

现仍交替应用相平衡、物料衡算两关系逐板计算,只是在全回流时上述物料衡算式较简单,可以导出简化的计算式。注意,此式可同样用于理想溶液的多元精馏,故现保留下标 A、B,将物料衡算式写成

$$(y_A)_{n+1} = (x_A)_n \,,\ (y_B)_{n+1} = (x_B)_n \tag{6-29}$$

以相对挥发度来表示相平衡关系:可得离开任一层塔板的汽、液组成之间的关系为

$$\left(\frac{y_A}{y_B}\right)_n = \alpha_n \left(\frac{x_A}{x_B}\right)_n \tag{6-30}$$

全回流时回流液的组成与第一层塔板上升的蒸气组成相等

$$(y_A)_1 = (x_A)_D \,,\ (y_B)_1 = (x_B)_D$$

应用相平衡关系式(6-29),取 $n=1$,可导出第一层塔板下降的液相组成之比 $\left(\dfrac{x_A}{x_B}\right)_1$,即

$$\left(\frac{x_A}{x_B}\right)_D = \left(\frac{y_A}{y_B}\right)_1 = \alpha_1 \left(\frac{x_A}{x_B}\right)_1$$

再应用物料衡算式(6-29)(取 $n=1$)。

$$\left(\frac{x_A}{x_B}\right)_D = \alpha_1 \left(\frac{x_A}{x_B}\right)_1 = \alpha_1 \left(\frac{y_A}{y_B}\right)_2$$

而第二层塔板下降的液相组成之比[在式(6-30)中取 $n=2$]为

$$\left(\frac{x_A}{x_B}\right)_D = \alpha_1 \left(\frac{y_A}{y_B}\right)_2 = \alpha_1 \alpha_2 \left(\frac{x_A}{x_B}\right)_2$$

依此逐板推算,共经过($N-1$)层塔板,再加上塔釜,得

$$\left(\frac{x_A}{x_B}\right)_D = \alpha_1 \alpha_2 \cdots \alpha_{N-1} \alpha_W \left(\frac{x_A}{x_B}\right)_W \tag{6-31}$$

其中,下标 N 表示自塔顶算起,包括塔釜在内的全部理论塔板;下标 W 表示塔釜。

式(6-31)中共有 N 个相对挥发度的值连乘,对于理想溶液,其差别不大,可取 α_1 与 α_w 的几何平均值 $\bar{\alpha}$ 代替各 α 值:$\bar{\alpha} = \sqrt{\alpha_1 \alpha_w}$ 。于是式(6-9)简化为

$$\left(\frac{x_A}{x_B}\right)_D = \bar{\alpha}^N \alpha_1 \left(\frac{x_A}{x_B}\right)_W$$

此式解出的 N 为全回流理论板数,也就是精馏塔所需的最少理论板数 N_{min}(包括塔釜),故得

$$N_{min} = \frac{\lg\left[\left(\frac{x_A}{x_B}\right)_D \left(\frac{x_A}{x_B}\right)_W\right]}{\lg\bar{\alpha}} \qquad (6-32)$$

对于二元精馏,可以省略下标,$x_A = x$,$x_B = 1 - x$。此式称为芬斯克(Fenske)方程。

(2)最小回流比 R_{min}

最小回流比 R_{min} 的求法已在前面讨论过,但对理想溶液,还可以简化:不必作出 $x-y$ 图,而将平衡线方程与 q 线方程联立;解出交点 e 的坐标 x_e、y_e,再代入式(6-46)中做计算。

(3)$Y-X$ 关联式

为使用方便起见,Eduljce 将吉利兰关联图改用式(6-33)表示

$$Y = 0.75 \times (1 - X^{0.567}) \qquad (6-33)$$

其中,Y、X 的定义同前。虽然上式当 X 趋近于零时,y 并不等于 Y,但对于适宜回流比为 $(1.1 \sim 2) R_{min}$ 之间的情况,X 值的大致范围为 $0.1 \sim 0.5$,上式均适用。

(4)进料板位置

进料板的板号要到求得实际板数后才能确定。求理论板数时,可在决定总板数 N 之后再求出精馏段所需的板数 N_1,现推荐以下方法。

精馏段的最少理论板数 $N_{min,1}$ 在饱和液体进料时,可由式(6-50)中将 $(x_B/x_A)_w$ 换成 $(x_B/x_A)_F$ 而得

$$N_{min,1} = \frac{\lg\left[\left(\frac{x_A}{x_B}\right)_D \left(\frac{x_A}{x_B}\right)_F\right]}{\lg\bar{\alpha}_1} \qquad (6-34)$$

其中,$\bar{\alpha}_1$ 为 α_1 与进料组成下的 α_F 的几何平均值。此外,精馏段与全塔的理论板数之比 N_1/N,与其最少理论板数之比 $N_{min,1}/N_{min}$ 近似相等

$$\frac{N_1}{N} \approx \frac{N_{min,1}}{N_{min}} \qquad (6-35)$$

从而算出精馏理论板数 N_1 及进料位置。

6.4.7 精馏塔的热量衡算

图 6-26 为连续精馏塔热量衡算示意图,通过对冷凝器和再沸器的热量衡算,可以确定其热负荷及加热介质和冷却介质的消耗量,为设备选型提供依据。

1.冷凝器的热量衡算

对图 6-26 所示的冷凝器作热量衡算,以单位时间为基准,以 0℃ 为热量计算基准,忽略热损失。热量衡算式

$$Q_V = Q_C + Q_D + Q_L$$
$$Q_C = VI_V - (LI_L + DI_L) \tag{6-36}$$

式中，Q_V 为塔顶蒸气带人的热量，kJ/h；Q_C 为冷却器带出的热量，kJ/h；Q_L 为回流液带出的热量，kJ/h；Q_D 为塔顶馏出液带出的热量，kJ/h；I_V 为塔顶上升蒸气的焓，kJ/kmol；I_L 为塔顶馏出液的焓，kJ/kmol。

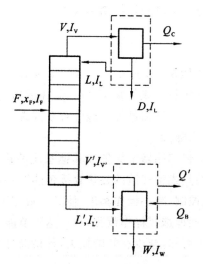

图 6-26　连续精馏塔热量衡算示意图

由于 $V = (R+1)D$，$L = RD$，代入式(6-36)中整理得
$$Q_C = (R+1)D(I_V - I_L)$$

冷却剂的消耗量

$$W_C = \frac{Q_C}{c_p(t_2 - t_1)}$$

式中，W_C 为冷却剂的消耗量，kg/h；c_p 为冷却剂的平均摩尔比热容，kJ/(kmol·℃)；t_1、t_2 分别为冷却剂的进、出口温度，℃。

2.再沸器的热量衡算

对再沸器作热量衡算，以单位时间为基准，则
$$Q_B = V'I_{v'} + WI_w + Q' - L'I_{L'} \tag{6-37}$$

式中，Q_B 为加热蒸汽带入系统的热量，kJ/kg；Q' 为再沸器的热损失，kJ/kg；$I_{v'}$ 为再沸器中上升蒸气的焓，kJ/kmol；I_w 为釜液的焓，kJ/kmol；$I_{L'}$ 为提馏段底层塔板下降液体的焓，kJ/kmol。

若近似取 $I_w = I_{L'}$，且因 $V' = L' - W$，则
$$Q_B = V'(I_{v'} - I_{L'}) + Q'$$

加热介质的消耗量

$$W_h = \frac{Q_B}{I_{B1} - I_{B2}} \tag{6-38}$$

式中，I_{B1}、I_{B2} 分别为加热介质进、出再沸器的焓，kJ/kg。

若用饱和蒸汽加热，且冷凝液在饱和温度下排出，则加热蒸汽消耗量为

$$W_h = \frac{Q_B}{r} \qquad (6-39)$$

式中，r 为水蒸气的汽化潜热，kJ/kg。

再沸器的热负荷也可以通过全塔的热量衡算求得。

3. 精馏过程的节能

精馏过程需要消耗大量的能量，即加入再沸器的大部分热量要在塔顶冷凝器中被取走。精馏过程的优化设计和优化操作是节能的基本途径，具体的措施如下。

（1）选择经济合理的回流比，是精馏过程节能的首要因素。选用一些新型的板式塔或高效的填料塔，有可能使回流比大为降低。

（2）回收精馏装置的余热，将其用做本装置或其他系统的热源，也是精馏过程节能的有效途径。例如利用塔顶蒸气的潜热或釜残液的显热直接预热原料，亦可用做其他热源等。

（3）对精馏过程进行优化控制，减小操作幅度，使其在最佳工况下操作，可确保过程能耗最低。此外在多组分精馏中，合理地选择操作流程，也可达到节能的目的。

从精馏过程的热力学分析可知，减少有效能损失，是精馏过程节能的有效手段。目前工程上应用的方式有以下几种。

①热泵精馏。热泵精馏是利用热泵来提高塔蒸气的品位使之能作为再沸器的热源，从而回收塔顶低温蒸气的潜热，起到节能作用。

②设置中间再沸器和中间冷凝器。在提馏段设置中间再沸器和在精馏段设置中间冷凝器，可以提高热力学效率，达到节能的作用。

③多效精馏。多效蒸馏是将前级塔顶蒸气直接作为后级塔釜的加热蒸气，这样可充分利用不同品位的热源。

④优化工艺，合理选择流程，也可达到降低能耗的目的。

6.4.8　恒沸精馏和萃取精馏

1. 恒沸精馏

若在两组分恒沸液中加入第三组分，该组分能与原料液中的一个或两个组分形成新的恒沸液，从而使原料液能用普通精馏方法予以分离，这种精馏操作称为恒沸精馏。

图 6-27 为分离乙醇－水混合液的恒沸精馏流程示意图。在原料液中加入适量的挟带剂苯，苯与原料液形成新的三元非均相恒沸液。只要苯量适当，原料液中的水分可全部转移到三元恒沸液中，因而使乙醇－水溶液得到分离。

由图 6-27 可见，原料液与苯进入恒沸精馏塔 1 中，由于常压下此三元恒沸液的恒沸点为 64.85℃，故其由塔顶蒸出，塔底产品为近于纯态的乙醇。塔顶蒸气进入冷凝器 4 中冷凝后，部分液相回流到塔 1，其余的进入分层器 5，在器内分为轻重两层液体。轻相返回塔 1 作为补充回流。重相送入苯回收塔 2 的顶部，以回收其中的苯。塔 2 的蒸气由塔顶引出也进入冷凝器

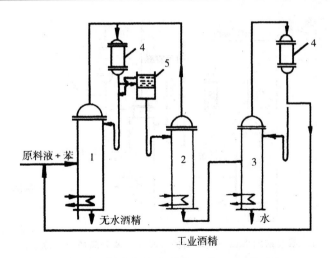

1—恒沸精馏塔；2—苯回收塔；3—醇回收塔；4—全凝器；5—分层器

图 6-27　恒沸精馏流程示意图

4 中，塔 2 底部的产品为稀乙醇，被送到乙醇回收塔 3 中。塔 3 中塔顶产品为乙醇—水恒沸沸液，送回塔 1 作为原料，塔底产品几乎为纯水。在操作中苯是循环使用的，但因有损耗，故隔一段时间后需补充一定量的苯。

　　恒沸精馏可分离具有最低恒沸点的溶液、具有最高恒沸点的溶液以及挥发度相近的物系。恒沸精馏的流程取决于挟带剂与原有组分所形成的恒沸液的性质。

　　在恒沸精馏中，需选择适宜的挟带剂。挟带剂应能与被分离组分形成新的恒沸液，其恒沸点要比纯组分的沸点低，所形成的新恒沸液所含挟带剂的量愈少愈好，以便减少挟带剂用量及汽化、回收时所需的能量。所形成的新恒沸液最好为非均相相合物，便于用分层法分离。无毒性、无腐蚀性，热稳定性好。另外，挟带剂的来源要容易，价格应低廉。

2. 萃取精馏

　　萃取精馏和恒沸精馏相似，对欲分离组分之间的相对挥发度接近于 1 或形成恒沸物的系统，加入挥发性很小的第三组分，使原有组分的相对挥发度增大，易于用精馏方法分离。

　　在常压下苯的沸点为 80.1℃，环己烷的沸点为 80.73℃，相对挥发度为 0.98，很难用普通精馏方法将其分离。可通过加入糠醛萃取剂对苯—环己烷溶液进行萃取精馏，其流程如图 6-28 所示。原料液从萃取精馏塔 1 中部进入，萃取剂由塔 1 顶部加入，使它在每层板上都与苯相接触，塔顶蒸出的为环己烷蒸气。为回收微量的糠醛蒸气，在塔 1 上部设置回收段 2。塔底釜液为苯—醛混合液，再送入苯分离塔 3 中。由于常压下苯的沸点为 80.1℃，醛的沸点为161.7℃，故两者很容易分离。塔 3 中釜液为糠醛，可循环使用。在萃取精馏过程中，萃取剂基本上不被汽化，也不会与原料液形成恒沸液，这些都是有异于恒沸精馏的。

　　选择适宜萃取剂是萃取精馏的关键，良好的萃取剂选择性高、挥发性小、物理及化学稳定性好、来源方便、价格低廉。

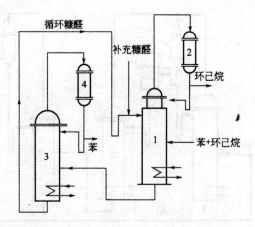

1—萃取精馏塔;2—萃取剂回收段;3—苯分离塔;4—冷凝器

图 6-28　苯—环己烷的萃取精馏流程

6.5　板式塔

6.5.1　板式塔的类型

板式塔是使用量大、应用范围广的重要气液传质设备。最早的板式塔有泡罩塔和筛板塔。到 20 世纪 50 年代出现了一些生产能力大和分离效果更好的板式塔,浮阀塔、筛板塔是工业上使用最多的气液传质设备。

错流塔板的结构通常主要由以下三部分组成。

气体通道:为保证气液两相充分接触,塔板上均匀地开有一定数量的通道,供气体自下而上穿过板上的液层。气体通道的形式很多,它对塔板性能有决定性影响,也是区别塔板类型的主要标志。

溢流堰:在塔板的出口端设置溢流堰可以保持塔板上有一定深度的液层。

降液管:降液管是液体自上层塔板流至下层塔板的通道,也是气体与液体分离的部位。

工业生产对塔板的主要要求如下:①通过能力要大;②塔板效率要高;③塔板压降要低;④操作弹性要大;⑤易于制造。

图 6-29 为几种常用塔板构造的示意简图,其中(a)为泡罩塔,(b)为筛板塔,(c)为浮阀塔,(d)为固定舌型塔,(e)为浮动喷射塔。现在对图 6-29 中提出的几种基本塔型做一些介绍,其他种类繁多的塔板结构可从这几种基本塔板演变而来。

1. 泡罩塔

这是最早应用于生产上的塔板之一,适用于容易堵塞的物系,其结构简图如图 6-29(a)所示。塔板上装有许多升气管,每根升气管上覆盖着一只泡罩。泡罩下边缘或开齿缝或不开齿缝,操作时气体从升气管上升再经泡罩与升气管的环隙,然后从泡罩下边缘或经齿缝排出进入液层。

泡罩塔板操作稳定,传质效率也较高。但也有不少缺点,如结构复杂、造价高、塔板阻力大

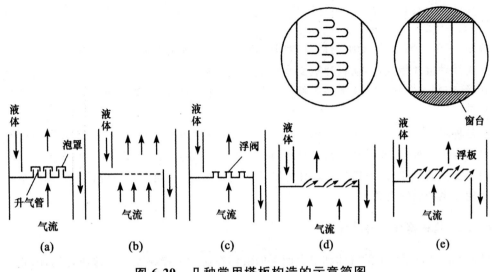

图 6-29　几种常用塔板构造的示意简图

等。液流通过塔板的液面落差较大,因而易使气流分布不均造成气、液接触不良。

2．筛板塔

如图 6-29(b)所示,筛板就是在板上打很多筛孔,操作时气体直接穿过筛孔进入液层。过去对这种塔板研究不够,很难操作,只要气流发生波动,液体就不从降液管下来,而是从筛孔中大量漏下,于是操作也就被破坏。

筛板塔的优点是构造简单、造价低,此外也能稳定操作,板效率也较高。缺点是小孔易堵,操作弹性和板效率较差。

3．浮阀塔

浮阀塔结构如图 6-29(c)所示,目前使用广泛,仍然是综合性能最好的塔板。尤其在国内,浮阀塔板的应用占有重要的地位,获得普遍好评。

浮阀型塔板是在塔盘上开阀孔,安置能上下浮动的阀件(固定阀除外)。由于浮阀与塔板之间流通面积能随气体负荷变动自动调节,因而在较宽的气体负荷也能保持稳定操作;同时气体以水平方向吹出,气、液接触时间较长,雾沫夹带少,因而具有良好的操作弹性和较高的塔板效率,在工业中得到了较为广泛地应用。根据浮阀的形状,浮阀型塔板分为圆盘型浮阀、条型浮阀、船型浮阀、其他特殊结构浮阀以及固定阀。

4．固定舌型塔

如图 6-29(d)所示,这种塔属于喷射型。因舌形孔是将塔板冲压而成的斜孔,故气流上升时从斜孔中喷射而出,气流方向与液流方向一致,可消除塔板上液面落差,有利于气流均匀分布。固定舌型塔板加工方便、造价低、通量大、塔板阻力较小,但其气、液接触时间较短,故板效率不高。

5. 浮动喷射塔

如图 6-29(e)所示,浮动喷射塔是我国自行开发的一种新型塔板。整块塔板由彼此相叠的百叶窗式浮动板片组成,浮动板片被支承后能自由转动一个角度(20°～30°),当气流上升时板片张开,气流则斜向吹出。这类塔板特点是阻力小,处理量大,在炼油和化工生产上已获得较好的效果。

对各种塔板进行比较,作出正确评价,对于了解每种塔板的技术特点,针对塔操作的工艺特点选择合理的板型,或者开发新型塔板具有重要的指导意义。对各种塔板性能进行比较是一个相当复杂的问题,因为塔板的操作性能不仅与塔型有关,而且还与设计出的具体结构尺寸和所处理体系的物性有关。

6.5.2 塔板操作和力学分析

塔板上依靠自下而上的气体和自上而下的液体在流动中接触而达到传质目的,因此塔板的性能主要取决于板上的流体力学状况。所以,首先应研究板上气、液两相的接触情况,分析各种接触状态对传质的影响,计算塔板的压力降,研究塔板的液泛现象,以确定塔的正常操作范围。

1. 塔板上气、液的接触情况

塔板上气、液接触的好坏,主要取决于流体的流动速度,气、液两相的物性,板的结构等。以筛板塔为例,根据空气和水接触的实验,当液体流量一定、气体速度从小到大变化时,可以观察到以下 4 种接触状态:

（1）鼓泡接触状态

当等速较低时,气体在液层中以鼓泡的形式自由浮升,此时塔板上存在着大量的清液,气泡的数量不多,形成的气、液混合物基本上以液体为主,气泡占的比例较小,气、液接触的表面积不大,如图 6-30(a)所示。

（2）蜂窝状接触状态

当气速增加,气泡的形成速度开始大于气泡浮升的速度,上升的气泡在液层中积累,气泡之间互相接触,形成气、液泡沫混合物。因为气速较低,气泡的动能还不足以使气泡表面膜破裂,因此是一种类似于蜂窝状泡结构(见图 6-30(b)),气泡直径较大,很少扰动。在这种接触状态下,板上清液层基本消失而形成以气体为主的气、液混合物。由于气泡不易破裂,表面得不到更新,所以这种状态对于传质与传热并不有利。

（3）泡沫接触状态

当气速继续增加,气泡数量急剧增加,气泡不断发生碰撞和分裂。此时板上液体大部分均以液膜的形式存在于气泡之间,形成一些直径较小、扰动十分剧烈的动态泡沫,在板上只能看到较薄的一层液体(见图 6-30(c))。与第二种状态对比,泡沫接触状态的表面积大,表面不断更新,传质与传热效果比前两种状态好,是一种较好的塔板工作状态。

（4）喷射接触状态

当气速继续增加,由于气体动能很大,把板上的液体向上喷成大小不等的液滴,直径较大的液滴受重力作用又落回到塔板上,直径较小的液滴被气体带走形成液沫夹带,如图 6-30(d)

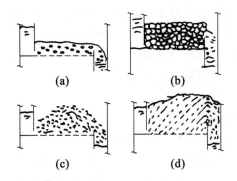

(a)　　　　　　　(b)

(c)　　　　　　　(d)

图 6-30　塔板上气、液接触状态

所示。在这种状态下,液体成为分散相,气体变为连续相,两相传质面积是液滴的外表面。由于液滴回到塔板后又被吹散,这种液滴多次形成和聚集,使得传质面积大大增加,而且表面不断得到更新,这对传质与传热极为有利,也是一种较好的工作状态。

2.板式塔的操作特性

(1)漏液

错流型的塔板在正常操作时,液体应沿塔板流动,在板上与垂直向上流动的气体进行错流接触后由降液管流下。当上升气流流速减小,气体通过升气孔道的动压不足以阻止板上液体经孔道流下时,便会出现漏液现象。漏液发生时,液体经升气孔道流下,必然影响气、液在塔板上的充分接触,使塔板效率下降,严重的漏液会使塔板不能积液而无法操作。为保证塔的正常操作,漏液量不应大于液体流量的 10%。

造成漏液的主要原因是,气速太小和板面上液面落差所引起的气流分布不均,液体在塔板入口侧的厚液层处往往出现漏液,所以常在塔板入口处留出一条不开孔的安定区。

漏液量达 10% 的气流速度为漏液速度,这是塔操作的下限气速。

(2)雾沫夹带

上升气流穿过塔板上液层时,将板上液体带入上层塔板的现象称为雾沫夹带。雾沫的生成固然可增大气、液两相的传质面积,但过量的雾沫夹带造成液相在塔板间的返混,严重时会造成雾沫夹带液泛,从而导致塔板效率严重下降。所谓返混是指雾沫夹带的液滴与液体主流作相反方向流动的现象。为了保证板式塔能维持正常的操作,生产中将雾沫夹带限制在定限度以内。

影响雾沫夹带量的因素很多,最主要的是空塔气速和塔板间距。空塔气速增高,雾沫夹带量增大;塔板间距增大,可使雾沫夹带量减小。

(3)液泛

若塔内气、液两相之一的流量增大,使降液管内液体不能顺利下流,管内液体必然积累,当管内液体增高到越过溢流堰顶部,于是两板间液体相连,该层塔板产生积液,并依次上升,这种现象称为液泛,亦称淹塔。此时,塔板压降上升,全塔操作被破坏。操作时应避免液泛发生。

此外,对一定的液体流量,气速过大,气体穿过板上液层时造成两板间压降增大,使降液管内液体不能下流而造成液泛。液泛时的气速为塔操作的极限速度。从传质角度考虑,气速增高,气液间形成湍动的泡沫层使传质效率提高,但应控制在液泛速度以下,以进行正常操作。

当液体流量过大时,降液管的截面不足以使液体通过,管内液面升高,也会发生液泛现象。

影响液泛速度的因素除气、液流量和流体物性外,塔板结构,特别是塔板间距也是重要参数,设计中采用较大的板间距可提高液泛速度。

(4)塔板的负荷性能图

影响板式塔操作状况和分离效果的主要因素为物料性质、塔板结构及气、液负荷。对一定的塔板结构,处理指定的物系时,其操作状况只随气、液负荷改变。要维持塔板正常操作,必须将塔内的气、液负荷限制在一定范围内波动。通常在直角坐标系中,以气相负荷 V_s 对液相负荷 L_s 标绘各种极限条件下的 $V-L$ 关系曲线,从而得到塔板的适宜气、液流量范围图形,该图形称为塔板的负荷性能图。

负荷性能图对检验塔的设计是否合理、了解塔的操作状况以及改进塔板操作性能都具有一定的指导意义。

图 6-31 所示为负荷性能图,主要有以下曲线组成。

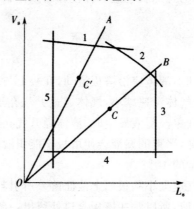

图 6-31　塔板的负荷性能图

①雾沫夹带线。线 1 为雾沫夹带线。当气相负荷超过此线时,雾沫夹带量将过大,使板效率严重下降,塔板适宜操作区应在雾沫夹带线以下。

②液泛线。线 2 为液泛线。塔板的适宜操作区应在此线以下,否则将会发生液泛现象,使塔不能正常操作。

③液相负荷上限线。线 3 为液相负荷上限线,该线又称降液管超负荷线。液体流量超过此线,表明液体流量过大,液体在降液管内停留时间过短,进入降液管中的气泡来不及与液相分离而被带入下层塔板,造成气相返混,降低塔板效率。

④漏液线。线 4 为漏液线,该线即为气相负荷下限线。气相负荷低于此线将发生严重的漏液现象,气、液不能充分接触,使板效率下降。

⑤液相负荷下限线。线 5 为液相负荷下限线。液相负荷低于此线使塔板上液流不能均匀分布,导致板效率下降。

诸线所包围的区域,便是塔的适宜操作范围。

操作时的气相流量 V_s 与液相流量 L_s 在负荷性能图上的坐标点称为操作点。在连续精馏塔中,回流比为定值,板上的 V_s/L_s 也为定值。因此,每层塔板上的操作点是沿通过原点、斜率

为 V_s/L_s 的直线而变化,该直线称为操作线。

操作线与负荷性能图上曲线的两个交点分别表示塔的上下操作极限,两极限的气体流量之比称为塔板的操作弹性。操作弹性大,说明塔适应变动负荷的能力强,操作性能好。同一层塔板,若操作的液气比不同,控制负荷上下限的因素也不同。如 OA 线的液气比下操作,上限为雾沫夹带控制,下限为液相负荷下限控制;在 OB 线的液气比下操作,上限为液泛控制,下限为漏液控制。

操作点位于操作区内的适中位置,可望获得稳定良好的操作效果,如果操作点紧靠某一条边界线,则当负荷稍有波动时,便会使塔的正常操作受到破坏。显然,图中操作点 C 优于点 C'。

物系一定时,负荷性能图中各条线的相对位置随塔板结构尺寸而变。因此,在设计塔板时,根据操作点在负荷性能图中的位置,适当调整塔板结构参数,以改进负荷性能图,满足所需的弹性范围。

应予指出,各层塔板上的操作条件、物料组成及性质均有所不同,因而各层板上的气、液负荷不同,表明各层塔板操作范围的负荷性能图也有差异。设计计算中在考察塔的操作性能时,应以最不利情况下的塔板进行验算。

3. 板式塔的流体力学性能

板式塔能否正常操作,与气、液两相在塔板上的流动状况密切相关,塔内气、液两相的流动状况即为板式塔的流体力学性能。

(1)塔板上气液两相的接触状态

塔板上气、液两相的接触状态是决定两相流体力学、传热及传质特性的重要因素。研究发现,当液相流量一定时,随着气速的提高,塔板上可能出现 4 种不同的接触状态,即鼓泡状、蜂窝状、泡沫状及喷射状。其中,泡沫状和喷射状均是优良的塔板工作状态。从减小液沫夹带考虑,大多数塔都控制在泡沫接触状态下操作。

(2)塔板压降

上升的气流通过塔板时需要克服几种阻力:塔板本身的干板阻力(即板上各部件所造成的局部阻力)、板上充气液层的静压力和液体的表面张力。气体通过塔板时克服这 3 部分阻力就形成了该板的总压力降。

气体通过塔板时的压力降是影响板式塔操作特性的重要因素,因气体通过各层塔板的压力降直接影响到塔底的操作压力。特别对真空精馏,塔板压降成为主要性能指标,因塔板压降增大,导致釜压升高,便失去了真空操作的特点。

然而从另一方面分析,对精馏过程,若使干板压降增大,一般可使板效率提高;若使板上液层适当增厚,则气液传质时间增长,显然效率也会提高。因此,进行塔板设计时,应全面考虑各种影响塔板效率的因素,在保证较高板效率的前提下,力求减小塔板压降,以降低能耗及改善塔的操作性能。

(3)液面落差

当液体横向流过板面时,为克服板面的摩擦阻力和板上部件的局部阻力,需要一定液位差,则在板面上形成液面落差,以 Δ 表示。液层厚度的不均匀将引起气、液的不均匀分布,从而造成漏液,使塔板效率严重降低。

液面落差除与塔板结构有关外,还与塔径和液体流量有关,当塔径或液体流量很大时,也会造成较大的液面落差。对于大塔径的情况,可采用双溢流、阶梯流等溢流形式来减小液面落差;此外,还可考虑采用将塔板向液体出口侧倾斜的方法使液面落差减小。对浮阀塔和筛板塔,在塔径不大时常可忽略液面落差。

6.5.3 气体通过塔板的流体力学计算

板上气、液两相的流动情况直接影响塔板的操作性能。正常操作时液体从上降液管流入塔板上(见图 6-32)。降液管与板上第一列开孔间有一小段未开孔的区域 AB 称为安定区。从B 到 C,板上开孔,这个区间称为有效的鼓泡区,鼓泡区内板上充满着泡沫层。CD 区间不开孔,亦称安定区。此区内不再鼓泡,至 D 处时液体已接近清液,仅仅夹带少量气泡越过溢流堰顶,流入降液管,在降液管中,液体所夹带的气泡不断逸出。

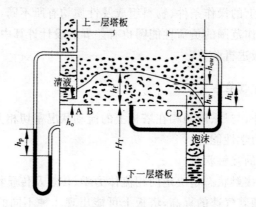

图 6-32 筛板上气、液流动示意图

塔的流体力学计算就是根据工艺要求设计塔板,或者通过计算,了解正常的气、液负荷下塔板能否工作。

1.塔径的计算

精馏塔的塔径可由塔内上升蒸气的体积流量及其通过塔截面的空塔气速求得,即

$$D = \sqrt{\frac{4V_s}{\pi u}}$$

式中,D 为塔内径,m;u 为空塔气速,m/s;V_s 为塔内上升蒸汽的体积流量,m³/s。

计算塔径的关键是计算空塔气速 u。

当液滴受到的重力减浮力大于曳力时,液滴下落;如果曳力大于重力减浮力,则液滴会被气流悬浮或带走。根据液滴所受力的平衡可以导出计算沉降速度的关系式:

$$u_t = \left(\frac{4d_p(\rho_L - \rho_V)g}{3\xi\rho_V}\right)^{\frac{1}{2}} = \beta\sqrt{\frac{\rho_L - \rho_V}{\rho_V}} \tag{6-40}$$

$$\beta = \sqrt{\frac{4d_p g}{3\xi}}$$

式中：u_t 为沉降速度，m/s；d_p 为液滴直径，m；ρ_V 为气体密度，kg/m³；ρ_L 为液体密度，kg/m³；ξ 为阻力系数。

在塔板间悬浮液滴的受力情况与以上分析的粒子受力情况相同。由于板上液滴是大小不同的液滴群，气流从板上喷出的喷溅作用又给予液滴以大小不同的向上的初速度，而气体流动状况又十分复杂，所以塔板上液滴的沉降速度不能按上述简单关系计算。但是按沉降机理分析，可以认为计算液泛速度 u_f 的公式也应具有与式（6—40）相似的形式，即

$$u_f = c \sqrt{\frac{\rho_L - \rho_V}{\rho_V}} \qquad (6-41)$$

式中：c 为气相负荷因子，m/s。

c 值与塔板上操作条件，气、液负荷和物性以及板结构有关，目前只能用实验来确定。

8 个筛板塔、3 个浮阀塔和 5 个泡罩塔在满负荷或接近泛点时具有相同的泛点参数，可用同一泛点关联式来表达。图 6-33 中曲线上所示的参数 $H_T - h_L$ 为沉降高度，h_L 为板上清液层高度，其值为堰高 h_w 与堰上液头高 h_{ow} 之和：

$$h_L = h_w + h_{ow}$$

在估算塔径时，h_L 的经验值可在 $50 \sim 100$ mm 选取。H_T 为板间距，根据经验，小塔 H_T 为 $0.2 \sim 0.4$ m，大塔 H_T 为 $0.4 \sim 0.6$ m。

实验还指出，同一塔中具有同样液沫夹带量时的气速与液体的表面张力有关，它们之间的关系为

$$\frac{u_1}{u_2} = \frac{c_1}{c_2} = \left(\frac{\rho_1}{\rho_2}\right)^{0.2} \qquad (6-42)$$

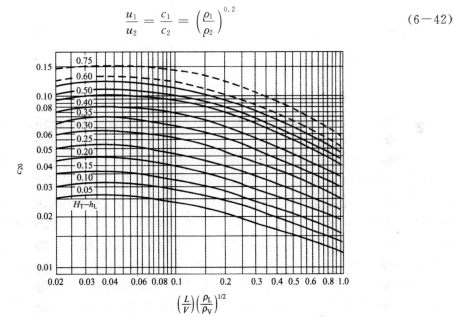

图 6-33 初选塔径用的算图

图 6-33 是按液体的表面张力为 0.02 N/m，即 20 dyn/cm 得到的关系曲线，所以图中纵坐标用符号 c_{20} 表示。当表面张力为其他值时，c 值应按下式进行校正：

$$\frac{c_{20}}{c} = \left(\frac{0.02}{\sigma}\right)^{0.2} \tag{6-43}$$

计算泛点气速方法如下：先根据图 6-33 求出 c_{20}，然后求出负荷因子 c，再求泛点气速 u_f。

塔的适宜操作气速应比泛点气速低。操作气速与泛点气速之比称为液泛分率。有许多因素影响适宜气速的选取。根据经验，适宜气速 u_{op} 为

$$u_{op} = (0.6 - 0.8)u_f \tag{6-44}$$

选定气速后，即可估算塔径 D：

$$D = \sqrt{\frac{V_s}{0.785u_{op}}} \tag{6-45}$$

式中：V_s 为气相体积流量，m^3/s。

2.塔板压降

气体通过塔板的压降是气体通过塔板流体力学的重要操作参数。压降的变化可以反映塔板操作状态的改变，压降大小对于液泛的出现有直接影响。

以筛板塔为例，气体通过塔板的压力降随气速变化的关系如图 6-34 所示。

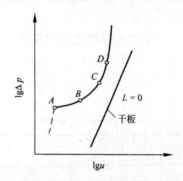

图 6-34　气体通过塔板的压力降随气速变化

当塔板上没有液体，压降与气速的平方成正比，如图 6-34 中斜率为 2 的直线。对于一定的液体负荷下操作的塔板（$L>0$），压降的变化可分为几个阶段：①A 点以前的虚线，塔板处于漏液状态，板上没有液层，压降很少。在 A 点开始建立液层，A 点称液封点。②AB 阶段，塔板处于鼓泡操作状态，压降随气速变化不大。在这个阶段气体通过部分筛孔鼓泡，仍有部分筛孔漏液。随着气速增加，气体通过筛孔的数目不断增加，但气体通过筛孔的速度变化并不大，所以塔板压降也基本保持不变。气体达到 B 点以后，液体基本停止泄漏，全部筛孔开始通气，B 点称为漏点。③BC 阶段，塔板处于泡沫操作状态，压降随气速增加逐渐上升。由鼓泡接触变为泡沫接触，塔板上液体存留量下降，压降上升的斜率不大。④CD 阶段，塔板处于喷射状态，压降几乎随气速的平方增加。D 点以后发生液泛，压降垂直上升，塔的操作被破坏。

气体通过塔板的压降是由两方面原因所引起的：一为气体通过板上各部件的局部阻力，二为气体通过泡沫液层时的阻力。气体流过塔板时的压降习惯上常折合成塔内液体的液柱高度表示，一般都用半经验公式计算，其值随板型不同而异，下面以筛板为例说明。

气体通过一层筛板的总压降 h_p 为干板压降 h_d 与液层压降 h_1 之和：

$$h_p = h_d + h_1 \tag{6-46}$$

式中：h_p 为与气体通过一块塔板的压降相当的液柱高度，m；h_d 为与气体通过一块干板的压降相当的液柱高度，m；h_1 为与气体通过液层的压降相当的液柱高度，m。

①气体通过干板的压降 h_d

气体通过干筛板时与通过孔板的情况类似，故采用下式计算：

$$h_d = \frac{1}{2g} \frac{\rho_V}{\rho_L} \left(\frac{\mu_0}{c_0}\right)^2 \tag{6-47}$$

式中：ρ_V，ρ_L 分别为气体、液体的密度，kg/m³；μ_0 为气体通过筛孔的气速，m/s；c_0 为孔流系数，其值可根据 $\dfrac{d_0}{\delta}$ 从图 6-35 可知。

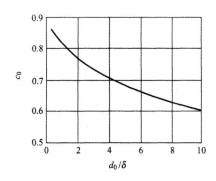

图 6-35　干筛孔的孔流系数

②气体通过泡沫液层的压降 h_1

气体通过筛板上液层的压降由以下 3 个原因引起：克服泡沫液层静压力，克服液体表面张力和克服通过泡沫液层的阻力。其中克服板上泡沫液层的静压力占主要部分。

气体通过筛板塔上液层的压降与通过筛孔的气相动能因数 F_0（$F_0 = u_0 (\rho_V)^{0.5}$）以及板上清液层高度 h_L（$h_L = h_w + h_{ow}$）有关。通过实验得出图 6-36 所示的结果。已知由 F_0 横坐标 h_L 即可求出液层阻力 h_{ow}。

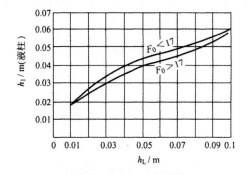

图 6-36　液层有效阻力图

为了便于计算，将液层有效阻力图中的曲线进行了回归，得到以下方程：

当 $F_0 < 17$ 时

$$h_1 = 0.005352 + 1.4776h_L - 18.6h_L^2 + 93.54h_L^3 \qquad (6-48)$$

当 $F_0 > 17$ 时

$$h_1 = 0.006675 + 1.2419h_L - 15.64h_L^2 + 83.45h_L^3 \qquad (6-49)$$

3. 堰及堰上液头高的计算

对于平堰,堰上液头高 h_{ow} 可用弗朗西斯(Francis)公式计算:

$$h_{ow} = 2.84/1000E(L_h/l_w)^{(2/3)} \qquad (6-50)$$

式中,h_{ow} 为堰上液头高,m;l_w 为堰长,m;L_h 为液体体积流量,m^3/h;E 为液流收缩系数,一般情况下 E 可取为1。

当平堰上液头高 $h_{ow} < 6$ mm 时,堰上溢流会不稳定,需改为齿形堰,用齿形堰时的计算公式可参看有关手册。

4. 液面落差

当液体横向流过塔板时,为了克服板上的摩擦阻力和克服绕过板上的部件等障碍物的形体阻力,需要一定的液位差(见图 6-37)。在液体入口处板面上液层高,在液体出口处液层低,因此造成液层阻力的差异,导致气体分布不均。在液体入口处气体流量小,在液体出口处气体流量大,将使塔板效率降低。为使气体分布均匀,一般要求将板上的液面落差控制在小于板压降的一半。

塔板上液面落差的大小与塔板的结构型式、塔径、液流量等多种因素有关。

筛板塔上没有突起的气液接触元件,液流的阻力小,其液面落差小,通常可以忽略不计。只有在液体流道很长的大塔和液体流量很大时,才需考虑液面落差的影响,筛板上的液面落差可用下述经验式计算:

$$\Delta = \frac{0.215(250b + 1000h_f)^2 u_L(3600L_s)Z}{(1000h_f)^3 \rho_L} \qquad (6-51)$$

式中:Δ 为液面落差,m;b 为平均液流宽度,m,对单溢流取塔径与堰长的平均值 $b = \dfrac{D + l_w}{2}$;h_f 为塔板上泡沫层高度,m,$h_f = 2.5h_L$;L_s 为液体体积流量,m^3/s;Z 为液体流道长度,m;u_L ——液体的粘度,$mPa \cdot s$。

其他塔板的液面落差计算方法与筛板塔不同。

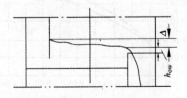

图 6-37　液面落差图

5. 降液管内的液面高度及降液管的液泛条件

对降液管的要求有两个:一是液体能顺利地逐板往下流动;二是被液体带进降液管的气泡

能在降液管中分离,避免液体将气泡带入下一层塔板,因此降液管需有一定大小,过小容易引起气泡夹带与液泛,太大则浪费塔的有用截面。

为了保证操作需要的一定量液体从降液管中流到下一块塔板,降液管内清液层必须保持一定的高度(见图 6-38)。

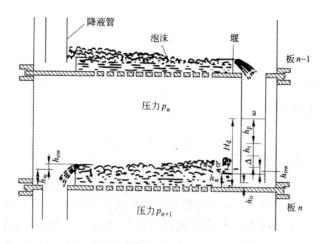

图 6-38　筛板塔操作图

根据伯努利方程,取截面 a 为上游截面,截面 b 为下游截面,忽略速度头,则可求出溢流管内清液层高 H_d:

$$H_d = h_w + h_{ow} + \Delta + h_r + h_p h_w + h_{ow} + \Delta + h_r + h_p \tag{6-52}$$

式中各项均以清液柱高表示。h_w,h_{ow} 的意义同前;h_p 表示与气体通过一块塔板的压降相当的液柱高度(m);h_r 表示与液体通过降液管的压降相当的液柱高度(m),主要是通过降液管底隙和流经进口堰的局部阻力两项之和:

$$h_r = h_{r1} + h_{r2} \tag{6-53}$$

$$h_{r1} = 0.153(L_s/l_w h_o)^2 \tag{6-54}$$

$$h_{r2} = 0.1\left(\frac{L_s}{A_0}\right)^2 \tag{6-55}$$

式中:h_{r1} ——与流体流经降液管底隙的压降相当的液柱高度,m;h_{r2} ——与流体流经进口堰的压降相当的液柱高度,m;h_o ——降液管底部与塔板间的缝隙高度,m;A_0 ——液体流经进口堰时的最窄面积,m^2。

h_o 的值由设计者根据工艺情况确定,一般取比出口堰高 h_w 低 10~20 mm。

有时塔板上不设进口堰。实际上,在降液管内不是清液,而是泡沫液,因此为了防止液泛,降液管的总高 $H_T + h_w$ 应大于管内泡沫层高度,即

$$H_T + h_w \geqslant \frac{H_d}{\varphi} \tag{6-56}$$

式中,φ 为泡沫液的相对密度,一般取 0.5,易起泡的物系为 0.3~0.4,难起泡的物系为 0.6~0.7。

第 7 章　其他传质分离方法

7.1　液液萃取

7.1.1　液液萃取基本概念

液液萃取,又称溶剂萃取,简称萃取,在某些行业常称为抽提,是一种应用广泛、发展迅速的分离液体混合物的单元操作。

萃取操作有多种分类方法。根据被分离混合物的形态,可分为液液萃取和固液萃取。根据萃取过程中是否发生化学反应,可分为物理萃取和化学萃取。根据原料中可溶组分的数目,可分为单组分萃取和多组分萃取。根据萃取剂所提取物质的性质,可分为有机萃取和无机萃取两类。稀有金属和有色金属的分离和富集、无机酸的提取过程属于无机物的萃取,而用苯脱除煤焦油的酚、以液态 SO_2 为溶剂提取煤焦中的芳烃则为有机物的萃取。

1.萃取的基本过程

萃取操作的基本过程如图 7-1 所示。

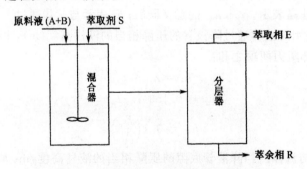

图 7-1　萃取操作基本过程示意图

原料液由溶质 A 和原溶剂 B 组成,为使 A 与 B 尽可能地分离完全,向其中加入萃取剂 S。萃取剂 S 应与原溶剂 B 不互溶或互溶度很小,此处 S 的密度小于 B 的密度,极性比溶剂 B 更接近于溶质 A,因而对 A 的溶解能力大于 B。将它们充分搅拌混合,此时溶质 A 会沿 B 与 S 的两相界面,由 B 扩散入 S。待扩散完成后,将三元混合物转入分层器,由于萃取剂 S 与原溶剂 B 不互溶或互溶度很小,且密度不同,经静置后,三元混合物分为两层,上层以萃取剂 S 为主,并溶解有较多的溶质 A,称之为萃取相 E;下层以原溶剂 B 为主,并含有少量未萃取完全的溶质 A,称之为萃余相 R。

图中所示的萃取操作过程,只包含一次混合、传质和一次静止分层,在化工操作过程称之为单级萃取,在该萃取过程中萃取剂 S 与原溶剂 B 完全不互溶是一种理想情况。现实中,S 与 B 总会有部分互溶,因此会导致静置分层后,萃取相中含有部分原溶剂 B,萃余相中也含有部分萃取剂 S。此时,若要进一步将萃余相中的溶质 A 萃取完全,则需要重复进行多次萃取。同时,原料液中往往会含有多种溶质,除溶质 A 外其他都为杂质,这些杂质在萃取过程中,也可能会扩散到萃取相中,在这种情况下,要将溶质 A 分离完全,往往要经过连续多次反复萃取的过程,形成多个串联的理论级,称为多级萃取。

2. 萃取的适用场合

①混合液组分间沸点接近、相对挥发度接近 1 或者形成恒沸物,用一般蒸馏方法不能分离或经济上不合理,应考虑采用萃取方法。

②溶质在混合液中的含量很低且为难挥发组分。若采用精馏方法则须消耗大量的热能,经济上不合算,应考虑改用萃取方法。

③有热敏性组分的混合液。这种物料采用常压蒸馏不适宜,采用真空精馏在经济上不合算,而采用萃取方法可在常温下操作,避免物料受热破坏。

3. 萃取操作的特点

①外界加入萃取剂建立两相体系,萃取剂与原料液只能部分互溶,完全不互溶为理想选择。

②萃取是一个过渡性操作,E 相和 R 相脱溶剂后才能得到富集 A 或 B 组分的产品。

③常温操作,适合于热敏性物系分离,并且显示出节能优势。

④三元甚至多元物系的相平衡关系更为复杂,根据组分 B、S 的互溶度采用多种方法描述相平衡关系,其中三角形相图在萃取中应用比较普遍。

4. 萃取过程中的几个常用名词

(1)分配系数

在一定温度下,溶质组分 A 在平衡的 E 相与 R 相中的质量分率之比称为分配系数,以 k_A 表示,即

$$k_A = \frac{y_A}{x_A} \tag{7-1}$$

同样,对于组分 B 也可以写出相应的分配系数表达式,即

$$k_B = \frac{y_B}{x_B} \tag{7-2}$$

式中,y_A、y_B——分别为组分 A、B 在萃取相 E 中的质量分率;x_A、x_B——分别为组分 A、B 在萃余相 R 中的质量分率。

分配系数表达了某一组分在两个平衡液相中的分配关系。显然,k_A 值越大,萃取分离的效果越好。

(2)相比

指在萃取体系中,萃取相与萃余相的体积之比,用 R 表示

$$R = \frac{V_E}{V_R} \qquad\qquad (7-3)$$

式中，V_E——萃取相体积，m^3/s；V_R——萃余相体积，m^3/s。

相比只是一个实验室中用的概念，在工业设计、计算和生产中，常用两相流比表示。即

$$流比 = G/L$$

式中，G——萃取相流量，m^3/s；L——萃余相流量，m^3/s。

7.1.2 液液相平衡

在溶质 A、原溶剂 B 和萃取剂 S 三元体系中，若原溶剂 B 与萃取剂 S 在操作的范围内相互溶解的能力非常小，以致可以忽略，达到平衡后，萃取相中只含有萃取剂 S 和大部分的溶质 A 两个组分，萃余相中只含有原溶剂 S 和少部分的溶质 A 两个组分. 此时的相平衡关系类似于吸收中的溶解度曲线，可在直角坐标上标绘。但现实中 B 与 S 存在的部分互溶情况，往往不能被忽略，平衡后，萃取相与萃余相中都含有三个组分，此时的相平衡关系，在化工研究、设计与生产过程中，常用三角形相图表示，在一些较为简单的情况下，特别是在三元体系中原溶剂与萃取剂的相溶性可以忽略不计时，直角坐标相图相对要直观和方便得多，因此也会用到直角坐标表示的相图。

1. 三角形相图

化工过程中的三角形相图经常使用等边三角形和等腰直角三角形两种。等边三角形在运用中，易于将基本原理表述清楚；等腰直角三角形可用普通的直角坐标纸勾画，使用上较为方便。

（1）等边三角形相图表示法

三元组成的等边三角形相图如图 7-2。三角形的三个顶点 A、B 和 S 分别表示纯溶质 A、纯原溶剂 B 和纯萃取剂 S。三角形任何一边上的点均表示某个二元混合物，例如图中的 C 点代表仅含 A 和 B 的一个混合物，其中 B 所占的质量分率为 0.6，A 的质量分率为 0.4。三角形内部的任何一点都代表一个三元混合物，如图中的 D 点。当用三角形的高来表示组成时，通过 D 点向三角形各边做垂直线，分别交各边于 E、F、G 点，各点垂线的长度则分别代表了该混合物中各组分的质量分率，即 $\overline{DE}$、$\overline{DF}$、$\overline{DG}$ 分别代表了 A、B 和 S 的质量分率，即 $x_A = \overline{DE} = 0.4$，$x_B = \overline{DF} = 0.4$，$x_S = \overline{DG} = 0.2$。三组分质量分率之和等于 1。

（2）等腰直角三角形相图表示法

等腰直角三角形的表示方法与等边三角形的表示方法基本相同（图 7-3），但其三角形内任意一点向各边做垂线，这些垂线的长度之和不等于该三角形高，因此这些垂线的长度不代表该点组成。三角形内任一点 M 的组成表示方法为：过 M 点做各边的平行线 FG、DE 和 HJ，如图所示，由上述三条平行线分别与三角形边线的交点可读出该混合物中任一组分的含量。如本图中 M 点的组成为：组分 A 的质量分率 $x_A = \overline{ES} = 0.6$，组分 B 的质量分率 $x_B = \overline{AJ} = 0.2$，组分 S 的质量分率 $x_S = \overline{BF} = 0.2$。

2. 溶解度曲线

若以字母 E 和 R 分别表示平衡的两个相，则在一定温度下改变混合物的组成可以由实验

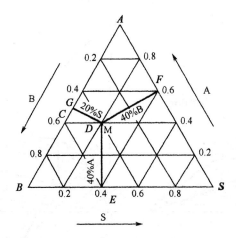

图 7-2　三元组成的等边三角形相图

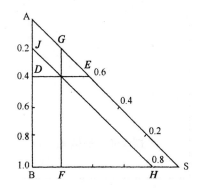

图 7-3　组成在等腰直角三角形相图上的表示方法

测得一组平衡数据,在图 7-4 中分别以点 E_1 和 R_1、E_2 和 R_2、……表示,连接这些点成一平滑曲线,称为溶解度曲线。该曲线下所围成的区域为两相区,以外为均相区。线段 $\overline{E_1R_1}$、$\overline{E_2R_2}$、…称为联结线;在溶解度曲线上的点 K,联结线变成一个点,即 E 相和 R 相合为一个相,称此点 K 为临界混溶点。溶解度曲线随温度不同而变化,一般温度升高,两相区相应缩小。

在图 7-4 中,分别以线段 $\overline{E_1R_1}$、$\overline{E_2R_2}$、…为一边作三角形,图 7-4(a)使三角形的另两边分别平行于边 AB 和 BS;图 7-4(b)则平行边 AB 和 AS,由此得到相应的顶点 C_1、C_2、…,连接这些点所成的光滑曲线即为辅助曲线。利用辅助曲线可以对任意组成的混合物 M 求得平衡的两个相 E 和 R,即过点 M 作直线 RE,点 R 和 E 的位置应使按上法所组成的三角形的顶点 C 正好落在辅助线 E。

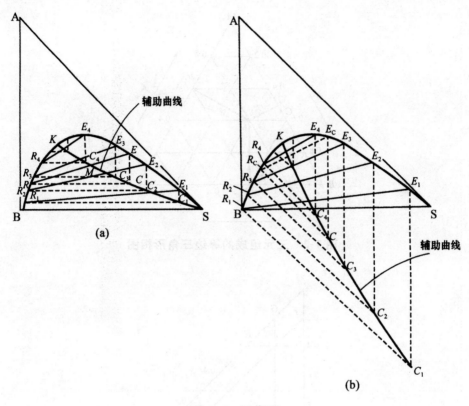

图 7-4　平衡图

3.分配曲线

分配系数表达了某一组分在两个平衡液相中的分配关系。显然，k_A 值愈大，萃取分离的效果愈好。k_A 值与联结线的斜率有关。不同物系具有不同的分配系数 k_A 值；同一物系，k_A 值随温度而变，在恒定温度下，k_A 值随溶质 A 的组成而变。只有在一定溶质 A 的组成范围内温度变化不大或恒温条件下的 k_A 值才可近似视做常数。

在操作条件下，若萃取剂 S 与稀释剂 B 互不相溶，且以质量比表示相组成的分配系数为常数时有：

$$Y = KX \qquad\qquad (7-4)$$

式中，Y——萃取相中溶质 A 的质量比组成；X——萃余相中溶质 A 的质量比组成；K——以质量比表示相组成的分配系数。

溶质 A 在三元物系互成平衡的两个液层中的组成，也可像蒸馏和吸收一样，在 $x-y$ 直角坐标图中用曲线表示。以萃余相 R 中溶质 A 的组成 x_A 为横坐标，以萃取相 E 中溶质 A 的组成 y_A 为纵坐标，互成平衡的 E 相和 R 相中组分 A 的组成在直角坐标图上以 N 点表示，如图 7-5 所示。若将诸联结线两端点相对应组分 A 的组成均标于 $x-y$ 图上，得到曲线 ONP，称为分配曲线。图示条件下，在分层区组成范围内，E 相内溶质 A 的组成 y_A 均大于 R 相内溶质 A 的组成，即分配系数 $k_A > 1$，故分配曲线位于 $y=x$ 线上侧。若随溶质 A 组成而变化，联结线发生倾斜,方向改变,则分配曲线将与对角线出现交点。这种物系称为等溶度体系。

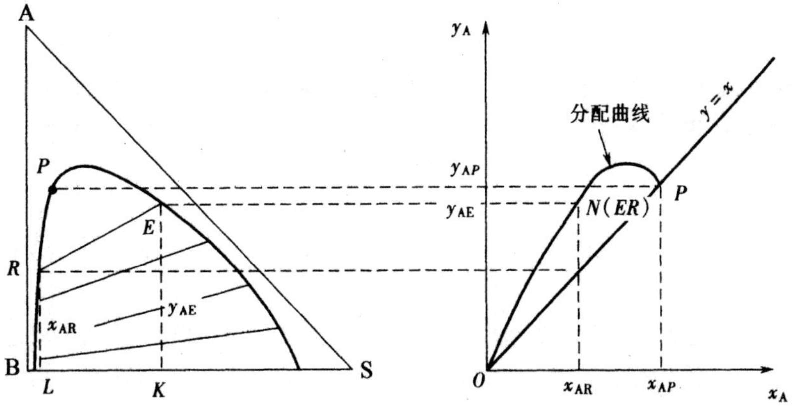

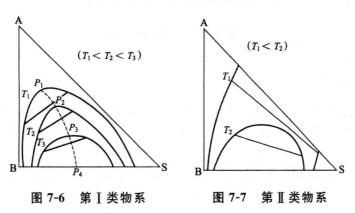

图 7-5　一对组分部分互溶的分配曲线

由于分配曲线表达了萃取操作中互成平衡的两个液层 E 相与 R 相中溶质 A 的分配关系,故也可以利用分配曲线求得三角形相图中的任一联结线 ER。

4.温度对相平衡关系的影响

由于温度会影响物系的互溶度,所以在三角形相图上的两相区面积的大小除了与物系性质有关外,还与操作温度有关。通常,物系的温度升高,溶质在溶剂中的溶解度加大。温度明显地影响溶解度曲线的形状、连接线的斜率和两相区面积,从而也影响分配曲线形状和分配系数值。

图 7-6 表示了一对组分部分互溶物系在 T_1、T_2 及 T_3($T_1 < T_2 < T_3$)三个温度下的溶解度曲线和连接线。一般来说,温度升高,萃取剂 S 与稀释剂 B 的互溶度增大,两相区面积缩小,对萃取操作不利。但温度降低会引起液体黏度增大,界面张力增加,扩散系数减小,不利传质。因此,在确定萃取温度时应对利弊加以分析,作出合理的选择。

图 7-6　第Ⅰ类物系　　　图 7-7　第Ⅱ类物系

图 7-7 表明,温度变化时,不仅分层区面积和连接线斜率改变,而且还可能引起物系类型

的改变。如在 T_1 温度时为第Ⅱ类物系,当温度升高至 T_2 时变为第Ⅰ类物系。

5.杠杆规则

杠杆规则包括两条内容,如图 7-8 所示,在某一组成点为 U 的溶液中,加入另一组成点为 V 的溶液,则代表所得混合物组成的点 Z 必落在直线 UV 上,且点 Z 的位置按比例式确定,即

$$\frac{\overline{ZU}}{\overline{ZV}} = \frac{m_V}{m_U} \tag{7-5}$$

式中：m_U、m_V ——混合液中 U 及 V 的量,kg；$\overline{ZU}$、$\overline{ZV}$ ——线段 $\overline{ZU}$、$\overline{ZV}$ 的长度,二者单位相同。

若液体 U 的量越大,则点 Z 就越靠近图中的 J 点 U。杠杆规则可用来阐述萃取过程中,加入萃取剂后,混合液的变化规律。例如,将原料液(A+B)和萃取剂 S 混合后,组成的新混合体系在三角形相图中,以 AB 边上的 F 代表原料液,以顶点 S 代表萃取剂,则新组成的混合液所代表的点,必位于连接点 F 与点 S 的直线上,如图 7-8 所示,而且点 P 的位置符合以下比例关系

$$\frac{\overline{PF}}{\overline{PS}} = \frac{m_S}{m_F} \tag{7-6}$$

当溶剂的量 S 逐渐加大时,点 P 在直线上的位置也逐渐向点 S 靠拢。至于混合液中 A 与 B 的比例关系则保持不变,与原料液的相同。

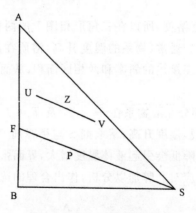

图 7-8 杠杆定律示例

6.萃取剂的选择

由于萃取剂和稀释剂部分互溶,作为萃取分离应该使溶质 A 在萃取剂中的溶解度尽可能大,同时使稀释剂在萃取剂中的溶解度尽可能小,这就是萃取剂的选择性,用选择性系数 β 表示：

$$\beta = \frac{k_A}{k_B} = \frac{\dfrac{y_A}{x_A}}{\dfrac{y_B}{x_B}} = \frac{\dfrac{y_A}{y_A}}{\dfrac{x_B}{x_B}} = \frac{\left(\dfrac{A}{B}\right)_E}{\left(\dfrac{A}{B}\right)_R} \tag{7-7}$$

选择性系数的定义相当于精馏中的相对挥发度。在萃取分离时,应选择合适的萃取剂使 β 的值较大;若 $\beta = 1$,表示 E 相中组分 A 和 B 的比值与 R 相中的相同,不能用萃取方法分离。

选择水为萃取剂虽然对溶质 A 的分配系数较小,但选择性系数较大,且价廉易得,因此是适宜的。

工业上所用的萃取剂一般都需要分离回收,因此,在选择萃取剂时既要考虑到萃取分离效果,又要使萃取剂的回收较为容易和经济。具体有:

(1)选择性

萃取剂应对溶质 A 的溶解度大而对稀释剂 B 的溶解度小,即萃取剂的选择性系数 β 要大,有利于传质分离。

(2)萃取相与萃余相的分离

萃取后形成的萃取相与萃余相是两个液相,要求萃取剂与稀释剂之间有较大的密度差,且二者之间的界面张力适中。界面张力过小,则分散后的液滴不易凝聚,对分层不利;界面张力过大,又不易形成细小的液滴,对两相间的传质不利。

(3)萃取剂的回收

萃取相与萃余相经分层后常用蒸馏方法脱除萃取剂以循环使用,因此,要求萃取剂 S 对其他组分的相对挥发度大,且不形成恒沸物。如果萃取剂的使用量较其他组分大,为了节省能耗,萃取剂应为难挥发组分。

除此之外,萃取剂还应满足一般的工业要求,如稳定性好、腐蚀性小、无毒及价廉易得等。

7.1.3　液液萃取过程的计算

1.单级萃取

单级萃取流程如图 7-9(a)所示,单级萃取可以进行连续操作或间歇操作。在单级萃取操作中,一般已知物系在操作条件下的相平衡数据、原料液 F 的量及其组成 x_F,同时规定萃余相要达到的组成为 x_R,要求计算溶剂用量、萃余相及萃取相的量以及萃取相组成。

单级萃取操作的图解计算参见图 7-9(b),先根据 x_F、x_R、y_0 在三角形相图上确定点 F、R 及 S 点,借助辅助曲线,过点 R 作连接线与溶解度曲线交于 E 点,该点为萃取相组成点,RE 线与 FS 线交点 M 点为混合液组成点。延长 ES 线和 RS 线,分别与 AB 线相交于图中的 E′点和 R′点,即为脱除全部溶剂后的萃取液及萃余液组成坐标点。各流股组成可直接从图上相应点读取。

图解法求各流股的质量是依照杠杆规则进行的。在三角形相图上确定了各流股的组成后,再根据杠杆规则,有:

$$S = F \times \frac{\overline{MF}}{\overline{MS}}$$

$$E = M \times \frac{\overline{RM}}{\overline{RE}}$$

$$R = M - E$$

$$E' = F \times \frac{\overline{R'F}}{\overline{R'E'}}$$

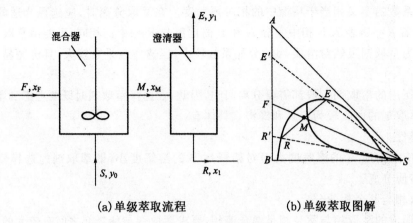

(a)单级萃取流程   (b)单级萃取图解

图 7-9 单级萃取

$$R' = F - E'$$

对总物料衡算得：

$$F + S = R + E = M \tag{7-8}$$

对溶质 A 的物料衡算得：

$$Fx_F + Sy_S = Rx_R + Ey_E = Mx_M \tag{7-9}$$

整理得：

$$S = F \times \frac{x_F - x_M}{x_M - x_S}$$

$$E = M \times \frac{x_M - x_R}{y_E - x_R}$$

$$E' = F \times \frac{x_F - x'_R}{y'_E - y'_R}$$

可按照不同的要求,对各流股作物料衡算,得到相应的计算式。

如图 7-10 所示,对于一定的原料液流量 F 和组成 x_F ,萃取剂用量越大,和点 M 越靠近 S 点,但不能超过溶解度线上的 E_c 点,对应 E_c 点的萃取剂用量为其最大用量 S_{max} 。当萃取剂用量为其最大用量时,所得萃余相组成和萃余液组成是操作条件下单级萃取所能达到的最低值 x_{min} 和 x'_{min} 小同样,萃取剂用量越小,和点 M 越靠近 F 点,但以溶解度线上的 R_c 点为限,对应 R_c 点的萃取剂用量为其最小用量 S_{min} 。因此,萃取剂用量必须小于其最大用量而大于其最小用量。

用量与最小用量在三角形相图上应用杠杆规则,可确定单级萃取获得最高组成萃取液所需的萃取剂用量。从 S 点作溶解度曲线的切线与 AB 边相交与 E'_{max} 点,其组成 y'_{max} 为单级萃取所能得到的最大萃取液组成。过切点 E_{max} 作平衡连接线 $E_{max}R$ 与 FS 线交于 M 点,运用杠杆规则可求得为获得最大萃取液组成所需的萃取剂用量。

2.多级错流萃取

为了步降低萃余相中溶质 A 的含量,可采用如图 7-11 的方法进行多级错流萃取。料液在

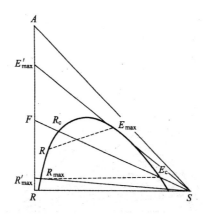

图 7-10　单级萃取的最大

第 1 级进行萃取后的萃余相 R1 继续在第 2 级用新鲜溶剂萃取,依次直到第 N 级的萃余相 R_N 的浓度符合要求为止。

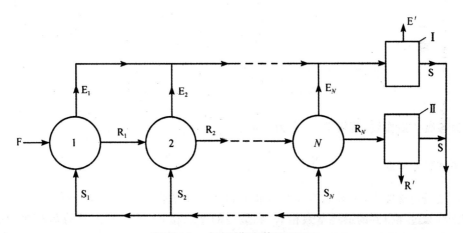

图 7-11　多级错流萃取流程

Ⅰ、Ⅱ均为溶剂回收设备

通常在工业生产中各级萃取器的尺寸相同,加入的溶剂量 $S_1 = S_2 = \cdots = S_N = S$,其图解如图 7-12 所示。

（Ⅰ）按第 1 级原料液及萃取剂的量和组成,确定第 1 级混合液的量和组成,得点 M_1；

（Ⅱ）过点 M_1 作联结线得经第 1 级萃取后的萃取相 E_1 和萃余相 R_1；

（Ⅲ）按第 2 级进料 R_1 及萃取剂的量和组成确定第 2 级混合液的量和组成,得点 M_2；

（Ⅳ）重复（Ⅱ）和（Ⅲ）的方法,直至第 N 级萃余相 R_N 的浓度符合要求。

此时对各级分别作物料衡算有

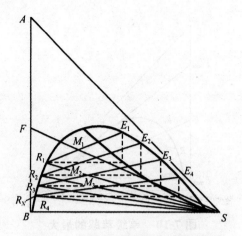

图 7-12　多级错流萃取的图解计算

$$\begin{cases} Y_1 = -\dfrac{B}{S}(X_1 - X_F) \\[2mm] Y_2 = -\dfrac{B}{S}(X_2 - X_1) \\[2mm] \quad\quad\quad ? \\[2mm] Y_N = -\dfrac{B}{S}(X_N - X_{N-1}) \end{cases} \tag{7-10}$$

上式即为各级的操作线,其斜率 $-\dfrac{B}{S}$ 为一常数。

3.多级逆流萃取

在多级逆流萃取中,萃取剂 S 和原料液 F 以相反的流向流过,流程如图 7-13 所示。通过多级逆流萃取过程得到的最终萃余相 R_n 和最终的萃取相 E_1 还含有少量的萃取剂 S,为了回收之并循环使用,可将 E_1 相及 E_1 相分别送入溶剂回收设备 N 中,经过回收 S 后,得到萃取液 E' 和萃余液 R'。

(1)在三角形相图上的逐级图解法

对于组分 B、S 部分互溶的物系,多级逆流萃取所需的理论级数常在三角形相图上用图解法计算。图解计算步骤示于图 7-13(b)。

根据工艺要求选择合适的萃取剂,确定适宜的操作条件,由平衡数据绘出溶解度曲线和辅助曲线。根据原料液和萃取剂的组成在图上定出 F 和 S 两点位置,再由溶剂比 F/S 在 FS 联结线上定出和点 M 的位置。由规定的最终萃余相组成 x_n 在图上确定 R 点,联结点 R_n 与 M 并延长 R_nM 线与溶解度曲线交于点 E_1,此点即为离开第一级的萃取相组成点。

利用杠杆规则计算最终萃取相和最终萃余相组成的流量,即

$$m_{E_1} = m_M \times \frac{\overline{MR_n}}{\overline{E_1R_n}}$$

$$m_{R_n} = m_M - m_{E_1}$$

利用平衡关系和物料衡算,用图解法求理论级数。在图 7-13(a)所示的第一级与第 n 级之

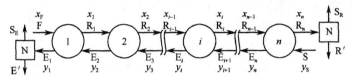

（a）流程示意图

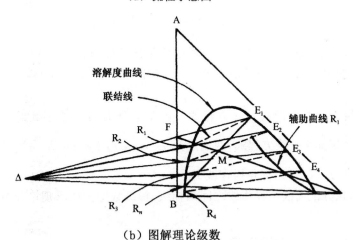

（b）图解理论级数

图 7-13　多级逆流接触萃取

间作总物料衡算得

$$m_F + m_S = m_{E_1} + m_{R_n}$$

对第 k 级做总物料衡算得

$$m_{R_{k-1}} + m_S = m_{R_k} + m_{E_k}$$

于是有

$$m_F - m_{E_1} = m_{R_1} - m_{E_2} = m_{R_2} - m_{E_3} = \cdots = m_{R_n} - m_S = \Delta \qquad (7-11)$$

此式表明离开任一级的萃余相 R_i 与进入该级的萃取相 E_{i+1} 之差为常数，以 Δ 表示。Δ 可视为通过每一级的"净流量"。点 Δ 为各操作线的共同点，称为操作点。显然，点 Δ 分别为 F 与 E_1、R_1 与 E_2、$\cdots$、R_n 与 S 诸流股的差点，故可任意延长两条操作线，其交点即为 Δ 点。通常由 FE_1，与 SR_n 的延长线交点来确定点 Δ 的位置。

需要指出，点 Δ 的位置与物系联结线的斜率、原料液的流量 F 和组成 x_F、萃取剂用量 S 及组成 y_S、最终萃余相组成 x_n 等参数有关，其位置由 $\dfrac{m_S}{m_F}$ 决定。点 Δ 在三角形左侧时，R 为和点；点 Δ 在三角形右侧时，E 为和点；当 $\dfrac{m_S}{m_F}$ 为某值时，使点 Δ 在无穷远，这时可视为各操作线互相平行。

交替地应用操作关系和平衡关系，便可求得所需的理论级数。

（2）组分 B、S 完全不互溶时理论级数的计算

当组分 B、S 完全不互溶时，多级逆流接触萃取操作过程与吸收过程相似，也可利用 $X-Y$ 坐标图进行图解计算理论级数，具体步骤如下：

①由平衡数据在 X－Y 坐标图上绘出分配曲线，如图 7-14(b)所示。

②在同一图上做出多级逆流萃取操作线

对图 7-14(a)中的 i 级与第一级之间作溶质 A 的衡算得：

$$m_B X_F + m_S Y_{i+1} = m_B X_i + m_S Y_1$$

或

$$Y_{i+1} = \frac{m_B}{m_S} X_i + \left(Y_1 - \frac{m_B}{m_S} X_F \right) \tag{7-12}$$

式中：Y_{i+1}——进入第 i 级萃取相中溶质的质量比组成，kgA/kgS；Y_1——离开第一级萃取相中溶质的质量比组成，kgA/kgS；X_i——离开第 i 级萃余相中溶质的质量比组成，kgA/kgB。

此式称为多级逆流萃取的操作线方程式。由于组分 B、S 完全不互溶，通过各级的斜率 ($\frac{m_B}{m_S}$) 为常数，因此该式为直线方程式，两端点为 $J(X_F , Y_1)$ 和 $D(X_n , Y_S)$。当 $Y_S = 0$ 时，则此操作线下端点为 $(X_n , 0)$，即得操作线 DJ。

从点 J 开始，在分配曲线与操作线之间画梯级，梯级数即为所求理论级数。图 7-14(b)中所示 $n = 3.4$。

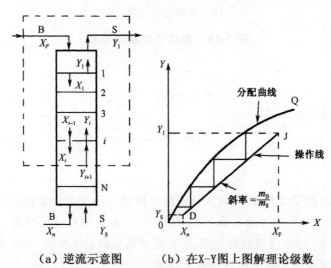

（a）逆流示意图　　（b）在X-Y图上图解理论级数

图 7-14　B、S 完全不互溶时的多级逆流萃取

(3)溶剂比和萃取剂最小用量

萃取操作中，溶剂比表示萃取剂用量对设备费和操作费的影响，和吸收操作中液气比 (L/V) 的作用相当。完成同样的分离任务，若加大溶剂比，则所需的理论级数就可以减少，但回收溶剂所消耗的能量增加，因而应经济权衡后选择适宜的溶剂比。

萃取剂的最小用量是指达到规定的分离要求，当所需的理论级数为无穷多时所对应的萃取剂用量 m_{Smin}。实际操作中，萃取剂用量必须大于此极限值。

在三角形相图中，当某一操作线和联结线重合时，所需的理论级数为无穷多，m_{Smin} 的值由杠杆规则求得。在直角坐标图上，当操作线与分配曲线相交时，类似于精馏中图解理论板层数时出现挟紧区一样,所需的理论级数为无穷多。对于组分 B、S 完全不互溶物系,用 δ 代表操作线斜率,即 $\delta = \dfrac{m_B}{m_S}$,随 m_S 值减小,δ 值加大,当操作线与分配曲线相交时,δ 值达最大值 $\delta_{\max}$,所需的理论级数为无穷多。萃取剂的最小用量用下式计算,即

$$m_{S\min} = \frac{m_B}{\delta_{\max}}$$

$$(7-13)$$

7.1.4　萃取设备

1.混合澄清器

混合澄清槽是一种典型的逐级接触式液液传质设备,其每一级包括混合器和澄清槽两部分如图 7-15 所示。实际生产中,混合澄清槽可以单级使用,也可以多级按逆流、并流或错流方式组合使用。

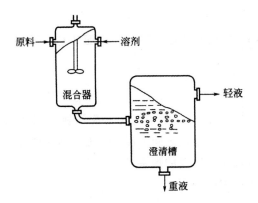

图 7-15　混合澄清槽

混合澄清槽的主要优点是传质效率高,操作方便,能处理含有固体悬浮物的物料。这种设备的主要缺点有:

①水平排列的多级混合澄清槽占地面积较大;

②每一级内均设有搅拌装置,流体在级间的流动一般需要用泵输送,因而设备费用和操作费用均较大。

2.填料萃取塔

图 7-16 所示为一重相连续、轻相分散、塔顶具有轻重相分界面的填料萃取塔。塔内充填的填料可以用拉西环、鲍尔环及鞍环型填料等气液传质设备中使用的各种填料。操作时,连续相充满整个塔中,分散相以滴状通过连续相,填料的作用除可以使液滴不断发生聚结与再破裂,以促进液滴的表面更新外,还可以减少轴向返混。为了减少壁流,填料尺寸应小于塔径的 $1/8 \sim 1/10$。填料支撑板的自由截面必须大于填料层的自由截面积。分散相入口的设计对分散相液滴的形成与在塔内的均匀分布起关键作用,分散相液滴宜直接通入填料层中,以免液滴在填料层入口处凝聚。

填料塔的优点是结构简单,造价低廉,操作方便,适合处理有腐蚀性的液体。但选用一般填料时传质效率低,理论级当量高度大。填料塔一般用于所需理论级数不多的场合。

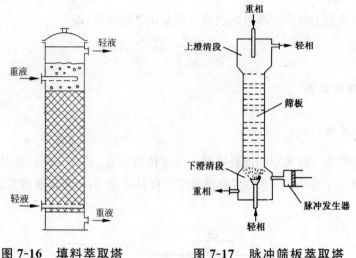

图 7-16　填料萃取塔　　　　图 7-17　脉冲筛板萃取塔

3.脉冲筛板萃取塔

脉冲筛板萃取塔如图 7-17 所示,其结构与无溢流筛板塔相似,轻重液同时经板上筛孔逆向穿流而过,进行传质。分散相在筛板之间不凝聚分层。脉冲可由往复泵在塔底造成。脉冲筛板塔的传质效率较高,且效率与脉动的振幅和频率有关。脉冲筛板塔的缺点是允许通过能力较小,限制了它在化工生产中的应用。

4.离心式萃取设备

离心式萃取设备借高速旋转所产生的离心力,使密度差很小的轻、重两相以很大的相对速度逆流接触,传质效率高。

(1)转筒式离心萃取器

这是一种分级式离心萃取器,其结构如图 7-18 所示。重相和轻相从下部的三通管并流进入混合室,在搅拌浆的剧烈搅拌下,两相充分混合并进行相际传质,然后共同进入高速旋转的转筒。在转筒中混合液在离心力作用下,重相被甩向转鼓外缘,而轻相被挤在转鼓的中心。分离的两相分别经轻、重相堰,流到轻、重相收集室,并经轻、重相排出口排出。这种离心萃取器的结构简单,效率高,易于控制,运行可靠。

(2)波德式离心萃取器

波德式离心萃取器简称 POD 离心萃取器,其结构如图 7-19 所示,在外壳内有一个由多孔的长带卷绕而成的螺旋形转子,重液由螺旋转子的中心引入,轻液则由螺旋的外圈进入。操作时由于离心力的作用,重液相由螺旋转子的中部向外圈流动,而轻液相由外圈向中部流动,两相在螺旋形通道中呈逆流密切接触传质,最后重液相从螺旋转子的最外圈经出口通道流出,轻液相从螺旋转子的中部经出口通道流出。

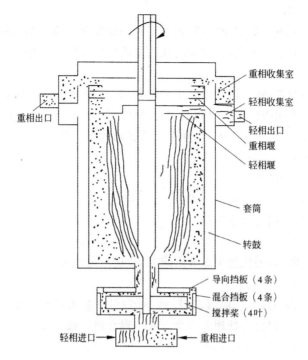

图 7-18　转筒式单级离心萃取器

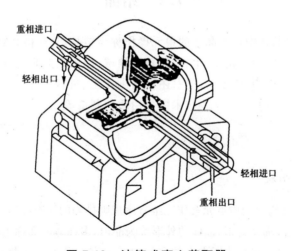

图 7-19　波德式离心萃取器

波德式离心萃取器结构复杂,制造困难,操作时能耗大,故目前主要用于两相密度差小、要求停留时间短、处理量不大的场合。

5.萃取设备的选用

萃取设备的类型甚多,为对具体的生产过程选择适宜的设备,其原则是首先应满足生产的工艺要求和条件,然后从经济的角度衡量,使成本趋于最低。

（1）所需的平衡级数

当所需的理论级数不多时，各种萃取设备均可满足要求。理论级数较多时，可以选用筛板塔。理论级数较多时可选用转盘塔、脉冲塔和往复筛板塔等输入机械能量的设备。

（2）物系的物性

有较强腐蚀性的物系，宜选用结构简单的填料塔、脉冲填料塔。对于放射性元素的提取，脉冲塔和混合澄清槽应用得较多。当物系含有固体悬浮物或会产生沉淀时，通常需要周期停工清洗，除混合澄清槽较为适用以外，往复筛板塔和脉冲塔具有一定的自清洗能力，也可考虑。填料塔和离心萃取机则不宜采用。

（3）液体在设备内的停留时间

当要求萃取时间短，如抗生素生产等，宜选用离心萃取机。相反，若要求萃取时间长，如伴有慢速反应的物系，则选用混合澄清槽。

（4）能源供应

在能源紧张的地区，必须优先考虑节电问题，故应尽可能采用重力流动设备。

（5）生产能力

对于中、小型生产能力，可选用填料塔、脉冲塔；对于较大的处理量，可选用转盘塔、筛板塔、往复筛板塔。离心萃取机的处理能力相当大。混合澄清槽则能达到很大的处理能力，也能适用于小型生产。

7.2 结晶

由蒸气、溶液或熔融物中析出晶体的单元操作称为结晶，是获得高纯度固体物质的基本单元操作。结晶技术广泛应用于化工、生物、制药等领域，如化肥工业中尿素的生产，以及医药行业中青霉素的生产等。近年来，结晶技术还在精细化工、材料工业及高新技术领域得到了应用，如材料工业中超细粉的生产、生物技术中蛋白质的制造等。

7.2.1 晶体

1.晶体的结构和形状

晶体是一种内部结构中的质点元素作三维有序规则排列的固态物质。如果晶体成长环境良好，则可形成有规则的多面体外形，晶体的外形称为晶习，多面体的面称为晶面，棱边称为晶棱。

构成晶体的微观粒子在晶体所占有的空间中按一定的几何规则排列，由此形成的最小单元称为晶格。晶体按其晶格结构可分为七个晶系，如图 7-20 所示。

（1）立方晶系：也称等轴晶系，$a = b = c$，$\alpha = \beta = \gamma = 90°$；

（2）四方晶系：$a = b \neq c$，$\alpha = \beta = \gamma = 90°$；

（3）六方晶系：$a_1 = a_2 = b \neq c$，$\alpha = \beta = 90°$，$\gamma = 120°$；

（4）立交晶系：$a \neq b \neq c$，$\alpha = \beta = \gamma = 90°$；

（5）单斜晶系：$a \neq b \neq c$，$\alpha = \gamma = 90° \neq \beta$；

（6）三斜晶系：$a \neq b \neq c$，$\alpha \neq \beta \neq \gamma \neq 90°$；

（7）三方晶系：也称菱面体晶系，$a = b = c$，$\alpha = \beta = \gamma \neq 90°$。

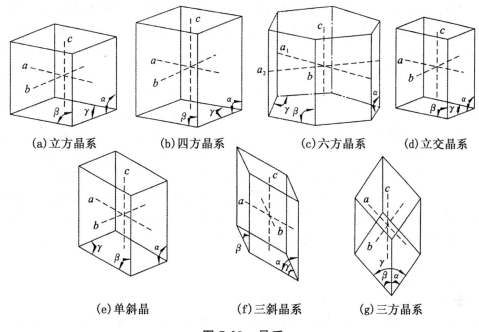

（a）立方晶系　　　（b）四方晶系　　　（c）六方晶系　　　（d）立交晶系

（e）单斜晶　　　　（f）三斜晶系　　　（g）三方晶系

图 7-20　晶系

同一种物质在不同的条件下可形成不同的晶系，可能是两种晶系的过渡体。如熔融的硝酸铵在冷却过程中可由立方晶系变成斜棱晶系、长方晶系等。

2.晶体的性质

晶体是内部结构中的原子、离子或分子作三维有序排列的固态物质。如果晶体成长环境良好，则可形成有规则的多面体外形，称为结晶多面体，其表面称为晶面。

晶体具有以下几个性质：

（1）自范性

自范性是指晶体自发地成长为结晶多面体的可能性，即晶体通常以平面作为与周围介质的分界面。在理想条件下，生长过程中的晶体保持几何上的相似。

（2）均匀性

均匀性是指晶体中每一宏观质点的物理性质、化学组成及晶格结构都相同。晶体的这种特性保证了工业晶体产品具有高的纯度。

（3）各向异性

各向异性是指晶体的几何特性及物理效应常随方向的不同而表现出数量上的差异。从结晶多面体中心到表面的距离，随方向的不同而不同。

3.溶液结晶方式

溶液结晶是指晶体从溶液中析出的过程。根据结晶过程过饱和度产生方法的不同，溶液结晶可分为冷却结晶、真空冷却结晶、蒸发结晶等不同类型。

冷却结晶是通过冷却降温使溶液变成过饱和的结晶法,用于溶解度随温度的降低而显著下降的物系。冷却结晶所得产品纯度较低,粒度分布不均,容易发生结块现象,并且设备所占空间大,容积生产能力较低。最简单的冷却结晶过程是将热的结晶溶液置于无搅拌的,有时甚至是敞口的结晶釜中,靠自然冷却而降温结晶。在某些生产量不大,对产品纯度及粒度要求又不严格的情况下,冷却结晶至今仍在应用。

真空冷却结晶是使溶剂在真空下闪蒸而使溶液绝热冷却的结晶法,适用于具有正溶解度特性而溶解度随温度的变化率中等的物系。真空冷却结晶过程是把热浓溶液送入绝热保温的密闭结晶器中,结晶器内维持较高的真空度,使溶液发生闪蒸而绝热冷却到与器内压力相对应的平衡温度。即通过蒸发浓缩及冷却两种效应来产生过饱和度。真空冷却结晶的主体设备结构相对简单,无换热面,操作比较稳定,不存在内表面严重结垢及结垢清理问题。

蒸发结晶是使溶液在常压或减压上蒸发浓缩而变成过饱和的结晶法,适用于溶解度随温度降低而变化不大或具有逆溶解度特性的物系。蒸发结晶器也常在减压下操作,采用减压的目的在于降低操作温度,增大传热温度差,并可组成多效蒸发装置。

4.其他结晶方法

生产中有时还采用许多其他结晶方法。

盐析结晶是在混合液中加入盐类或其他物质以降低溶质的溶解度,从而析出溶质的结晶操作。在盐析结晶过程中加入的物质称为盐析剂。盐析剂可以是液体、固体或气体。工业生产中在联碱法中以氯化钠作为盐析剂生产氯化铵。

熔融结晶是在接近析出物熔点温度下,从熔融液体中析出组成不同于原混合物的晶体的操作,是根据待分离物质之间的凝固点不同而实现物质结晶分离的过程。熔融结晶过程主要应用于有机物的分离提纯,而专门用于冶金材料精制或高分子材料加工的区域熔炼过程也属于熔融结晶。

升华是指物质不经过液态而直接从固态变成气态的过程,其逆过程则是气态物质直接凝结为固态的过程。升华结晶过程常常包括上述两步,因此用这种方法可以把一个升华组分从含其他不升华组分的混合物中分离出来。

冰析结晶过程一般采用冷却方法,其特点是使溶剂结晶,而不是溶质结晶。冰析结晶的应用实例有海水的脱盐制取淡水、水果汁的浓缩等。

喷射结晶类似于喷雾干燥过程,是将很浓的溶液中的溶质或熔融体固化的一种方式。此法所得固体并不一定能形成很好的晶体结构,固体形状很大程度上取决于喷射口的形状。

反应结晶是液相中因化学反应生成的产物以结晶或无定形物析出的过程。反应结晶过程产生过饱和度的方法是通过气体与液体之间的化学反应,生成溶解度很小的产物。工业上由硫酸及含氨焦炉气生产硫酸铵的过程即是反应结晶。

7.2.2 结晶原理

1.结晶过程的相平衡

(1)溶解度与溶解度曲线

固体与其溶液间的相平衡关系通常用固体在溶液中的溶解度来表示。溶解度是状态函数,随温度和压力而变。但大多数物质在一定溶液中的溶解度主要随温度而变化,随压力的变化很小,常可忽略,故溶解度曲线常用溶质在溶剂中的溶解度随温度而变化的关系来表示。

物质的溶解度曲线的特征会对结晶方法的选择起决定作用。例如,对于溶解度随温度变化大的物质,可采用变温方法来结晶分离,对于溶解度随温度变化不大的物质,则可采用蒸发结晶的方法来分离。此外,不同温度下的溶解度数据还是计算结晶理论产量的依据。

(2)溶液的过饱和与介稳定区

含有超过饱和量溶质的溶液为过饱和溶液。将一个完全纯净的溶液在不受任何外界扰动和任何刺激的条件下缓慢降温,就可以得到过饱和溶液。过饱和溶液与相同温度下的饱和溶液的浓度之差称为过饱和度。各种物系的结晶都存在不同程度的过饱和度。

溶液的过饱和度与结晶的关系可用图 7-21 说明。图中 AB 线为普通溶解度曲线,CD 线表示溶液过饱和且能自发产生结晶的浓度曲线,称为超溶解度曲线,它与溶解度曲线大致平行。超溶解度曲线与溶解度曲线有所不同:一个特定物系只有一条明确的溶解度曲线,但超溶解度曲线的位置却要受许多因素的影响。换言之,一个特定物系可以有多个超溶解度曲线。

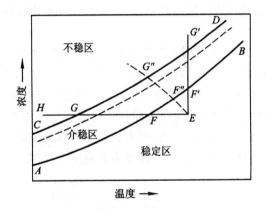

图 7-21　溶液的过饱和与超溶解度曲线

AB 线以下的区域称为稳定区,在此区域内溶液尚未达到饱和,因此无结晶的可能。AB 线以上是过饱和区,其中 AB 线和 CD 线之间的区域称为介稳区,在此区域内,不会自发地产生晶核,但如果溶液中加入晶种,所加晶种就会长大;CD 线以上是不稳区,在此区域内,能自发地产生晶核。

将初始状态为 E 的洁净溶液冷却至 F 点,溶液刚好达到饱和,但没有结晶析出;当由 F 点继续冷却至 G 点,溶液经过介稳区,虽已处于过饱和状态,但仍不能自发地产生晶核;当冷却超过 G 点进入不稳定区后,溶液中才能自发地产生晶核。另外,也可利用在恒温下蒸发溶剂的方法,使溶液达到过饱和,如图中 EF′G′ 线所示;或者利用冷却与蒸发相结合的方法,如图中 EF″G″ 所示,都可以完成溶液的结晶过程。

2.结晶过程

结晶过程通常包括晶核形成和晶体长大两个阶段。

（1）晶核的形成

在一种普通的溶液中，溶质分子在溶液中呈均匀分散状态，并且存在着不规则的分子运动。溶质分子的运动受温度、浓度等因素的影响。如果升高溶液的温度，可以使分子动能增加，溶质分子的运动速度也会加快，因而溶解度也随之增大。当溶液的浓度逐渐升高时，溶质分子密度随之增加，分子间的距离缩小和分子间的引力都随着增加。当溶液浓度达到一定的过饱和程度时，这些溶质能够互相吸引，自然聚合形成一种细微的颗粒，这就是所谓的晶核。晶核形成的必要条件是溶液要达到一定的过饱和程度，如果有外界因素的刺激还可以促使晶核提早形成。晶核的形成称为起晶。

（2）晶核的生长

在过饱和溶液中，溶质元素在过饱和度推动力的作用下，向晶核或加入的晶种运动，并在其表面上层层有序排列，使晶核或晶种微粒不断长大的过程称为晶体生长。晶体的生长可用液相扩散理论描述。按此理论，晶体的生长过程由如下 3 个步骤组成：①扩散过程溶质元素以扩散方式由液相主体穿过靠近晶体表面的静止液层转移至晶体表面；②表面反应过程到达晶体表面的溶质元素按一定排列方式嵌入晶面，使晶体长大并放出结晶热；③传热过程放出的结晶热传导至液相主体中。

图 7-22 为晶体生长过程的示意图。扩散过程以浓度差作为推动力，溶质元素在晶体空间的晶格上按一定规则排列的过程。这好比是砌墙，不仅要向工地运砖，而且要把运到的砖按规定图样一一垒砌，才能把墙砌成。至于第 3 步，由于大多数结晶物系的结晶放热量不大，对整个结晶过程的影响一般可忽略不计。因此，晶体的生长速率或是扩散控制，或是表面反应控制。如果扩散阻力与表面反应的阻力相当，则生长速率为双方控制。对于多数结晶物系，其扩散阻力小于表面反应阻力，因此晶体生长过程多为表面反应控制。

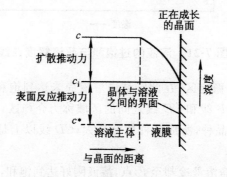

图 7-22　晶体生长示意图

（3）结晶速率

结晶速率包括成核速率和晶体成长速率。成核速率是指单位时间、单位体积溶液中产生的晶核数目。晶体成长速率是指单位时间内晶体平均粒度的增加量。工业上影响结晶速率的因素有很多，如溶液的过饱和度、黏度、密度、搅拌等，另外，如果在结晶母液中加入微量添加剂或杂质，即可显著地影响结晶行为，其中包括对溶解度、介稳区宽度、结晶成核及成长速率、晶习及粒度分布等产生影响。

（4）结晶过程中的物料衡算

在结晶操作中，原料液的浓度已知。大多数物系，结晶终了时母液与晶体达到了平衡状态，可由溶解度曲线查得母液浓度。但有些物系结晶终了时仍可能有剩余过饱和度，则需实测母液的终了浓度。

对于不形成溶剂化合物的结晶过程，可得

$$Wc_1 = G + (W - VW)c_2 \tag{7-14}$$

或

$$G = W[c_1 - (1-V)c_2] \tag{7-15}$$

式中，G——结晶产量，kg 或 kg/h；W——原料液中溶剂量，kg 或 kg/h；c_1、c_2——原料液及母液中溶质的浓度，kg 无溶剂溶质/kg 溶剂；V——溶剂蒸发量，kg/kg 原料液中溶剂。

对于形成溶剂化合物的结晶过程，由于溶剂化合物带出的溶剂不再存在于母液中，而该溶剂中原溶有的溶质则必然全部结晶出来。此时，溶质的衡算式为

$$Wc_1 = G\frac{1}{R} + (W + Wc_1 - VW - G)\frac{c_2}{1+c_2}$$

可得

$$G = \frac{WR[c_1 - c_2(1-V)]}{1 - c_2(R-1)} \tag{7-16}$$

式中，R——溶剂化合物与无溶剂溶质的摩尔质量之比。

对于真空绝热冷却结晶过程，V 取决于溶剂蒸发时需要的汽化热、溶质结晶时放出的结晶热及溶液绝热冷却时放出的显热。列热量衡算式，得

$$VWr_s = c_p(t_1 - t_2) + (W + Wc_1) + r_\alpha G \tag{7-17}$$

式中，r_α——结晶热，J/kg；r_s——溶剂汽化热，J/kg；t_1、t_2——溶液的初始温度、终了温度，℃；c_p——溶液的比热容，J/(kg·℃)。

由此可求的容积蒸发量 V，然后再求得结晶产量 G 值。

（5）影响结晶速度的主要因素

晶体生长速率的影响因素较多，主要包括晶粒的大小、结晶温度及杂质等。对于大多数物系，悬浮于过饱和溶液中的几何相似的同种晶粒都以相同的速率增长，即晶体的生长速率与原晶粒的初始粒度无关。但也有一些物系，晶体的生长速率与晶体的大小有关。晶粒越大，其生长速率越快，这可能是由于较大颗粒的晶体与其周围溶液的相对运动较快，从而使晶面附近的静液层减薄所致。

①过饱和度

根据结晶动力学理论，增大溶液过饱和度可提高成核速率和生长速率，单纯从结晶生产速度的角度考虑是有利的。但过饱和度过大又会出现如下问题：

·成核速率过快，产生大量微小晶体，结晶难以长大；

·结晶生长速率过快，容易在晶体表面产生液泡，影响结晶质量；

·结晶器壁面容易产生晶垢，给结晶操作带来困难。

因此，过饱和度与结晶生长速率、成核速率和结晶密度之间存在如图 7-23 所示的关系，即存在最大过饱和度，可保证在较高成核和生长速率的同时，不影响结晶的密度。所以结晶操作应以此最大过饱和度为限度，在不易产生晶垢的过饱和度下进行。

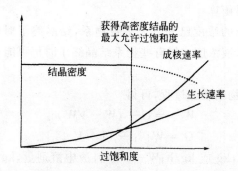

图 7-23　过饱和度与成核速率、生长速率和结晶密度的关系

②温度

温度对晶体生长速率也有较大的影响,一般低温结晶时是表面反应控制;高温时则为扩散控制;中等温度是二者控制。

③晶种

为了得到高质量的结晶产品,往往需要引入晶种并实现程序控制,工业结晶的晶种分两种情况:

·通过蒸发或降温使溶液的过饱和度进入不稳区,自发成核一定数量后,稀释溶液碰过饱和度降至介稳区,这部分晶核即成为结晶的晶种;

·向处于介稳区的过饱和溶液中添加事先准备好的颗粒均匀的晶种。

生物产物的结晶操作主要采用第二种方法。特别是对于溶液黏度较高的物系,晶核很难产生,而在高过饱度下,一旦产生晶核,就会同时出现大量晶核,容易发生聚晶现象,产品的质量不易控制。因此,高黏度物系必须采用在介稳区内添加晶种的操作方法。

④杂质的影响

如果结晶物系中存在某些微量杂质,就可显著地影响结晶行为,其中包括对溶解度、介稳区宽度、晶体成核及其生长速率、粒度分布等的影响。杂质对结晶行为的影响是复杂的,目前尚没有公认的普遍规律。

⑤液膜的厚度

液膜的厚度与结晶速度成反比。晶粒四周的液膜厚度与晶粒的运动状况有关,运动着的晶粒比静止晶粒的液膜厚度要小,因此适当地搅拌可促进晶体的相对运动,从而加快结晶速度。搅拌也可以使溶液温度保持均匀。此外,搅拌还能防止晶体下沉而相互黏结。但是搅拌速度不能太快,否则晶体间易发生摩擦,使晶体受损,还会使溶质分子的动能增加,反而不利于结晶。

⑥晶浆浓度

晶浆浓度越高,单位体积结晶器中结晶表面积越大,即固液接触比表面积越大,结合生长速率越快,有利于提高结晶生产速度。但是,晶浆浓度过高时,悬浮时流动性差,混合困难。因此晶浆浓度应在操作条件允许的范围内取最大值。在间歇操作中,晶种的添加量应根据最终结晶产品的大小,满足晶浆浓度最大的高效生产要求。

⑦黏度

结晶料液黏度将显著影响溶质扩散到晶粒表面的速度,并使液膜增厚,扩散距离增长。

⑧搅拌速度

增大搅拌速度可提高成核和生长速率,但搅拌速度过快会造成晶体的剪切破碎,影响结晶产品质量。为获得较好的混合状态,同时避免结晶的破碎,可采用气提式混合方式,或利用直径或叶片较大的搅拌桨,降低桨的转速。

⑨循环流速

循环流速对结晶操作的影响主要体现在以下几个方面:

· 提高循环流速有利于消除过饱和度分布,使结晶成核速率及生长速率分布均匀;

· 提高循环流速可增大固—液表面传质系数,提高结晶生长速率;

· 外部循环系统中设有换热设备时,提高循环流速有利于提高换热效率,抑制换热表面晶垢的生成;

· 循环流速过高会造成结晶的磨损破碎。

⑩晶垢

结晶操作中常伴有结晶器壁面及循环系统中产生晶垢的现象,严重影响结晶过程效率。器壁内表面采用有机涂料,尽量保持壁面光滑,可防止在器壁上的二维成核现象的发生;提高结晶系统中各个部位的流体流速,并使流速分布均匀,消除低流速区;若外循环液体为过饱和溶液,应使其含有悬浮的晶种;采用夹套保温方式防止壁面附近过饱和度过高;增设晶垢铲除装置,或定期添加溶剂溶解产生的晶垢;蒸发室壁面极易产生晶垢,可采用喷淋溶剂的方式溶解晶垢。

⑪晶习修改剂

晶习修改剂可改变结晶行为,包括晶体外部形态、粒度分布和促进生长速率等。因此,为促进生长速率或获得某种希望出现的晶习,可向结晶系统添加晶习修改剂。晶习修改剂的作用通常在一定浓度以上发生,具体浓度因结晶物系而异。

4. 结晶过程的强化

结晶过程及其强化的研究可以从结晶相平衡、结晶过程的传热传质(包括反应)、设备及过程的控制等方面分别加以讨论。

①溶液的相平衡曲线

即溶解度曲线,尤其是其介稳区的测定十分重要,因为它是实现工业结晶获得产品的依据,对指导结晶优化操作具有重要意义。

②强化结晶过程的传热传质

结晶过程的传热与传质通常采用机械搅拌、气流喷射、外循环加热等方法来实现。但是应该注意控制速率,否则晶粒易被破碎,过大的速率也不利于晶体成长。

③改良结晶器结构

在结晶器内采用导流筒或挡筒是改良结晶器最常用的也是十分有效的方法,它们既有利于溶液在导流筒中的传热传质,又有利于导流筒外晶体的成长。

④结晶过程控制

为了得到粒度分布特性好、纯度高的结晶产品,对于连续结晶过程,控制好结晶器内溶液的温度、压力、液面、进料及晶浆出料速率等十分重要。对于间歇结晶过程来讲,计量加入晶种并采用程序控制以及控制冷却速率等均是实现获得高纯度产品、控制产品粒度的重要手段。目前,工业上已应用计算机对结晶过程实现监控。

5.结晶的操作工艺

根据不同的生产工艺要求,结晶操作分为连续、半连续和间歇式三种操作工艺。

连续结晶具有产量大、成本小、劳动强度低、母液的再利用率高等优点,缺点是换热面以及容器壁面容易结垢、晶体的平均粒度小且波动较大、对操控要求较高。因此,连续结晶的应用范围受到一定的限制,目前主要用于产量大、附加值比较低的晶体产品的生产。

间歇结晶不需要苛刻的稳定操作,也不会产生连续结晶所固有的晶体粒度分布缺陷,此外,间歇结晶还为生产设备的批间清洗提供了方便,这在制药工业中可以防止药品的批间污染,符合 GMP 要求。间歇结晶的缺点是操作成本较高、生产的重复性较差。近年来,随着小批量、高纯度、高附加值的精细化工和高技术产品的不断涌现,间歇结晶工艺在化工、制药、材料等领域中的应用不断扩展。

连续结晶和间歇结晶是结晶操作的两种基本方式,此外,工业上还采用半连续结晶的方式,它是连续结晶和间歇结晶的组合,由于半连续结晶同时具有连续结晶和间歇结晶的某些优点,因此在工业中应用非常广泛。

对于特定的结晶体系,究竟应该选择何种操作工艺,需要考虑各种因素,如结晶体系的特性、料液的处理量、晶体产品的质量和产量等,其中料液处理量和晶体产量是两个相对重要的选择依据。一般情况下,连续结晶的生产规模不宜小于 100 kg/h,而间歇结晶的生产规模不存在下限。对于料液处理量大于 20 m³/h 叫的结晶过程,则应该采用连续结晶操作,此外,对于某些产品纯度要求较高或者粒度分布指定的结晶过程,只能采用间歇操作。

7.2.3　结晶器

结晶器的类型很多,按操作方式可分为间歇式和连续式结晶器;按结晶方法可分为冷却结晶器、蒸发结晶器、真空结晶器等;按流动方式可分为混合型、多级型、晶浆循环型和母液循环型结晶器。下面介绍几种主要的结晶器的结构及性能。

1.冷却结晶器

图 7-24 所示为一台连续操作的循环型冷却结晶器。部分晶浆由结晶器的锥形底排出后,经循环管与原料液一起通过换热器加热,沿切线方向重新返回结晶室。此结晶器生产能力很大。但因外循环管路较长,输送晶浆所需的压头较高,循环泵叶轮转速较快,因而循环晶浆中晶体与叶轮之间的接触成核速率较高。另一方面,它的循环量较低,结晶室内的晶浆混合不很均匀,存在局部过浓现象。因此,所得产品平均粒度较小,粒度分布较宽。

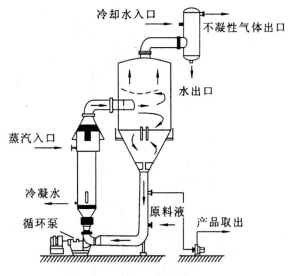

冷却水入口　不凝性气体出口

水出口

蒸汽入口

冷凝水

循环泵　原料液　产品取出

图 7-24　循环型冷却结晶器

2. 蒸发结晶器

蒸发结晶与冷却结晶的不同之处在于前者需将溶液加热到沸点,并浓缩达过饱和而产生结晶。蒸发结晶通常采用减压操作,这是为使溶液温度降低,产生较大的过饱和度。图 7-25 为一种带导流筒和搅拌浆的真空结晶器。这种结晶器的优点是生产强度高,可实现真空绝热冷却法、蒸发法、直接接触冷冻法及反应法等多种结晶操作,且器内不易结疤。

3. 真空冷却结晶器

真空冷却结晶器是将热的饱和溶液加到一个与外界绝热的结晶器中,由于器内维持高真空,故其内部滞留的溶液的沸点低于加入溶液的温度。这样,溶液进入结晶器后,经绝热闪蒸过程冷却到与器内压力相对应的平衡温度。

真空冷却结晶器可以间歇或连续操作。图 7-26 所示为一种连续式真空冷却结晶器。加热了的原料液自进料口连续加入,晶浆用泵连续排出,结晶器底部管路上的循环泵使溶液作强制循环流动,以促进溶液均匀混合,维持有利的结晶条件。蒸出的溶剂(蒸汽)由器顶部逸出,至高位混合冷凝器中冷凝。双级式蒸气喷射泵用于产生和维持结晶器内的真空。一般地,真空冷却结晶器内的操作温度都很低,所产生的溶剂蒸气不能在冷凝器中被水冷凝,此时可在冷凝器的前部装一蒸气喷射泵,将蒸气压缩,以提高其冷凝温度。

真空冷却结晶器结构简单,生产能力大,当处理腐蚀性溶液时,器内可加衬里或用耐腐蚀材料制造。由于溶液系绝热蒸发而冷却,无需传热面,因此可避免传热面上的腐蚀及结垢现象。其缺点是必须使用蒸气,冷凝耗水量较大,溶液的冷却极限受沸点升高的限制等。

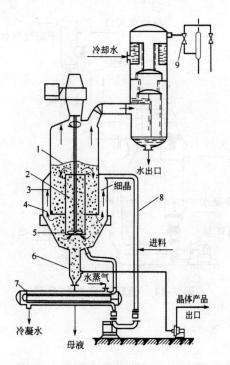

1—沸腾液面；2—导流桶；3—挡板；4—澄清区；5—螺旋桨；
6—淘洗腿；7—加热器；8—循环管；9—喷射真空泵

图 7-25 带导流筒和搅拌浆的真空结晶器

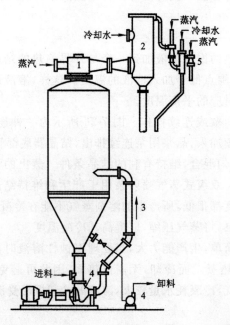

1—蒸汽喷射泵；2—冷凝器；3—循环管；4—泵；5—二级蒸汽喷射泵

图 7-26 连续式真空冷却结晶器

7.3　吸附分离

7.3.1　吸附原现象与吸附剂

1.吸附原理

吸附是利用多孔固体颗粒选择性地吸附流体中的一个或几个组分,从而使流体混合物中的组分彼此分离的单元操作过程。通常称被吸附的物质为吸附质,用作吸附的多孔固体颗粒称为吸附剂。

吸附现象早已被人们发现和利用,日常生活中用木炭和骨灰使气体和液体脱湿和除臭已有悠久的历史。目前吸附分离广泛应用于化工、石油化工、医药、冶金和电子等工业部门,用于气体分离、干燥及空气净化、废水处理等领域。如常温空气分离氧氮,酸性气体脱除,从各种混合气体中分离回收 H_2,CO_2,CO,C_2H_4 等气相分离;也可从废水中回收有用成分或除去有害成分,石化产品和化工产品的分离等液相分离。

吸附作用起因于固体颗粒的表面力,其作用发生在两相的界面上。此表面力可以是由于范德华力的作用使吸附质分子单层或多层地覆盖于吸附剂的表面,这种吸附属物理吸附。例如活性炭与废水相接触,废水中的污染物会从水中转移到活性炭的表面上。吸附时所放出的热量称为吸附热。物理吸附的吸附热在数值上与该组分的冷凝热相当。吸附也可因吸附质与吸附剂表面原子间的化学键合作用造成,这种吸附属化学吸附,吸附热相对较高。化工吸附分离多为物理吸附。

与吸附相反,组分脱离固体吸附剂表面的现象称为解吸。脱附的方法有多种,原则上是升温和降低吸附质的分压以改变平衡条件使吸附质脱附。与吸收一解吸过程相类似,吸附一脱附过程的循环操作构成一个完整的工业吸附过程。

2.吸附剂

(1)吸附剂的性能要求

吸附剂的性能对吸附分离的技术经济指标起着决定性作用。对工业吸附剂的要求:表面积大、选择性高、机械强度好、满足一般的工业要求。

(2)常用吸附剂

常用的吸附剂有以下几类。

①合成沸石(分子筛)

人工合成的沸石(分子筛)是结晶硅酸金属盐的多水化合物。它的热稳定性好、化学稳定性高,且具有良好的分离性、选择性和吸附性能。

②活性炭

活性炭是一种具有多孔结构并对气体等有很强吸附能力的碳基物质的总称。它是由含碳的有机物,加热炭化,除去全部挥发物质,再经破碎、活化和加工成型几个工序制成的。活性炭性能稳定,抗腐蚀,可广泛用于食品、石油化工、制药等工业的脱色、脱臭、精制、"三废"处理及作为催化剂的载体。

③硅胶

硅胶是一种坚硬、无定形链状和网状结构的硅酸聚合物颗粒,分子式为 $SiO_2 \cdot H_2O$,为一种亲水性的极性吸附剂。硅胶是由硅酸钠溶液经酸处理,所得胶状沉淀物经老化、水洗、干燥后制得的。硅胶对极性物质具有良好的吸附性,故多用于气体或液体的干燥、层析分离等。它是用硫酸处理硅酸钠的水溶液,生成凝胶,并将其水洗除去硫酸钠后经干燥,便得到玻璃状的硅胶。它主要用于干燥、气体混合物及石油组分的分离等。

④活性氧化铝

由含水氧化铝加热活化制得,是一种极性吸附剂,对水分的吸附能力大,可用做干燥剂、催化剂或催化剂载体等。因其吸附容量大,故具有使用周期长、不用频繁地切换再生等优点。

⑤碳分子筛

实际上碳分子筛也是一种活性炭,它与一般的碳质吸附剂不同之处在于其微孔孔径均匀地分布在一狭窄的范围内,微孔孔径大小与被分离的气体分子直径相当,微孔的比表面积一般占碳分子筛所有表面积的 90% 以上。碳分子筛在空气分离制取氮气领域已获得了成功,在其他气体分离方面也有广阔的前景。

7.3.2 固体吸附

1. 吸附等温线

流体与吸附剂在一定的温度和压力下经充分接触后,吸附质在流体相和固体相内的组成不再变化,称为达到了吸附相平衡。相平衡可用于判定传质的极限和传质的方向,这一点与吸收等其他传质过程相同。吸附平衡常用等温下的组成关系表示,称为吸附等温线,下面较详细地讨论气体的吸附等温线。

气体的吸附等温线常用在恒定温度下,吸附剂的吸附量 q(单位为 kg 吸附质/kg 吸附剂)与气相中吸附质分压 p 的关系曲线表示;气相组成有时也用浓度等单位表示。图 7-27 所示为 25℃ 下几种单组分的有机蒸气在活性炭上的吸附等温线。对于同样的吸附剂和吸附质,温度愈高吸附量愈小,不同温度下的吸附等温线如图 7-28 所示。

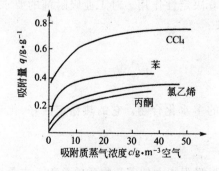

图 7-27　25℃下不同吸附质在活性炭
　　　　　 上的吸附等温线

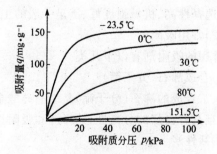

图 7-28　同温下 NH_3 在木炭上的
　　　　　 吸附等温曲线

气体的吸附等温线根据 Brunauer 的分类法,有五种类型,如图 7-29 所示。其中 Ⅰ、Ⅱ、Ⅳ 型向吸附量 q 的坐标凸出,在 p/p^0 很低时 q 仍达到较大值,有利于微量吸附质的脱除,称为优惠吸附等温线;Ⅲ、Ⅴ型与上述相反,在 p/p^0 较低时曲线下凹,称为非优惠吸附等温线。

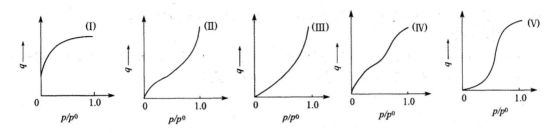

p_0 为等温下吸附质的饱和蒸气压

图 7-29 气相吸附等温线分类

液体的吸附等温线较上述气体的要复杂,除温度以外还受溶剂种类、pH 值及吸附质是否为电解质等的影响。

应当指出,吸附等温线所表示的通常是可逆现象,即线上任一点既可由吸附剂的吸附而达到,也可由已吸附了吸附质的吸附剂进行脱附而达到。然而,有时也会遇到吸附等温线与脱附等温线不重合的情况,称为滞留现象,如图 7-30 所示。其原因可能是孔隙中发生冷凝现象,图 7-29 中的 Ⅳ、Ⅴ 型等温线易发生滞留现象。当出现滞留现象时,对于同样的吸附量,吸附平衡分压一定高于脱附平衡分压。

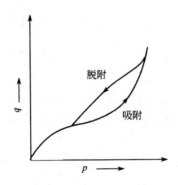

图 7-30 吸附的滞留现象

2.吸附平衡方程式

对于单组元气体在固体上的吸附,Langmuir 提出了著名的吸附理论。其主要假定为:①固体表面是均匀的;②吸附是单分子层的;③吸附分子间无相互作用力。

以 Γ 表示固体表面被吸附分子遮盖的分率,$(1-\Gamma)$ 为未遮盖的表面分率。则净的吸附速率应为吸附速率与脱附速率之差。朗格缪尔方程的数学表达式为:

$$\frac{\mathrm{d}q}{\mathrm{d}\theta} = k_a p(1-\Gamma) - k_d \Gamma$$

在吸附平衡时，$\dfrac{\mathrm{d}q}{\mathrm{d}\theta}=0$，故有：

$$\Gamma = \frac{Kp}{1+Kp} \tag{7-18}$$

式中，K——吸附平衡常数，$K=\dfrac{k_a}{k_d}$。

朗格缪尔方程是一个理想的等温吸附方程，能较好地描述 I 型在中、低浓度下的等温吸附平衡。

定义 $\Gamma=\dfrac{q}{q_m}$，于是可得

$$q = \frac{Kq_m p}{1+Kp} \tag{7-19}$$

式中，p——吸附质的平衡分压，Pa；q——吸附量，kg 吸附质/kg 吸附剂；q_m——固体表面满覆盖（$\Gamma=1$）时的最大吸附量，kg 吸附质/kg 吸附剂。

式(7-19)即 Langmuir 吸附等温线方程，q_m 和 K 可通过拟合实验数据得到。

①BET 方程

该方程假定：固体表面是均匀的；吸附分子间无相互作用力；可以有多层吸附，但层间分子力为范德华力；第一层的吸附热为物理吸附热，第二层以上的为液化热；总吸附量为多层吸附量之和。根据上述假定导出的 BET 吸附等温线方程为

$$q = \frac{q_m b p}{(p^* - p)\left[1+(b-1)\dfrac{p}{p^*}\right]} \tag{7-20}$$

式中，p——平衡压力；q——在 p 压力下的吸附量；b——与吸附热有关的常数；p^*——实验温度下的饱和蒸气压；q_m——第一层满覆盖时所吸附的量。

与 Langmuir 式比较，BET 式的适用范围要宽些，它可适用于 I 型、II 型和 III 型吸附平衡关系，但仍不能适用于 IV 型和 V 型，故仍有不少人继续从事这方面的研究工作。

②Freundlich 方程

$$q = kp^{\frac{1}{n}} \tag{7-21}$$

其中，k 与 n 是与温度有关的常数，一般 n 的范围在 1～5 之间。

3.吸附速率

吸附速率系指吸附质在单位时间内被吸附的量，它是吸附过程设计与生产操作的重要参数。吸附速率与体系性质、操作条件以及两相组成等因素有关。对于一定体系，在一定操作条件下，两相接触、吸附质被吸附剂吸附的过程如下：开始时吸附质在流体相中浓度较高，在吸附剂上的含量较低，远离平衡状态，传质推动力大，故吸附速率高。随着过程的进行，流体相中吸附质浓度降低，吸附剂上吸附质含量增高，传质推动力低，吸附速率逐渐下降。经过很长时间，吸附质在两相间接近平衡，吸附速率趋近于零。

通常组分的吸附传质包括外扩散、内扩散及吸附三个步骤，其每一步的速度都将不同程度

地影响总吸附速率。吸附过程的总速率由速率最慢的步骤控制,多数的吸附过程总速率是由内扩散控制的。

(1)外扩散传质速率方程

外扩散是指吸附质分子从流体主体以对流扩散方式传递到吸附剂固体表面。在紧贴固体表面附近有一层流膜层,这一步的传递速率主要取决于吸附质以分子扩散方式通过这一层流膜层的传递速率。

外扩散的传质速率方程为

$$N_A = k_F a_p (c - c_i) \qquad (7-22)$$

式中,N_A——外扩散的传质速率,kg 吸附质/s;k_F——外扩散的传质系数,m/s;a_p——吸附剂颗粒的外表面积,m^2;c——吸附质在流体主体的平均质量浓度,kg/m^2;c_i——吸附剂颗粒外表面处吸附质的质量浓度,kg/m^2。

外扩散的传质系数与流体的性质、两相接触状况、颗粒的几何形状及吸附操作条件等有关。

(2)内扩散的传质速率方程

内扩散是指吸附质分子从吸附剂的外表面进入其微孔道进而扩散到孔道的内表面。因颗粒内孔道的孔径大小及表面不同,故吸附质在吸附剂颗粒微孔内的扩散机理也不同,且比外扩散要复杂得多。其内扩散分 5 种情况。

①分子扩散:当孔径远大于吸附质分子运动的平均自由程时,吸附质的扩散在分子间碰撞过程中进行。

②努森扩散:当孔道直径很小,扩散在以吸附质分子与孔道壁碰撞为主的过程中进行。

③过渡扩散:当孔径分布较宽,有大孔径又有小孔径时,分子扩散与努森扩散同时存在。

④表面扩散:颗粒表面凹凸不平,表面能也起伏变化,吸附质在分子扩散时沿表面碰撞弹跳,从而产生表面扩散。

⑤晶体扩散:吸附质分子在颗粒晶体内的扩散。

将内扩散过程作简单处理,传质速率方程采用下述简单形式:

$$N_A = k_s a_p (q_i - q) \qquad (7-23)$$

式中,k_s——吸附剂固体相侧的传质系数,$kg/(m^2 \cdot s)$;q_i——与吸附剂外表面浓度呈平衡的吸附量,kg 吸附质/kg 吸附剂;q——颗粒内部的平均吸附量,kg 吸附质/kg 吸附剂。

(3)吸附过程的总传质速率方程。

吸附剂外表面处吸附质的浓度 c_i、q_i 很难测得,因此吸附过程的总传质速率通常以与流体主体平均浓度相平衡的吸附量和颗粒内部平均吸附量之差为吸附推动力来表示,即

$$N_A = K_s a_p (q^* - q) = K_F a_p (c - c^*) \qquad (7-24)$$

式中,K_s——以($c - c^*$)为吸附推动力的总传质系数,m/s;K_F——以($q^* - q$)为吸附推动力的总传质系数,$kg/(m^2 \cdot s)$。

对于物理吸附,通常吸附剂表面上的吸附速率往往很快,因此影响吸附总速率的是外扩散与内扩散速率。有的情况下外扩散速率比内扩散慢得多,吸附速率由外扩散速率决定,称为外

扩散控制。较多的情况是内扩散的速率比外扩散慢,过程称为内扩散控制。

4. 固定床吸附过程分析

固定床吸附器是最常用的吸附设备,具有典型意义。其结构多为圆筒形,吸附剂颗粒堆放在多孔板上,且不让颗粒移动。流体从一端进入,从另一端流出。

现在某些简化假设下讨论固定床的吸附过程。流体以稳态流入装有新鲜吸附剂的固定床,流体中吸附质 A 的浓度为 c_0。在时间 $t=0$ 的开始瞬间,床层全部长度 L_0 保持新鲜,如图 7-31(a)所示。

经过时间 t_1,如图 7-31(b)所示,靠近入口的 OM 段已与 c_0 平衡,即为 A 所饱和而不能再进行吸附,称为饱和区;其前面的 MN 段在进行吸附,称为吸附区或传质区;再前面的 NL_0 段虽有强的吸附能力,但由于 A 已全部在 MN 段内被吸附完,故也不发生传质,仍保持新鲜,称为未用区。如上述,气体中 A 的浓度由 c_0 降为零完全在吸附区 MN 内实现,其间浓度 c 随床层长度 L 的变化呈 S 形曲线,称为吸附波。

随着时间 t 的延长,吸附波向出口 L_0 处推进,波形可认为不变;图 7-31(c)所示为 $t=t_2>t_1$ 时的情况。

图 7-31(d)所示为 $t=t_b$ 时,吸附波顶端抵达床层出口 L_0 处,其后流出的流体中开始有吸附质 A 带出,并随 t 的延长而增加。

图 7-31(e)所示为 $t=t_e$ 时,床层内只剩下吸附波的后半部分。

直到 $t=t_s$,全部床层都为 A 所饱和,流体流过床层时浓度保持在 c_0 不再改变,如图 7-31(f)所示。

流体流过床层后的出口浓度 c 随时间 t 的变化如图 7-31(g)所示,称为穿透曲线或流出曲线。该曲线上的时间 t_0、t_1、t_2 直到 t_s 与图 7-31(a)~(f)对应。通常称出 c 升至进口 c_0 的 5% 时为穿透点,称 c 再升到 c_0 的 95% 时为饱和点;但有时另由工艺条件规定。固定床的吸附时间一般不应超过穿透时间 t_b。

显然,若吸附平衡愈优惠,吸附速率愈快,而流体流速愈慢,MN 将愈短。反过来,根据测得的穿透曲线,可以判定吸附剂性能和操作的优劣。吸附剂的利用率可定量表示为:吸附结束时全床的总吸附量与饱和吸附量之比,称为床层的饱和度 η;活性炭的 η 达 85%~95%,其他吸附剂常较低。

7.3.3 吸附设备

1. 固定床吸附装置

固定床吸附操作是把吸附剂均匀堆放在吸附塔中的多孔支承板上,含吸附质的流体可以自上而下流动,也可自下而上流过吸附剂。在吸附过程中,吸附剂不动。

固定床的吸附过程与再生过程在两个塔式设备中交替进行,如图 7-32 所示。·表示阀门关闭,o 表示阀门打开。吸附在吸附塔 1 中进行,当出塔流体中吸附质的浓度高于规定值时,

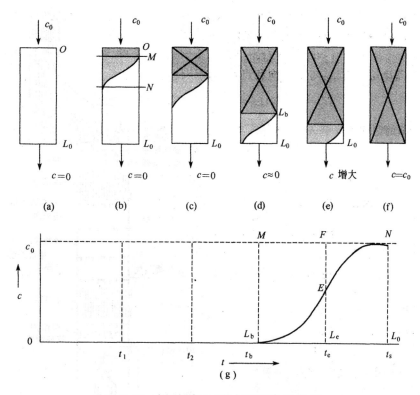

图 7-31　固定床吸附过程和穿透曲线

物料切换到吸附塔 2,与此同时吸附塔 1 采用变温或减压等方法进行吸附剂再生,然后再在塔 1 中进行吸附,塔 2 中进行再生,如此循环操作。

　　固定床吸附分离设备是常用的吸附设备,属于间歇操作,设备结构简单,操作易于掌握,有一定的可靠性,常被中、小型生产装置所采用。但固定床切换频繁,是不稳定操作,产品质量会受到一定影响,而且生产能力小,吸附剂用量大。

2.移动床吸附装置

　　在移动床吸附器中,由于固体吸附剂连续运动,使流体及吸附剂两相均以恒定的速度通过设备,任一断面上的组成都不随时间而变,即操作是连续稳定状态。为了达到许多理论级的分离,故采用逆流操作。

　　图 7-33 为一移动床吸附装置,是采用由椰壳或果核制成的致密坚硬的活性炭,进行轻烃气体分离而设计的,称为"超吸附器"。设备高 20～30 m,分为若干段,最上段为冷却器,是垂直的列管式热交换器,用于冷却吸附剂,往下是吸附段、增浓段、气提段,它们彼此由分配板隔开。最下部是脱附器,它和冷却器一样也是列管式的热交换器。在塔的下部还装有吸附剂流控制器、固体颗粒层高度控制器以及颗粒卸料阀门及其封闭装置。塔的结构可以使固相连续、稳定地输入和输出,气固两相接触良好,不致发生沟流或局部不均匀现象。

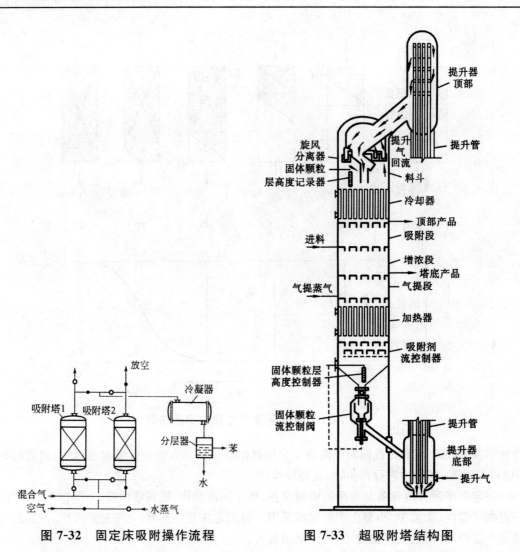

图 7-32 固定床吸附操作流程

图 7-33 超吸附塔结构图

7.4 膜分离

7.4.1 膜分离特点

膜分离是利用天然或人工合成的具有选择透过性的高分子薄膜，以外界能量或化学位差为推动力，对双组分或多组分的溶质和溶剂进行分离、分级、提纯和浓缩的一种分离方法。该方法起步于 20 世纪 60 年代，但由于其发展迅速，已广泛应用于生物化工、食品、医药、环保等领域。

膜分离技术具有以下特点。

(1)分离效率高。以密度差为基础的分离技术的分离极限是微米，而膜分离可以分离的颗粒大小为纳米级，可以实现高纯度的分离。

（2）能耗较低。在大多数膜分离过程中，被分离物质都不发生相变化。

（3）设备简单可靠，操作方便。膜分离设备本身没有运动部件，可靠性高，操作、维护都十分方便。

（4）操作温度在室温附近，特别适用于对热敏物质的处理。

（5）膜分离设备的性能不受处理量大小的影响。

（6）设备体积通常较小，可以直接插入已有的生产工艺流程。但是，膜分离技术也有一些不足之处，如膜的使用寿命不长，易被污染等。

7.4.2 分离膜与膜组件

1.分离膜的类型

膜是膜分离过程的核心，膜的结构和化学性质对膜的分离过程的性能起着决定性作用。

由于膜材料的种类很多，制备条件也各不相同，因此膜的分类方法也很多。常用的分类方法有四种，即按膜的性质、结构、用途和作用机理进行分类。

根据制膜原料的属性可将膜分为有机膜和无机膜。

几乎大部分的膜技术都依赖于合成的聚合物膜，即依赖于有机的高分子化合物。其制膜材料主要有两大系列：①改性天然产物如醋酸纤维素、丙酮－丁酸纤维素、硝酸纤维素等。②合成产物如聚胺、磺化聚砜、聚砜、全氟砜、聚偏氟乙烯、聚丙烯酸等。

无机膜具有热稳定性高、无老化问题、使用寿命长、分离极限和选择性可控、可反向冲洗等优点。但无机膜易碎，需加工成特殊的构造，投资费用高。常常由于密封材料的缘故，膜本身的热稳定性不能得到充分的利用。无机膜可分为金属膜、玻璃膜、碳膜、陶瓷膜。金属膜以金属粉末为原料，涂装成管式组件，经烧结而制成。玻璃膜由海绵状结构联结的微孔构成，如硼硅玻璃或含有微量铝的碱金属硼硅酸盐玻璃。碳膜将石墨或碳纤维织品制成管材，然后使非常精细的碳粒沉积在其表面上而制得。陶瓷膜主要是不对称陶瓷膜，通常可用干粉的冷式等压挤出法或胶状悬浮液浇注法加工成某种有型坯体，煅烧后将其浸入含有精细微粒的胶态或聚合态悬浮液中，就可使分离层涂覆在载体上。

根据膜的物化性质可将膜分为：各向同性膜是指膜两面的结构特点相同的膜。各向异性膜是一种不对称膜，通常膜的一面呈紧密的细孔状，另一面呈较厚的海绵状。复合膜是一种新的各向异性膜，由两种或两种以上的膜材料以多层方式制成。动态膜这是一种特殊形式的复合膜，其致密层可定期洗除并再形成。其特点是透水量大，但脱盐率相应较低。

根据膜的构型可将膜分为平板膜、管状膜、螺旋平板膜、毛细管膜、中空纤维膜。平板膜将膜张紧在多孔板上，用一块带网槽的板来支撑。管状膜将膜牢固地紧贴在支撑管的壁面，做成一个元件，完整的组件是将管状膜管装入外壳内，与管式换热器相似。螺旋平板膜是平板膜的变型。它是由两张平板膜与一种塑料隔离物一起围绕中心管卷成。此管沿夹层一端与多孔材料相连接，将整个卷筒纳入一个圆形管内。毛细管膜将膜制成细小的空心管柱，并将许多细小的空心管柱组装在一个外壳内。中空纤维膜同毛细管一样，只是将膜制成比毛细管还细的纤维管。

膜的种类很多，因此在膜的应用时要根据具体的工艺过程进行合理的选择和优化。

2.膜组件

工业应用的膜分离设备是由膜、支撑材料、外套等组成的单元组件构成，主要有板框式、中空纤维式、卷式、管式四种。

板框式膜组件采用平板膜，其结构与板框过滤机类似，可用板框式膜组件进行海水淡化的装置。在多孔支撑板两侧覆以平板膜，采用密封环和两个端板密封、压紧。海水从上部进入组件后，沿膜表面逐层流动，其中纯水透过膜到达膜的另一侧，经支撑板上的小孔汇集在边缘的导流管后排出，而未透过的浓缩咸水从下部排出。板框式膜组件组装简单，结构较紧凑，膜易于更换。但制造成本高，流动状态不良。

中空纤维膜分离器由可达几十万根中空纤维扎在一起组成，纤维间壳层侧两端密封。料液均匀地流入中空纤维内，溶剂和小分子溶质透过中空纤维管的多孔壁自内向外流出（内压式）；也可以将料液引入中空纤维管程间，溶剂和小分子溶质则由中空纤维管壁自外向内渗透透过膜（外压式）。另一种为毛细管膜，其直径要比中空纤维稍大一些，因此，其承受的压力要比中空纤维来得低。毛细管式膜组件也有外压式和内压式之分。

螺旋卷式膜组件也采用平板膜，其结构与螺旋板式换热器类似，它是由中间为多孔支撑板、两侧是膜的"膜袋"装配而成，膜袋的 3 个边粘封，另一边与一根多孔中心管连接。组装时在膜袋上铺一层网状材料，绕中心管卷成柱状再放入压力容器内。原料进入组件后，在隔网中的流道沿平行于中心管方向流动，而透过物进入膜袋后旋转着沿螺旋方向流动，最后汇集在中心收集管中再排出。螺旋卷式膜组件结构紧凑。但制作工艺复杂，膜清洗困难。

对于管式膜，以高分子为材料的膜可直接涂布在多孔支撑管外表面或内表面，通常为单通道；以氧化铝等无机材料制成的管式膜则与多孔支撑体一道烧结而成，有单通道和多通道两种，其中每支多通道管的通道数可以为 7 个、19 个或 37 个不等。管式膜可装填成排管、列管等形式。

7.4.3　膜分离过程

1.常见的膜分离过程

膜分离过程是指在一定的传质推动力下，利用具有选择性透过功能的膜为分离介质，根据流体混合物中各组分对膜的透过速率的差异，对混合物进行分离、富集或提纯的过程。

膜分离过程通常分为气体膜分离、渗透汽化、渗析、电渗析、反渗透、纳滤、超滤、微滤、膜萃取、膜吸收、膜精馏、促进传递、液膜、气膜等过程。其中渗析、电渗析、反渗透、纳滤、超滤、微滤技术已很成熟。常见的膜分离过程及其特性列于表 7-1。

表 7-1　工业上应用的膜分离过程及其基本特征

膜分离过程	分离目的/用途	膜类型	透过物质	截留物质	推动力	传递选择机理
反渗透(RO)	脱除溶液中溶质、溶液浓缩	非对称膜,复合膜	溶剂	0.1～1 nm 的小分子溶质、盐	压力差1～10 MPa	溶剂和溶质的选择性扩散
超滤(UF)	溶液脱除大分子或大分子与小分子溶质分离	非对称膜	溶剂、离子及小分子溶质	0.001～0.02 μm 的粒子	压力差 0.1～1.0 MPa	筛分
微滤(MF)	脱除或浓缩液体或气体中的颗粒	多孔膜	溶剂及分子溶质或气体	0.02～10 μm 的粒子	压力差约 0.1 MPa	筛分
纳滤(NF)	脱除或浓缩低分子有机物、脱高价离子、脱色等	非对称膜,复合膜	溶剂,低价小分子溶质	>1 nm 的溶质	压力差 0.5～1.5 MPa	溶解—扩散,唐南效应
渗析(D)	脱除溶液中的盐类及低分子溶质	非对称膜,离子交换膜	溶剂,低分子和小分子溶质,离子	5～20 nm 相对分子质量较大的物质	浓度梯度	筛分,微孔膜内的受阻扩散
电渗析(ED)	脱除溶液中小离子或小离子溶液的浓缩	离子交换膜	小离子溶质	非电解质溶剂、大离子溶质	电位差	电解质离子在电场下的选择性迁移
气体分离(GS)	气体混合物分离或富集,特殊组分的脱除	均质膜,非对称膜,复合膜	易渗透的小分子或高溶解性气体组分	难渗透的大分子或低溶解性气体组分	压力差 1～10 MPa 浓度差	气体的选择性扩散渗透
渗透汽化(PVAP)	液体的浓缩或提纯,挥发性液体混合物的分离	均质膜,非对称膜,复合膜	小分子,膜内易溶解或易挥发组分	大分子,不易溶解或较难挥发组分	浓度梯度	气体的选择性扩散渗透

2. 超滤

超滤是指以压差为推动力,用固体多孔膜截留混合物中的微粒和大分子溶质而使溶剂透过膜孔的分离过程,如图 7-34 所示。

超滤膜孔的大小和形状对分离起主要作用,材料与膜的物化性质对分离性能影响不大。常用的超滤膜为非对称膜,表面活性剂的微孔孔径为 1～100 nm,操作压力差一般为 0.1～0.5 MPa。

表征超滤膜性能的主要参数有透过速率和截留相对分子质量及截留率,而更多的是使用截留相对分子质量来表征。通常,超滤过程的截留相对分子质量为 $500～10^6$。

超滤主要适用于某些含有小分子物质、高分子物质、胶体物质和其他分散物的溶液浓缩、分离、提纯和净化,尤其适用于热敏性和生物活性物质的分离和浓缩。超滤是所有膜过程中应用最普遍的一项技术,已被广泛应用于食品、医药、工业废水处理及生物技术工业等领域。

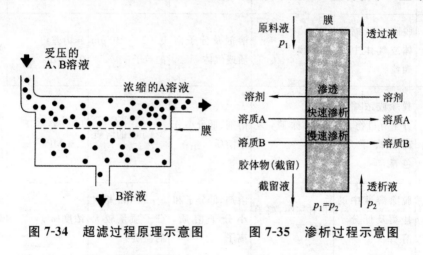

图 7-34　超滤过程原理示意图　　图 7-35　渗析过程示意图

3. 渗析

渗析又称透析,图 7-35 为渗析膜分离的示意图。设原料液中含有溶剂、溶质 A、溶质 B 以及分散性的胶体物质,膜另一侧的液体是与原料液相同的纯溶剂。原料液以压力 p_1、渗析液以 p_2 在膜两侧逆流流动。所用渗析膜为微孔或均质薄膜,它允许溶质 A 在浓度差作用下透过,而溶质 B 的分子尺寸比 A 的分子尺寸大,不易或不能透过膜。分散性的胶体物质不能透过膜。A 与 B 通过膜的传递称为渗析。如果膜两侧的压力相等,则溶剂也可透过此膜,但传递方向与溶质相反,溶剂的传递称为渗透。提高原料液侧压力 p_1,使之超过 p_2,则溶剂渗透可以减少乃至消除。

渗析膜分离过程的产品是一个含有溶剂、溶质 A 和少量 B 的液体和一个含有溶剂,未透过的 A、B 和胶体物的液体。通过渗析操作,理想情况下可以实现 A、B 及胶体物的清晰分离。但实际上,即使溶质 B 在膜中不渗透,实现清晰分离也是困难的。

渗析膜过程已应用于许多物系的分离,它的一个重要应用是血液透析,清除血液中的尿素、肌酐、尿酸等小分子代谢物,但保留血液中的大分子有用物质和血细胞。血液透析装置又称人工肾。典型的渗析膜材料是亲水性纤维素、醋酸纤维素、聚砜和聚甲基丙烯酸甲酯。渗析最常用的膜组件为板框式和中空纤维式。由于渗析膜两侧的压力基本相等,故渗析膜可以做得很薄。

4.反渗透

能够让溶液中一种或几种组分通过而其他组分不能通过的选择性膜称为半透膜。当把溶剂和溶液分别置于半透膜的两侧时,纯溶剂将透过膜而自发地向溶液一侧流动,这种现象称为渗透。当溶液的液位升高到所产生的压差恰好抵消溶剂向溶液方向流动的趋势时,渗透过程达到平衡,此压力差称为该溶液的渗透压,以 $\Delta\pi$ 表示。若在溶液侧施加一个大于渗透压的压差 Δp 时,则纯溶剂将从溶液侧向溶剂侧反向流动,此过程称为反渗透,如图 7-36 所示。这样,可利用反渗透过程从溶液中获得纯溶剂。

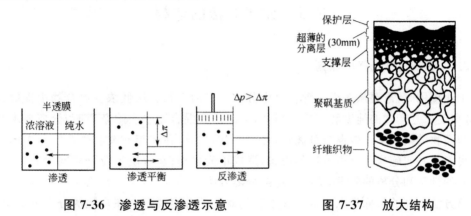

图 7-36　渗透与反渗透示意　　　　图 7-37　　放大结构

反渗透膜多为不对称膜或复合膜,图 7-37 所示的是一种典型的反渗透复合膜的结构。反渗透膜的致密皮层几乎无孔,因此可以截留大多数溶质而使溶剂通过。反渗透操作压力较高,一般为 2～10 MPa。大规模应用时多采用卷式膜组件和中空纤维膜组件。

反渗透是一种节能技术,过程中无相变,一般不需加热,工艺过程简单,能耗低,操作和控制容易,应用范围广泛。其主要应用领域有海水和苦咸水的淡化,纯水和超纯水制备,工业用水处理,饮用水净化,医药、化工和食品等工业料液处理和浓缩以及废水处理等。

5.电渗析

电渗析是利用离子交换膜和直流电场的作用,以电位差为推动力,利用离子交换膜的选择透过性使溶液中的离子作定向移动以分离带电离子组分的一种电化学分离过程。电渗析可应用于苦咸水脱盐,同时在食品、医药等领域也具有广阔的应用前景。

电渗析的离子交换膜有两种类型:只允许阳离子通过而阻挡阴离子的阳离子交换膜(阳膜)和只允许阴离子通过而阻挡阳离子的阴离子交换膜(阴膜)。

在正、负两电极之间交替放置阴膜和阳膜,在两膜的隔室中充入含离子的水溶液。阴、阳离子交换膜之间用特别的隔板隔开,以免接触。在电流电场作用下,带正电荷的阳离子向阴极方向移动,穿过阳膜,进入右侧的浓缩室;带负电荷的阴离子向阳极方向移动,穿过阴膜,进入左侧的浓缩室。因而两膜隔室中的电解质浓度逐渐减小,最终被除去。当溶液中存在其他杂质,如 Ca^{2+}、Mg^{2+} 之类的离子时就会生成 $Mg(OH)_2$ 和 $CaCO_3$ 等水垢。

电极反应消耗的电能为定值,与电渗析器中串联多少对膜关系不大,所以两电极间往往采用很多对膜串联的结构,通常有 200～300 对膜,甚至多达 1000 对。

离子交换膜是一种具有交联结构的立体多孔状高分子聚合物,是一种聚电解质,在高分子骨架上带有若干可交换的活性基团,这些活性基团在水中可解离成电荷不同的两部分,即解离的活性基团和可交换的离子,前者留在固相膜上,而后者便进到溶液中去。

目前电渗析技术已发展成为大规模的化工单元过程。它广泛应用于苦咸水脱盐,在某些地区已成为饮用水的主要生产方法。随着性能更为优良的新型离子交换膜的出现,电渗析在食品、医药和化工领域将具有广阔的应用前景。

7.5　分离方法的选择

7.5.1　分离方法选择的原则

在工业应用时,需要从多组分混合物中分离出目的产物。从低浓度混合物中提取目的产物时,分离要求是产物的纯度和产物的得率,从高浓度混合物中去除杂质时,分离要求是产物的纯度和产物的损失率。根据被分离物特定性质的差异,在多年研究和生产实践中已开发出多种分离方法和实施这些分离方法的设备,形成单元操作;在解决工业分离问题时,首先需要根据物系的性质和分离的要求,选择合适的分离方法。

分离方法选择的目标是以最低的成本达到既定的分离要求。在常规的分离方法中,唯有精馏方法不需要分离剂。因此,作选择时,通常先从精馏方法着眼。

精馏方法依据的是组分挥发度的差异。原则上只要有差异,采用多级逆流的方法总能达到高纯度的分离。采用板式塔时塔板数足够多,采用填料塔时,填料层足够高,总能达到分离要求,必要时还可以采用多塔串联。精馏分离难易的标志是被分离物的相对挥发度。工业上,通常认为相对挥发度大于 1.05 时为不难分离的物系,相对挥发度小于 1.05 时为难分离的物系。

对于难分离的物系,还可以加入分离剂,扩大相对挥发度,即进行萃取精馏或恒沸精馏。

吸收、萃取和吸附都是使用很多的常规分离方法。它们的共同点是使用分离剂——吸收剂、萃取剂和吸附剂。在分离剂较贵的情况下,分离剂损耗将是决定性因素。分离剂通常都需要再生并循环使用。分离剂的再生能耗往往是这些分离过程主要能耗之所在。分离能力愈强的分离剂,通常再生能耗也愈大,因此,选择分离剂时不能只顾其分离能力,应当兼顾分离能力和再生的难易。

总体来说,吸收、萃取、吸附等方法适用于低浓度混合物的分离,即采用分离剂分出少量物质,这样,分离剂的用量和再生费用可以较少。萃取和萃取精馏原理相仿,其适用范围的不同也源于此,即萃取精馏适用于较高浓度混合物的分离。

当然,在多组分分离时,针对不同组分选用不同的分离方法,从而形成组合分离流程,也是常用的方法。

7.5.2　分离方法选择时需要考虑的因素

选择分离时需要考虑的因素有：

(1)了解分离对象

首先要了解待分离对象是哪一个生产工艺中的混合物以及它在该工艺中的地位。其次要了解其处理量、状态、温度、压力、组成以及可能随整个工艺条件的变化而发生的波动。还要确定分离要求并且了解分离完毕之后是得到最终产品还是得到中间产品。对整个生产工艺的宏观了解有助于考虑问题的全面性。

(2)初步制定分离方法

详细分析各组分的物化性质,初步确定可能应用哪些分离方法。

(3)分析经济合理性

在选择分离方法时,通常需要考虑混合物的处理量和各组分含量的多少。处理的规模常常成为选择分离方法的决定因素。例如对空气的分离,大规模情况下采用深冷蒸馏法是最经济的;若是小规模的,则变压吸附法比较经济;如果规模为中等,则利用中空纤维式膜分离方法更加合算。

(4)工艺条件是否容易达到

选择分离方法应考虑其工艺条件易于实现,尽量避免极端工艺条件的出现。极端的工艺条件需要较高的设备条件,消耗较多的能量,有特殊的安全问题和要付出较高的经济代价。

(5)技术可行性

技术可行性主要是指技术的成熟性,即目前对于该技术掌握的程度。既包括某项技术普遍被掌握的程度,还要考虑使用单位自身对于该技术的使用经验和熟悉程度。越成熟的技术其风险就越小,而投资风险本身也是衡量经济性的一个指标。

(6)时间的紧迫性

工程建设时间常常是决定技术路线的一个不可忽视的因素。要综合考虑产品上市的时间、产品的价值和市场寿命的长短。选用成熟的分离方法可以确保按时生产出产品。如果市场信息证明该产品有持续的生命力,那么就需要仔细地开展研发工作,找到更加经济的分离方法,以确保自己的领先地位。

(7)过程安全问题

所选择的分离过程在操作时应该是相对安全的,有毒物和可燃物料的泄漏和引发的燃烧与爆炸均会对操作人员的人身安全带来损害,对工厂的财产造成损失,对周边环境造成污染,这将使过程总体的经济性大打折扣。另外,还要考虑产品在使用时的安全性。如果使用溶剂或吸附剂等质量分离剂,则必须考虑它是否会对最终用户造成安全隐患。

对于以上各要点的考察应该综合进行,并且要反复进行。同时,分离过程的选择和组织还要依赖于设计者的实际经验。

第8章　固体干燥单元过程

8.1　概述

8.1.1　物料的去湿方法

在化工生产中,一些固体原料、半成品或产品中常含有一些湿分,为便于进一步的加工、储存和使用,通常需要将湿分从物料中去除,这种操作称为去湿。去湿方法可分为以下3类。

①机械去湿

通过沉降、过滤、压榨、抽吸和离心分离等方法除去湿分,当物料带水较多时,可先用上述机械分离方法除去大量的水。这些方法应用于溶剂不需要完全除尽的情况,能量消耗较少。

②吸附去湿

用一些平衡水汽分压很低的干燥剂与湿物料并存,使物料中水分经气相转入干燥剂内。该方法只能除去少量的水分。

③加热除湿

利用热能使湿物料中的湿分汽化,并排出生成的蒸气,获得湿含量达到要求的产品。这种方法除湿完全,但能耗较大。简单地说,干燥就是利用热能除去固体物料中湿分的单元操作。由于是利用热能的操作,在工业生产中为了节约热能,降低生产成本,一般尽量先利用压榨、过滤或离心分离等机械方法除去湿物料中的大部分湿分,然后通过干燥方法继续除去机械法未能除去的湿分,以获得符合要求的产品。因此,干燥常常是产品包装或出厂前的最后一个操作过程。

化学工业中固体物料的去湿一般是先用机械去湿法除去大量的湿分,再利用干燥法使湿含量进一步降低,最终达到产品的要求。

8.1.2　物料的干燥过程

干燥的目的不仅是为了使物料便于运输、加工处理、储藏和使用,更重要是为了满足产品质量的要求。例如,聚氯乙烯的含水量须低于0.3%,否则在其制品中将有气泡生成;抗菌素的含水量太高则会影响其使用期限等。

干燥过程的种类很多,有以下几种分类方法。真空干燥有以下优点:

按操作的压力不同,干燥可分为常压干燥和真空干燥。

①操作温度低,干燥速度快,热的经济性好。

②适用于维生素、抗菌素等热敏性产品以及在空气中易氧化、易燃易爆的物料。

③适用于含有溶剂或有毒气体的物料,溶剂回收容易。

④在真空下干燥,产品含水量可以很低,适用于要求低含水量的产品。

⑤由于加料口与产品排出口等处的密封问题,大型化、连续化生产有困难。

按操作方式来分,干燥可分为连续干燥和间歇干燥。

①连续干燥的优点是生产能力大,热效率高,劳动条件比间歇式好,并且能得到比较均匀的产品。

②间歇式的优点是基建费用较低,操作控制方便,能适应多品种物料,但干燥时间较长,生产能力较小。

根据对物料的加热方式不同,干燥过程又分为以下几种。

①传导干燥

热能以传导方式通过传热壁面加热物料,使其中的湿分汽化。

②对流干燥

干燥介质与湿物料直接接触,以对流方式给物料供热使湿分汽化,所产生的蒸气被干燥介质带走。

③辐射干燥

热能以电磁波的形式由辐射器发射到湿物料表面,被物料吸收并转化为热能,使湿分汽化。常见的有红外线辐射干燥法和微波加热干燥法。

④介电加热

干燥将需要干燥的物料置于高频电场内,利用高频电场的交变作用将湿物料加热,并汽化湿分。

在传导、对流和辐射加热方式的干燥过程中,由于热能都是从物料表面传至内部,所以物料表面温度高于内部温度,而水分则由内部扩散至表面。在干燥过程中,物料表面水分先汽化从而形成绝热层,增加内部水分扩散至表面的阻力,所以物料干燥时间较长。而介电加热干燥则相反,湿物料在高频电场内很快被均匀加热,由于水分的介电常数比固体物料的要大得多,在干燥过程中物料的内部水分比表面的多,因此物料内部吸收的电能或热能也较多,则物料内部温度比表面的高,从而干燥时间大大缩短,所得到的干燥产品均匀而洁净。但该方法费用较大,所以在工业上的普遍推广受到一定限制,目前主要应用于轻工及食品工业。

在化工生产中,对流干燥是最普遍的方式,其中干燥介质可以是热空气,也可以是烟道气、惰性气体等,去除的湿分可以是水或是其他液体。

8.1.3　对流干燥

对流干燥可以是连续过程,也可以是间歇过程,其流程如图 8-1 所示。空气经风机送入预热器加热至一定温度再送入干燥器中,与湿物料直接接触进行传质、传热,沿程空气温度降低,湿含量增加,最后废气自干燥器另一端排出。干燥若为连续过程,物料则被连续地加入与排出,物料与气流接触可以是并流、逆流或其他方式;若为间歇过程,湿物料则被成批地放入干燥器内,干燥至要求的湿含量后再取出。

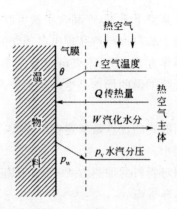

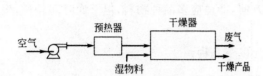

图 8-1 对流干燥流程　　　　图 8-2 对流干燥的热、质传递过程

经预热的高温热空气与低温湿物料接触时,热空气以对流方式将热量传给湿物料,其表面水分因受热汽化扩散至空气中并被空气带走,同时,物料内部的水分由于浓度梯度的推动而迁移至表面,使干燥连续进行下去。可见,空气既是载热体,也是载湿体,干燥是传热、传质同时进行的过程,:如图 8-2 所示,其传热方向是由气相到固相,推动力为空气温度 t 与物料表面温度 θ 之差;而传质方向则由固相到气相,推动力 Δp_v 为物料表面水汽分压 p_w 与空气主体中水汽分压 p_v 之差。显然,干燥是热、质反向传递过程。

8.2 干燥静力学

8.2.1 湿空气性质

干燥过程中,不饱和湿空气既是载热体又是载湿体,其状态的变化反映干燥过程中的热、质传递状况,为此,首先来了解描述湿空气性质的状态参数。

由于在干燥过程中,湿空气中水气的含量不断增加,而绝干空气质量不变,因此湿空气的许多相关性质常以 1 kg 绝干空气为基准。

1.湿度 H

湿度也称湿含量,其定义为单位质量绝干空气所带有的水气质量,即

$$H = \frac{n_v M_v}{n_g M_g} = 0.622 \frac{n_v}{n_g} \tag{8-1}$$

式中,H ——湿空气的湿度,kg 水气/kg 绝干空气;M_v ——水气的摩尔质量,kg/kmol;M_g ——绝干空气的摩尔质量,kg/kmol。

常压下湿空气可视为理想气体,根据道尔顿分压定律

$$H = 0.622 \frac{p}{p_t - p} \tag{8-2}$$

可见湿度是总压 p_t 和水气分压 p 的函数。

当空气中的水气分压等于同温度下水的饱和蒸汽压 p_s 时,表明湿空气呈饱和状态,此时

湿空气的湿度称为饱和湿度 H_s，即

$$H_s = 0.622 \frac{p_s}{p_t - p_s} \tag{8-3}$$

式中，H_s——湿空气的饱和湿度，kg 水气/（kg 绝干空气）；p_s——空气温度下水的饱和蒸气压，kPa 或 Pa。

2. 相对湿度 φ

在一定温度和总压下，湿空气中的水气分压 p 与同温度下水的饱和蒸气压 p_s 之比的百分数，称为相对湿度，以 φ 表示

$$\varphi = \frac{p}{p_s} \times 100\% \tag{8-4}$$

当 $p = 0$ 时，$\varphi = 0$，此时湿空气中不含水分，为绝干空气；当 $p = p_s$ 时，$\varphi = 1$，此时湿空气为饱和空气，水气分压达到最高值，这种湿空气不能用作干燥介质。相对湿度 φ 值愈小，表明湿空气吸收水分的能力愈强。可见，相对湿度可用来判断干燥过程能否进行，以及湿空气的吸湿能力，而湿度只表明湿空气中水气含量，不能表明湿空气吸湿能力的强弱。

将式 $\varphi = \frac{p}{p_s} \times 100\%$ 代入式 $H = 0.622 \frac{p}{p_t - p}$ 中，有

$$H = 0.622 \frac{\varphi p_s}{p_t - \varphi p_s} \tag{8-5}$$

可见，当总压一定时，湿度是相对湿度和温度的函数。

3. 湿空气的焓 I

湿空气中 1 kg 绝干空气及其所带有的 H kg 水气的焓之和，称为湿空气的焓，以 I 表示。

$$I = I_g + I_v H \tag{8-6}$$

式中，I——湿空气的焓，kJ/kg 绝干空气；I_g——绝干空气的焓，kJ/kg 绝干空气；I_v——水气的焓，kJ/kg 水气。

这里取 0℃时绝干空气和液态水的焓为基准，0℃时水的气化潜热为 $r_0 = 2490$ kJ/kg，则

$$I_g = c_g t = 1.01 t$$
$$I_v = r_0 H + c_v t H$$
$$I = c_g t + r_0 H + c_v t H = (c_g + c_v H) t + r_0 H$$

将 c_g、c_v 及 $r_0 = 2490$ kJ/kg，代入上式，有

$$I = (1.01 + 1.88H)t + 2490H \tag{8-7}$$

可见，湿空气的焓随空气的温度 t、湿度 H 的增加而增大。

4. 湿空气的比容

湿空气的比容又称湿体积，比体积，它表示 1 kg 绝干空气和其所带有的 H kg 水气的体积之和，用 ν_H 表示。

常压下，温度为 t 的湿空气比容计算如下：

绝干空气的比容 ν_g 为

$$\nu_g = \frac{22.41}{29} \times \frac{t+273}{273} = 0.773 \frac{t+273}{273} \qquad (8-8)$$

水气的比容 ν_v 为

$$\nu_v = \frac{22.41}{18} \times \frac{t+273}{273} = 1.244 \frac{t+273}{273} \qquad (8-9)$$

湿空气的比容 ν_H 为

$$\nu_H = \nu_g + \nu_v = (0.773 + 1.244) \frac{t+273}{273} \qquad (8-10)$$

式中，ν_H ——湿空气比容，m^3/kg 绝干空气；ν_g ——绝干空气比容，m^3/kg 绝干空气；ν_v ——水气的比容，m^3/kg 水气。

5. 湿空气的温度

(1)干球温度 t

干球温度是湿空气的真实温度，可用普通温度计测得。

(2)露点 t_d

不饱和湿空气在总压 p_t 和湿度 H 一定的情况下进行冷却、降温，直至水气达到饱和状态，即 $H = H_s$，$\varphi = 1$ 此时的温度称为露点，用 t_d 表示。

$$H_s = 0.622 \frac{p_s}{p_t - p_s} \qquad (8-11)$$

可见，在一定总压下，只要测出露点温度 t_d，便可从手册中查得此温度下对应的饱和蒸气压 p_s，从而求得空气的湿度。反之若已知空气的湿度，可根据式求得饱和蒸汽压 p_s，再从水蒸气表中查出相应的温度，即为 t_d。

(3)湿球温度

普通温度计的感温球用湿纱布包裹，纱布下端浸在水中，使纱布一直处于湿润状态，这种温度计称为湿球温度计，如图 8-3 所示。湿球温度计在空气中达到的稳定或平衡的温度称为该空气的湿球温度，用 t_w 表示。

湿球温度计测温的具体原理如下：

将湿球温度计置于温度为 t_w、湿度为 H 的不饱和空气流中，假定开始时湿纱布上的水温与湿空气的温度 t 相同，空气与湿纱布上的水之间没有热量传递。由于湿纱布表面空气的湿度大于空气主体的湿度 H，因此纱布表面的水分汽化到空气中。此时汽化水分所需的潜热只能由水分本身温度下降放出的显热供给，因此，湿纱布上的水温下降，与空气之间产生了温度差，引起对流传热。当空气向湿纱布传递的热量正好等于湿纱布表面水汽化所需热量时，过程达到动态平衡，此时湿纱布的水温不再下降，而达到一个稳定的温度。这个稳定温度，就是该空气状态(温度 t，湿度 H)下空气的湿球温度 t_w。

湿球温度 t_w 是湿纱布上水的温度，它由流过湿纱布的大量空气的温度 t 和湿度 H 所决定。当空气的温度 t 一定时，若其湿度 H 越大，则湿球温度 t_w 也越高；对于饱和湿空气，则湿球温度与干球温度以及露点三者相等。因此，湿球温度 t_w 是湿空气的状态参数。

当湿球温度达到稳定时，从空气向湿球表面的对流传热速率为

$$Q = \alpha S (t - t_w) \qquad (8-12)$$

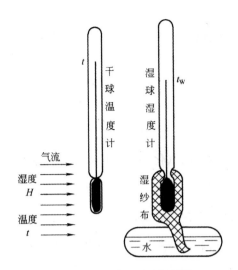

图 8-3　湿球温度的测量

式中，Q——空气向湿纱布的传热速率，W；α——空气主体与湿纱布表面之间的对流传热系数，$W/(m^2 \cdot \text{℃})$；S——湿球表面积，m^2；t，t_w——空气的干、湿球温度，℃。

同时，湿球表面的水气向空气主体的传质速率为

$$N = k_H S(H_w - H) \tag{8-13}$$

式中，N——传质速率，kg 水/S；k_H——以湿度差为推动力的对流传质系数，$W/(m^2 \cdot s \cdot \Delta H)$；$H_w$——湿球温度 t_w 下空气的饱和湿度，kg 水/kg 绝干空气。

单位时间内，从空气主体向湿球表面传递的热量 Q，正好等于湿球表面水汽化所需热量，这部分热量又由水气带回到空气主体中，则

$$\alpha S(t - t_w) = k_H S(H_w - H) r_w \tag{8-14}$$

整理得

$$t_w = t - \frac{k_H r_w}{\alpha}(H_w - H) \tag{8-15}$$

式中，r_w——湿球温度 t_w 下水的汽化潜热，kJ/kg。

实验证明 α 与 k_H 都与 Re 的 0.8 次方成正比，所以 α / k_H 值与流速无关，只与物质性质有关。对于空气.水系统，$\alpha / k_H \approx 1.09$。可见，湿球温度是空气的温度和湿度的函数。在一定压强下，只要测出湿空气的 t 和 t_w，就可根据上式确定湿度 H。测湿球温度时，空气的流速应大于 5 m/s，以减少热辐射和导热的影响，使测量结果精确。

(4) 绝热饱和温度 t_{as}

绝热饱和温度是湿空气经过绝热冷却过程后达到稳态时的温度，用 t_{as} 表示。设有温度为 t、湿度为 H 的不饱和空气在绝热饱和塔内与大量水充分接触，水用泵循环，使塔内水温完全均匀。若塔与周围环境绝热，则水向空气中汽化所需的潜热，只能由空气温度下降而放出的显热供给，同时水又将这部分热量带回空气中，因此空气的焓值不变，湿度不断增加。这一绝热冷却过程，实际上是等焓过程。

绝热冷却过程进行到空气被水气饱和时，空气的温度不再下降，而与循环水的温度相同，此时的温度称为该空气的绝热饱和温度 t_{as} 刚与之对应的湿度称为绝热饱和湿度，用 H_{as}。

表示。

根据以上分析可知,达到稳定状态时,空气释放出的显热恰好用于水分汽化所需的潜热,故

$$c_H(t-t_{as})=r_{as}(H_{as}-H) \tag{8-16}$$

整理得

$$t_{as}=t-\frac{r_{as}}{c_H}(H_{as}-H) \tag{8-17}$$

式中,r_{as} ——温度为 t_{as} 时水的汽化潜热,kJ/kg。

由式 $t_{as}=t-\frac{r_{as}}{c_H}(H_{as}-H)$ 可知,湿空气(t,H)的绝热饱和温度 t_{as} 是湿空气在绝热冷却、增湿过程中达到的极限冷却温度,由该湿空气的 t 和 H 决定,t_{as} 也是空气的状态参数。

实验测定证明,对空气—水物系,$\frac{\alpha}{k_H} \approx c_H$,所以可认为 $t_{as} \approx t_w$。对有机液体,如乙醇、苯、甲苯、四氯化碳与本的系统,其不饱和气体的 t_w 高于 t_{as}。

湿球温度 t_w 和绝热饱和温度 t_{as} 都是湿空气的 t 和 H 的函数,并且对空气—水物系,二者数值近似相等,但它们分别由两个完全不同的概念求得。湿球温度 t_w 是大量空气与少量水接触后水的稳定温度;而绝热饱和温度 t_{as} 是大量水与少量空气接触,空气达到饱和状态时的稳定温度,与大量水的温度 t_{as} 相同。少量水达到湿球温度 t_w 时,空气与水之间处于热量传递和水气传递的动态平衡状态;而少量空气达到绝热饱和温度 t_{as} 时,空气与水的温度相同,处于静态平衡状态。

从以上讨论可知,表示湿空气性质的特征温度,有干球温度 t、露点 t_d、湿球温度 t_w。及绝热饱和温度 t_{as}。对于空气—水物系,$t_w \approx t_{as}$,并且有下列关系。

不饱和湿空气　　　$t > t_{as}$(或 t_w)$> t_d$;

饱和湿空气　　　$t = t_{as}$(或 t_w)$= t_d$。

8.2.2　湿空气的变化过程

1.湿度图

利用公式计算湿空气的各种性质参数相当烦琐,有时还要用试差法计算,利用算图,则十分便捷。图 8-4 的作图步骤如下。

(1)等温线。在图中,每根与纵轴平行的直线都是等温度线。

(2)等湿线。在图中,每根与横轴平行的直线都是等湿度线。

(3)等相对湿度线(等 φ 线):

$$H=0.622\frac{\varphi p_s}{P-\varphi p_s} \tag{8-18}$$

对于某一定值的 $\varphi=\varphi_1$,取温度 T_1,T_2,T_3,…,由饱和蒸气压表,查得相应的 p_{s1},p_{s2},p_{s3},…,然后计算得到相应的 H_1、H_2、H_3、…。可得到 $\varphi=\varphi_1$ 时的一条等 φ 线。

再令 $\varphi=\varphi_2$,又可得到一条等 φ_2 线,图 8-4 绘出了 φ 为 1%,5%,10%,…,100%,共 12 条等相对湿度线。

(4)湿比热容湿度线($c_H - H$ 线)：

$$c_H = 1.01 + 0.88H \tag{8-19}$$

作图为湿比热容－湿度线。

(5)汽化潜热线。将各种温度下水的汽化潜热，标注在图上，即汽化潜热线。

(6)比体积线。以 H 为参变量，H 由 $0\sim0.14$ kg/kg 干空气，共作了 8 条比体积线：

$$V_H = (0.773 + 1.244)\frac{T}{273} \tag{8-20}$$

这样，由图 8-4 中可直接读出比体积，避免了内插法。

(7)水蒸气分压－湿度线：

$$p_v = \frac{HP}{0.622 + H} \tag{8-21}$$

式中，p_v 为湿空气的水蒸气分压，kPa。

绝热冷却线应该是等焓冷却至饱和的线，其方程为

$$I_H = I_{HS} \tag{8-22}$$

或写成

$$(1.01 + 1.88H)(T - 273) + H\gamma_0 = (1.01 + 1.88H_{as})(T_{as} - 273) + H_{as}\gamma_0 \tag{8-23}$$

式中，I_H，I_{HS}——湿空气的焓和饱和湿空气的焓，kJ/kg 干空气；T，T_{as}——湿空气的干球温度和绝热饱和温度，K；H，H_{as}——湿空气的湿度和温度为 T_{as} 时空气的饱和湿度，kJ/kg 干空气；γ_0——温度为 273 K 时水的汽化潜热，$\gamma_0 = 2492$ kJ/kg。

由方程式(1)得到一系列线群，即为绝热冷却线。

若令 $T_{as} = -315$ K，计算得 $H_{as} = 0.05476$ kg/kg 干空气，$I_{HS} = 183.21$ kJ/kg 干空气，则

$$(1.01 + 1.88H)(T - 273) + H\gamma_0 = 183.21$$

或

$$H = -\frac{1.01}{1978.8 + 1.88T}T + \frac{458.94}{1978.8 + 1.88T} \tag{8-24}$$

由上式看出，此线的斜率与截距都随 T 而变。但当 T 由 315 K 变至 373 K 时，斜率由 -3.928×8^{-4} 变至 -3.769×8^{-4}，截距由 0.1785 变至 0.1712，由于变化甚微，可当作直线处理。该直线即为等 T_{as}（-315 K）线，亦为等焓线（$I_H = 183.21$ kJ/kg 干空气）或绝热冷却线。

同理，绝热冷却线之间并不相互平行。各绝热冷却线的方程，可看作是过该线两个端点的直线。

焓差与湿度差之比例系数近于常数，其相对误差在 $\pm1\%$ 以内。因此可以将焓值刻度列在等 T（-273 K）线上。由图 8-4 确定某空气状态的焓值时，可过该空气状态点，作邻近两条绝热冷却线的平行线，与焓值坐标相交，即读得焓值。

$T_{as} = -315$ K 的绝热冷却线与饱和空气线（$\varphi = 100\%$）之点坐标，由下列方程组可得到

$$\begin{cases} H = -4.155 \times 10^{-4}T + 0.1856 \\ H = 0.622\dfrac{p_s}{p_w - p_s} \end{cases} \tag{8-25}$$

式中，p_s、p_w——湿空气达到饱和时的水蒸气压和湿空气总压，kPa。

用试差法求解，得 $T = 315$K，即交点温度与 T_{as} 相等。所以，过某点作绝热冷却线的平行

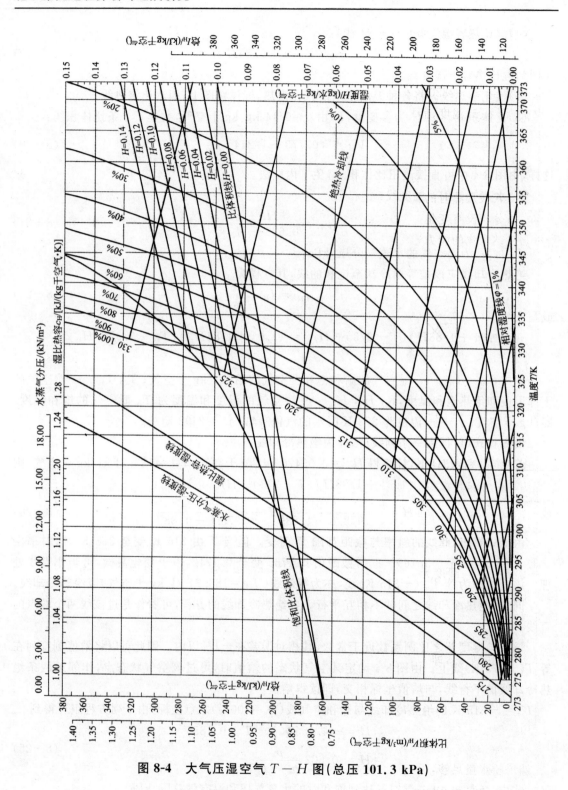

图 8-4　大气压湿空气 $T-H$ 图(总压 101.3 kPa)

线,其与饱和空气线相交,读得 T 即为 T_{as} 。

关于等湿球温度线,可由下列方程逐条画出。

$$T_w = T - \frac{\gamma_w}{1.09}(H_w - H) \tag{8-26}$$

可以发现,当 $T_w = 320$ K 时, $T_w > T_{as}$,而且 $T_w > 320$ K 时, $T_w < T_{as}$,但相差甚少。故图 8-中没有画出湿球温度,而取 $T_w \approx T_{as}$ 。

2. 加热与冷却过程

若不计换热器的流动阻力,湿空气的加热或冷却属等压过程。

湿空气被加热时的状态变化可用 $I-H$ 图上的线段 AB 表示,如图 8-5(a)所示。由于总压与水汽分压没有变化,空气的湿度不变, AB 为一垂直线。温度升高,空气的相对湿度减小,表示它接纳水汽的能力增大。

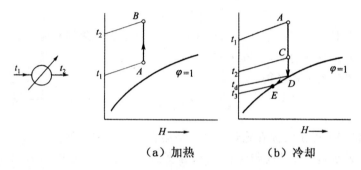

图 8-5　加热与冷却示意图

图 8-5(b)表示温度为 t_1 的空气的冷却过程。当冷却终温 t_2 高于空气的露点 t_d ,则此冷却过程为等湿度过程,如图中 AC 线段所示。若冷却终温 t_3 低于露点,则必有部分水汽凝结为水,空气的湿度降低,如图中 ADE 所示。

3. 绝热增湿过程

设温度为 t 、湿度为 H 的不饱和空气流经一管路或设备,见图 8-6(a),在设备内向气流喷洒少量温度为 θ 的水滴。这些水接受来自空气的热量后全部汽化为蒸汽而混入气流之中,致使空气温度下降、湿度上升。当不计热损失时,空气给水的显热全部变为水分汽化的潜热返回空气,因而称为绝热增湿过程。过程终了时空气的焓较之初态略有增加,此增量为所加入的水在臼温度下的显热,即

$$\Delta I = 4.18\theta(H_1 - H) \tag{8-27}$$

式中, H_1 为过程终了时空气的湿度。

由于增量 ΔI 与空气的焓 I 相比甚小,一般可以忽略而将绝热增湿过程视为等焓过程,如图 8-6(b)中 AB 线段所示。

如果喷水量足够,两相接触充分,出口气体的湿度可达饱和值 H_{as} 见图 8-6(b)中 C 点。若规定加入水的温度 θ 与出口饱和气的温度相同,此出口气温称为绝热饱和温度,以 t_{as} 表示。这一过程的特点是:气体传递给水的热量恰好等于水汽化所需要的潜热。

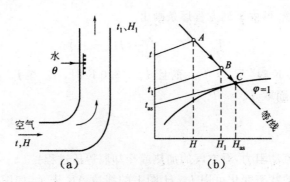

图 8-6 绝热增湿过程

在 $\theta = t_{as}$ 条件下对此过程作热量衡算可得

$$V(I_{as} - I) = V(H_{as} - H)c_{p1}t_{as} \qquad (8-28)$$

式中，V——气体流量，kg 干气/s；H_{as}，I_{as}——分别为绝热饱和温度 t_{as} 下气体的饱和湿度和焓；c_{p1}——水的比热容，kJ/(kg·℃)。

将焓的定义式代入上式可得

$$t_{as} = t - \frac{r_{as}}{c_{pH}}(H_{as} - H) \qquad (8-29)$$

由此可知，绝热饱和温度是气体在绝热条件下增湿直至饱和的温度。

对空气—水系统，湿球温度与绝热饱和温度近似相等，而绝热饱和温度又可近似地在 $I-H$ 图上作等焓线至 $\varphi = 1$ 处获得。因此，作工程计算时常将等焓线近似地看作既是绝热增湿线，又是等湿球温度线。自然，在必要时也可将等焓线、绝热增湿线与等湿球温度线分别在湿度图上画出。

4. 两股气流的混合

设有流量为 V_1、V_2（kg 干气/s）的两股气流相混，其中第一股气流的湿度为 H_1，焓为 I_1，第二股气流的湿度为 H_2，焓为 I_2，分别用图 8-7 中的 A、B 两点表示。此两股气流混合后的空气状态不难由物料衡算、热量衡算获得。设混合后空气的焓为 I_3，湿度力 H_3，则

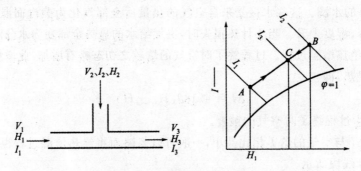

图 8-7 两股气流的混合

总物料衡算 $\qquad\qquad\qquad V_1 + V_2 = V_3$

水分衡算 $\hspace{5em}$ $V_1 H_1 + V_2 H_2 = V_3 H_3$

焓衡算 $\hspace{5em}$ $V_1 I_1 + V_2 I_2 = V_3 I_3$

显然,混合气体的状态点 C 必在 AB 联线上,其位置也可由杠杆规则定出,即

$$\frac{V_1}{V_2} = \frac{\overline{BC}}{\overline{AC}}$$

5. $H-I$ 图的应用

$H-I$ 图上的任意点均代表湿空气的状态。只要根据空气的任意两个独立参数,即可在 $H-I$ 图上确定该空气的状态点,由此可查出空气的其他性质。

干球温度 t、露点 t_d 和湿球温度 t_w(或绝热饱和温度 t_{as})都是由等 t 线确定的。图 8-8 所示为空气—水系统的 $H-I$ 图,A 点为一个湿空气的状态点(t,φ),由此可以得到以下参数。

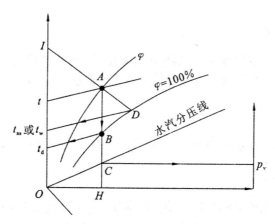

图 8-8　$H-I$ 图的用法

(1)H、p_v 和 t_d

通过 A 点沿着等 H 线向下,与水平坐标轴交点读数即为 H 值;与水汽分压线交于一点 C,其纵坐标读数即为 p_v 值;与饱和空气线交于一点 B,由 B 点所在的等温线可读出 t_d 值。

(2)J 和 t_w(t_{as})

通过 A 点的等焓线与纵轴的交点可以读出 I 值;湿球温度 t_w 和绝热饱和温度 t_{as} 近似相等,过 A 点沿等 I 线与 $\varphi = 100\%$ 的饱和空气线交于一点 D,由 D 点所在的等 t 线可以读出 t_w 或 t_{as} 值。

若已知湿空气的一对独立参数,可以确定湿空气的状态点。例如,分别根据 $t-t_w$、$t-t_d$ 及 $t-\varphi$ 确定湿空气状态点 A 的方法示于图 8-9(a)、(b)及(c)中。

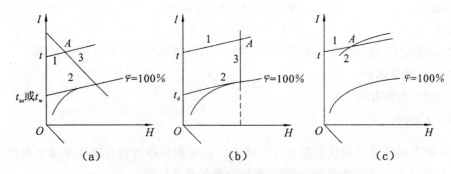

图 8-9　$H-I$ 图中确定的湿空气状态点

8.2.3　水分在气一固两相间的平衡

1. 水分与物料的结合方式

物料中所含的湿分可能是纯液体,也可能是水溶液,通常所指的都是水分,而且是指与物料没有化学结合的水分。根据水分与物料结合方式的不同,可将水分分为吸附水分、毛细管水分和溶胀水分。

(1)吸附水分

吸附水分指湿物料外表面上附着的水分,其性质与纯态水相同,此时,水分蒸气压等于同温度下纯水的饱和蒸气压 p_s 。

(2)毛细管水分

毛细管水分指多孔性物料的孔隙中所含的水分。它在干燥过程中借毛细管的吸引作用转移到物料表面。由于物料的毛细管孔道大小不一,孔道在物料表面上开口的大小也各不相同。物料的孔隙较大时,所含水分与吸附水分一样,其蒸气压等于同温度下纯水的饱和蒸气压,这类物料称为非吸水性物料;如果物料的孔隙相当小,则其所含水分的蒸气压低于同温度下水的饱和蒸气压,而且水的蒸气压随着干燥过程的进行而下降,这类物料称为吸水性物料。

(3)溶胀水分

溶胀水分指渗透进入物料细胞壁内的水分,它成为物料组成的一部分。溶胀水分的存在使物料体积增大,其蒸气压低于同温度下纯水的蒸气压。

2. 结合水与非结合水

物料中所含水分的性质与相平衡有关。如吸收章中论及相平衡时,已说明其用途是:决定传质的方向、极限和推动力,在干燥过程中亦同样适用。现首先根据相律来分析水一空气一固体物料物系的独立变量数:组分数 $C=3$,相数 $\varphi=3$ (气、水、固体),故自由度 $F=C-\varphi+2=2$,在温度固定时,只有一个独立变量,即气一固间的水分平衡关系,可在平面上用一条曲线表示,如图 8-10 所示。与吸收中的汽一液平衡关系一样,图 8-10 中所示的曲线,既是空气中水汽分压 p_w 与湿物料的平衡含水率 X^* 的关系曲线(p_w-X^* 线),也是物料中含水率 X 与空气中与之平衡的水汽分压 p_w^* 之间的关系曲线($p_w^*-X^*$ 线)。

当物料的含水率 X 大于或等于图 8-10 中与点 S 相当的 X_s 时,空气中的平衡水蒸气分压恒等于系统温度下纯水的蒸汽压 X_s。这表明对应于 $X \geqslant X_s$ 的那一部分水分,主要是以机械方式附着在物料上,与物料没有结合力,因此其汽化与纯水相当,这类水分称为非结合水分。当 $X < X_s$ 时,平衡水汽分压都低于同温度下纯水的蒸汽压。表明这类水分与物料间有结合力而较难除去,而称为结合水分。

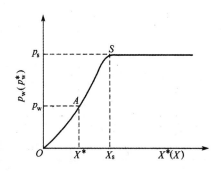

图 8-10　$p_w - X^*$（$p_w^* - X$）关系示意图

3.平衡水分与自由水分

物料的含水量大于平衡含水量 X^* 的那一部分,称为自由水分。平衡含水量也称为平衡水分。物料的含水量为自由水分与平衡水分之和,自由水分是在一定干燥条件下可以除去的水分。

8.3　干燥速率与干燥过程计算

干燥过程的设计,通常需计算所需干燥器的尺寸及完成一定干燥任务所需的干燥时间,这都取决于干燥过程的速率。干燥过程是复杂的传热、传质过程,通常根据空气状态的变化将干燥过程分为恒定干燥操作和非恒定干燥操作两大类。恒定干燥是指干燥操作过程中空气的温度、湿度、流速及与物料的接触方式不发生变化。如用大量空气对少量物料进行间歇干燥便可视为恒定干燥。变动干燥是指干燥操作过程中空气的状态是不断变化的。

8.3.1　干燥曲线和干燥速率

1.干燥曲线

干燥实验通常是在恒定干燥条件下进行。用大量的空气干燥少量湿物料,可以认为是恒定干燥条件,此时空气进、出干燥器时的状态不变。在实验进行过程中,每隔一段时间测定物料的质量变化,并记录每一时间间隔 $\Delta\tau$ 内物料的质量变化 $\Delta W'$ 及物料的表面温度 θ,直到物料的质量不再随时间变化,此时物料与空气达到平衡,物料中所含水分即为该干燥条件下的平衡水分。然后再将物料放到电烘箱内烘干到恒重为止,即得绝干物料的质量。

根据上述实验数据可分别绘出物料含水量 X 与干燥时间 τ 以及物料表面温度 θ 与干燥时

间 r 的关系曲线,如图 8-11 所示,这两条曲线均称为干燥曲线。点 A 表示物料初始含水量为 X_1、温度为 θ_1,当物料在干燥器内与热空气接触后,表面温度由 θ_1 预热至 t_w,物料含水量下降至 X',斜率竿较小。由 B 至 C 一段斜率箐变大,物料含水量随时间的变化为直线关系,物料表面温度保持在热空气的湿球温度 t_w,此时热空气传给物料的显热等于水分自物料汽化所需的潜热。进入 CDE 段内,物料开始升温,热空气中一部分热量用于加热物料,使其由 $\dfrac{\mathrm{d}X}{\mathrm{d}\tau}$ 升高到 θ_2,另一部分热量用于汽化水分,因此该段斜率逐渐变为平坦,直到物料中所含水分降至平衡含水量 X^* 为止。

干燥实验时操作条件应尽量与生产要求的条件相接近,以使实验结果可用于干燥器的设计与放大。

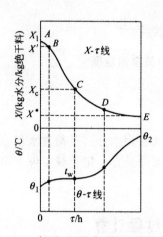

图 8-11　恒定干燥条件下干燥曲线　　图 8-12　恒定干燥条件下干燥速率曲线

2.干燥速率

干燥速率定义为单位时间内、单位干燥面积上汽化的水分质量,即

$$U = \frac{\mathrm{d}W'}{S\,\mathrm{d}\tau}$$

式中,U 为干燥速率,又称干燥通量,$\mathrm{kg}/(\mathrm{m}^2 \cdot \mathrm{s})$;$S$ 为干燥面积,m^2;W' 为一批操作中汽化的水分量,kg;τ 为干燥时间,s。

其中,

$$\mathrm{d}W' = -G'\mathrm{d}X$$

式中,G' ——一批操作中绝干物料的质量,kg。

式中的负号表示 X 随干燥时间的增加而减小。于是得

$$U = -\frac{G'\mathrm{d}X}{S\mathrm{d}\tau} \tag{8-30}$$

是干燥速率的微分表达式。其中绝干物料的质量 G' 及干燥面积 S 可由实验测得,$\dfrac{\mathrm{d}X}{\mathrm{d}\tau}$ 可由图

8-12 的干燥曲线得到。因此,从图中的 $\dfrac{\mathrm{d}X}{\mathrm{d}\tau}$ 与 X 关系曲线,可得图 8-12 所示的 $\dfrac{\mathrm{d}X}{\mathrm{d}\tau}$ 与 X 的关系曲线。从图中可看出,干燥过程可明显地划分为两个阶段。ABC 段为干燥第一阶段,其中 AB 段为预热段,此段内干燥速率提高,物料温度升高,但变化都很小,预热段一般很短,通常并入 BC 段内一起考虑;BC 段内干燥速率保持恒定,基本上不随物料含水量而变,故称为恒速干燥阶段。干燥的第二阶段如图中 CDE 所示,称为降速干燥阶段。在此阶段内干燥速率随物料含水量的减少而降低,直至 E 点,物料的含水量等于平衡含水量 X^*,干燥速率降为零,干燥过程停止。两个干燥阶段之间的交点 C 称为临界点,与点 C 对应的物料含水量称为临界含水量,以 X_{C} 表示,点 C 为恒速段的终点、降速段的起点,其干燥速率仍等于恒速阶段的干燥速率,以 U_{C} 表示。

临界含水量与湿物料的性质及干燥条件有关。表 8-1 给出了不同物料临界含水量的范围。

表 8-1　不同物料临界含水量的范围

有机物料		无机物料		临界含水量
特征	例子	特征	例子	干基含水量/%
很粗的纤维	未染过的羊毛	粗核无孔的物料	石英	3～5
		晶体的、粒状的、孔隙较少的颗粒物料	食盐、海砂	5～15
晶体的、粒状的、孔隙较小的物料	麸酸晶体	细结晶有孔物料	硝石、细砂、黏土	15～25
粗纤维细粉	粗毛线、醋酸纤维	细沉淀物、无定形和胶体状态的物料	碳酸钙、普鲁士蓝	25～50
细纤维,无定形的和均匀状态的压紧物料	淀粉、亚硫酸、纸浆、厚皮革	浆状,有机物的无机盐	碳酸钙、碳酸镁、硬脂酸钙	50～100
分散的压紧物料,胶体状态和凝胶状态的物料	鞣制皮革、糊墙纸、动物胶	有机物的无机盐、媒触剂、吸附剂	硬脂酸锌、IN 氯化锡、硅胶、氢氧化铝	100～3000

干燥曲线或干燥速率曲线是在恒定的干燥介质条件下获得的,对指定的物料,空气的温度、湿度不同,速率曲线的位置也不同。

干燥曲线和干燥速率曲线间接或直接说明了干燥过程中干燥速率的近似情况,为干燥器的设计提供了必要的数据。

3.干燥速率的影响因素

影响干燥速率的因素主要有物料的状况、干燥介质的状态和干燥设备三个方面。现就其中较为重要的影响因素讨论如下。

(1)物料的性质和形状
包括湿物料的物理结构、化学组成、形状和大小、物料层的厚薄,以及水分的结合方式等。

（2）物料的含水量

物料的最初、最终以及临界含水量决定干燥各阶段所需时间的长短。

（3）湿物料本身的温度

物料的温度越高,则干燥速率越大。在干燥器中湿物料的温度与干燥介质的温度和湿度有关。

（4）干燥介质的温度和湿度

当干燥介质的湿度不变时,其温度越高,则干燥速率越大,但要以不损坏被干燥物料的品质为原则。此外,要防止由于干燥过快,物料表面形成硬壳而减小以后的干燥速率,使总的干燥时间加长。当干燥介质的温度不变时,其相对湿度越低,水分的汽化越快,尤其是在表面汽化控制时最为显著。

（5）干燥介质的速度和流向

增加干燥介质的速度,可以提高表面汽化控制阶段的干燥速率;在内部扩散控制阶段,气流对干燥速率影响不大。

干燥介质的流动方向垂直于物料表面的干燥速率比平行时要大。其原因可用气体边界层的厚薄来解释,即干燥介质流动方向成垂直时的边界层的厚度要比成平行时薄。

8.3.2　干燥过程分析与计算

1.恒速干燥阶段

干燥过程中,湿物料内部的水分的汽化包括两个过程,即水分由湿物料内部向表面的传递过程和水分自物料表面汽化而进入气相的过程。在恒速干燥阶段,湿物料内部水分向表面传递的速率必须足够大,才能使物料表面始终维持充分润湿状态,从而维持恒定干燥速率。因此,恒速干燥阶段的干燥速率取决于物料表面水分的汽化速率,亦即决定于干燥条件,与物料内部水分的状态无关,所以恒速干燥阶段又称为表面汽化控制阶段。一般来说此阶段汽化的水分为非结合水,与水从自由液面的汽化情况相同。

在恒定干燥条件下,恒速干燥阶段固体物料的表面充分润湿,其状况与湿球温度计的湿纱布表面的状况类似。物料表面的温度 θ 等于空气的湿球温度 t_w,物料表面的空气湿含量等于 t_w 下的饱和湿度 H_{s,t_w},且空气传给湿物料的显热恰好等于水分汽化所需的汽化热,即

$$dQ' = r_{t_w} dW' \qquad (8-31)$$

式中,Q' ——一批操作中空气传给物料的总热量,kJ。

其中,空气与物料表面的对流传热速率为

$$\frac{dQ'}{S d\tau} = \alpha(t - t_w)$$

湿物料与空气的传质速率（即干燥速率）为

$$U = \frac{dW'}{S d\tau} = k_H(H_{s,t_w} - H) \qquad (8-32)$$

于是有

$$U = \frac{dW'}{S d\tau} = \frac{dQ'}{r_{t_w} S d\tau}$$

$$U = k_H(H_{s,t_w} - H) = \frac{\alpha}{r_{t_w}}(t - t_w) \tag{8-33}$$

由于干燥是在恒定的空气条件下进行的,故随空气条件而变的 α 和 k_H 值均保持恒定不变,而且 $(t - t_w)$ 及 $(H_{s,t_w} - H)$ 也为恒定值,因此,湿物料和空气间的传热速率及传质速率均保持不变,湿物料以恒定的速率 U 向空气中汽化水分。显然,提高空气的温度、降低空气的湿度或提高空气的流速,均能提高恒速干燥阶段的干燥速率。

恒速阶段的干燥时间可直接从干燥曲线图 8-12 上查得,对于没有干燥曲线的物系,可采用如下方法计算。

因恒速干燥段的干燥速率等于临界干燥速率,故有

$$d\tau = -\frac{G'}{U_C S}dX$$

从 $\tau = 0$、$X = X_1$ 到 $\tau = \tau_1$、$X = X_C$ 积分上式

$$\int_0^{\tau_1} d\tau = -\frac{G'}{U_C S}\int_{X_1}^{X_C} dX$$

得

$$\tau_1 = \frac{G'}{U_C S}(X_1 - X_C) \tag{8-34}$$

式中,τ_1——恒速阶段的干燥时间,s;U_C——临界点处的干燥速率,kg/(m² · s);X_1——物料的初始含水量,kg 水/kg 绝干料;X_C——物料的临界含水量,即恒速阶段终了时的含水量,kg 水/kg 绝干料;G'/S——单位干燥面积上的绝干物料量,kg 绝干料/m²。

若缺乏 U_C 的数据,在临界点处有

$$U_C = \frac{\alpha}{r_{t_w}}(t - t_w) \tag{8-35}$$

式中,t——恒定干燥条件下空气的平均温度,℃;t_w——初始状态空气的湿球温度,℃。

物料与干燥介质的接触方式对对流传热系数 α 的影响很大,下面就对流传热系数 α 提供几个经验式。

①当空气平行流过静止的物料层表面时

$$\alpha = 0.0204(L'')^{0.8} \tag{8-36}$$

式中,L''——湿空气的质量流速,kg/(m² · h)。

上式应用条件为 $L'' = 2450 \sim 29300$ kg/(m² · h),空气的平均温度为 $45 \sim 150$℃。

②当空气垂直流过静止物料层表面时

$$\alpha = 1.17(L'')^{0.37} \tag{8-37}$$

③气体与运动着的颗粒间的传热

$$\alpha = \frac{\lambda_g}{d_p}\left[2 + 0.54\left(\frac{d_p u_t}{\nu_g}\right)^{0.5}\right] \tag{8-38}$$

式中,d_p——颗粒的平均直径,m;u_t——颗粒的沉降速率,m/s;λ_g——空气的热导率,W/(m² · K);ν_g 为空气的运动黏度,m²/s。

利用对流传热系数计算恒速干燥速率和干燥时间,仅能作为粗略估算。但由上式可知,空气的温度愈高,湿度愈低,气速愈大,则恒速干燥阶段的干燥速率愈快。但温度过高,湿度过

低,可能会因干燥速率太快而引起物料变形、开裂或表面硬化。此外,空气流速太大,还会产生气流夹带现象。所以,应视具体情况选择适宜的操作条件。

2.降速干燥阶段

当物料含水量降至临界含水量以下时,即进入降速干燥阶段,如图 8-13 中 CDE 段所示。其中 CD 段称为第一降速阶段,在该阶段湿物料内部的水分向表面扩散的速率已小于水分自物料表面汽化的速率,物料的表面不能再维持全部润湿而形成部分"干区"[如图 8-13(a)所示],使实际汽化面积减小,因此以物料全部外表面计算的干燥速率将下降。图中 DE 段称为第二降速阶段,当物料全部外表面都成为干区后,水分的汽化逐渐向物料内部移动[如图 8-13(b)所示],从而使传热、传质途径加长,造成干燥速率下降。同时,物料中非结合水分全部除尽后,进一步汽化的是平衡蒸气压较小的结合水分,使传质推动力减小,干燥速率降低,直至物料的含水量降至与外界空气的相对湿度达平衡含水量 X^* 时,物料的干燥即行停止[如图 8-13(c)所示]。

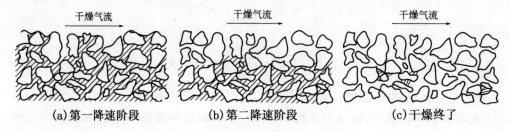

(a)第一降速阶段   (b)第二降速阶段   (c)干燥终了

图 8-13　水分在多孔物料中的分布

在降速干燥阶段中,干燥速率的大小主要取决于物料本身的结构、形状和尺寸,而与外部干燥条件关系不大,所以降速干燥阶段又称为物料内部扩散控制阶段。

降速阶段的干燥速率曲线形状随物料的内部结构而异,图 8-14 所示为 4 种典型的干燥速率曲线。

图 8-14(a)、图 8-14(b)是非吸水的颗粒物料或多孔薄层物料(如砂粒床层、薄皮革等)的干燥。此类物料中的水分是靠毛细管力的作用由物料内部向表面迁移。

图 8-14(c)是较典型的干燥速率曲线,系为多孔而又吸水物料(如木材、黏土等)的干燥。水分由物料内部迁移到表面,第一降速阶段主要是靠毛细管作用,而第二降速阶段主要靠扩散作用。

图 8-14(d)是肥皂、胶类等无孔吸水性物料的干燥,物料中的水分靠扩散作用向表面迁移,这类物料一般不存在恒速干燥阶段。

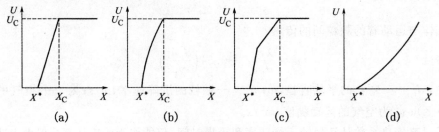

(a)   (b)   (c)   (d)

图 8-14　典型干燥速率曲线

降速干燥阶段的干燥时间为

$$d\tau = -\frac{G'dX}{US}$$

从 $\tau = 0$、$X = X_1$ 到 $\tau = \tau_2$、$X = X_2$ 积分上式

$$\tau_2 = \int_0^{\tau_2} d\tau = -\frac{G'}{S}\int_{X_C}^{X_2}\frac{dX}{U} = \frac{G'}{S}\int_{X_2}^{X_C}\frac{dX}{U} \qquad (8-39)$$

式中，τ_2——降速阶段的干燥时间，s；U——降速阶段的瞬时干燥速率，kg/(m² · s)；X_2——降速阶段终了时物料的含水量，kg 水/kg 绝干料。

在该阶段干燥速率随物料含水量的减少而降低，通常干燥时间可用图解积分法或解析法求取。

(1)图解积分法

当降速干燥阶段的干燥速率随物料的含水量呈非线性变化时，一般采用图解积分法计算干燥时间。由干燥速率曲线查出与不同 X 值相对应的 U 值，以 X 为横坐标，$\frac{1}{U}$ 为纵坐标，在直角坐标中进行标绘，在 X_2、X_C 之间曲线下的面积即为积分值，如图 8-15 所示。

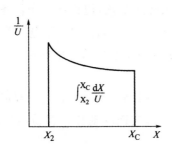

图 8-15　图解积分法计算

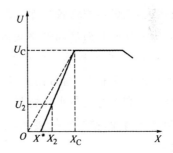

图 8-16　干燥速率曲线

②解析计算法

若降速阶段的干燥曲线可近似作为直线处理，如图 8-16 所示，则根据降速阶段干燥速率曲线过（X_C，U_C）、（X^*，0）两点，可确定其方程为

$$U = k_X(X - X^*)$$

k_X 为降速阶段干燥速率线的斜率，可用临界干燥速率 U_C 计算如下：

$$k_X = \frac{U_C}{X_C - X^*}$$

于是有

$$\tau_2 = \int_0^{\tau_2} d\tau = \frac{G'}{S}\int_{X_2}^{X_C}\frac{dX}{k_X(X_C - X^*)}$$

积分上式，得

$$\tau_2 = \frac{G'}{Sk_X}\ln\frac{X_C - X^*}{X_2 - X^*}$$

或

$$\tau_2 = \frac{G'}{S}\frac{X_C - X^*}{U_C}\ln\frac{X_C - X^*}{X_2 - X^*} \qquad (8-40)$$

当平衡含水量 X^* 非常低,或缺乏 X^* 的数据时,可忽略 X^*,即认为降速阶段速率线为通过原点的直线,如图 8-16 中的虚线所示。$X^* = 0$ 时为

$$U = k_X X \qquad (8-41)$$

$$\tau_2 = \frac{G'}{S} \frac{X_C}{U_C} \ln \frac{X_C}{X_2} \qquad (8-42)$$

③总干燥时间

对于连续干燥过程,总干燥时间等于恒速干燥时间与降速干燥时间之和,即

$$\tau = \tau_1 + \tau_2 \qquad (8-43)$$

式中,τ——总干燥时间,s 或 h。

对于间歇干燥过程,总干燥时间(又称为干燥周期)还应包括辅助操作时间,即

$$\tau = \tau_1 + \tau_2 + \tau' \qquad (8-44)$$

式中,τ' 为辅助操作时间,s 或 h。

3. 临界含水量

X_C 值愈大,干燥过程将较早地由恒速阶段进入降速阶段,使相同干燥任务所需要的干燥时间增长。无论从产品质量和经济角度考虑都是不利的。因此,X_C 值是干燥设计的重要参数,它除了与物料的含水性质、大小、形态、堆积厚度有关,还与干燥介质的温度、湿度、流速以及同物料的接触状态有关,通常由实验测定。

①同样大小和形态的吸水性物料与非吸水性物料比较,其 X_C 值大。若把一块厚的吸水性物料改为若干薄片,都与空气接触,水分从内部向外表面移动比较容易,其 X_C 值要比一块厚的低很多。

②同一种粉粒状物料,当呈堆积状态干燥时,其 $X_C \approx 0.10$;若改为分散状态干燥时,$X_C \approx 0.01$。同理,对于膏糊状物料,若以层状干燥时,其 $X_C > 0.3$,若边干燥边破碎成粉粒状,可降至 $X_C \approx 0.01$,两者 X_C 值相差很大。

③恒速干燥阶段的干燥速率与空气的温度、湿度及流速有关。当空气温度升高、湿度减小、流速增大时,物料的干燥速率增高,X_C 值也将增大。

8.3.3 物料衡算与热量衡算

空气干燥器是一种应用热空气作为干燥介质的干燥设备,图 8-17 所示为一连续式空气干燥器的操作原理。湿物料由进料口 1 送入干燥室 2,借助输送装置在干燥室内移动,干燥后的物料经卸料口 3 卸出。冷空气由抽风机 4 抽入,经空气预热器 5 到达一定温度后,通入干燥器中与湿物料相接触,使物料表面的水分汽化并将水汽带走。蒸发所需的热量或全部由空气供给;或由空气供给一部分,而另在干燥室中设置补充加热器 6 以供给其余所需的部分。

除干燥室及空气预热器以外,干燥装置中还设有抽风机械、进料器、卸料器和除尘器等。其中,热空气仅利用一次。实际上还有将部分空气循环使用等其他方案。

在干燥器的计算中,常已知湿物料的处理量及其最初和最终含水率。要求计算汽化的水分量,干燥后的物料量以及预热空气的耗热量等,为此需对干燥器做物料衡算和热量衡算。

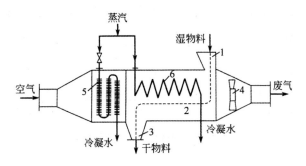

1—进料口；2—干燥室；3—卸料口；4—抽风机；5—空气预热器；6—补充加热器

图 8-17　空气干燥器的操作原理

1. 湿物料中含水率的表示方法

湿物料中所含水分的量通常用以下两种方法表达。

(1)湿基含水量

以湿物料为基准的含水量,用符号 ω 表示,其定义为

$$\omega = \frac{湿物料中水分的质量}{湿物料的总质量} \tag{8-45}$$

(2)干基含水量

以绝对干料为基准的含水量,用符号 X 表示,其定义为

$$\omega = \frac{湿物料中水分的质量}{湿物料中绝干物料质量} \tag{8-46}$$

在工业生产中,通常是以湿基含水量来表示物料中含水分的多少。湿物料的质量在干燥过程中因失去水分而逐渐减少,但绝对干物料的质量在干燥过程中是不变的,故用干基含水量进行物料衡算较为方便。

这两种含水量之间的换算关系为

$$X = \frac{\omega}{1-\omega} \tag{8-47}$$

$$\omega = \frac{X}{1+X} \tag{8-48}$$

在干燥器的物料衡算中,由于过程中干物料质量不变,故采用干基含水率较为方便,但习惯上常用湿基表示物料中的含水率。

2. 空气干燥器的物料衡算

(1)干燥的水分蒸发量

通过物料衡算可确定将湿物料干燥到规定的含水量时所除去的水分量和空气的消耗量。

对于干燥器的物料衡算而言,通常已知条件为单位时间物料的质量、物料在干燥前后的含水量、湿空气进入干燥器的状态。

如图 8-18 所示,在干燥过程中,在干燥介质的带动下,湿物料的质量是不断减少的。设绝

对干物料的质量流量为 G_C ,进、出干燥器的湿物料质量流量分别为 G_1 和 G_2 。

图 8-18　干燥器的物料衡算

对连续式干燥器做总物料衡算,得

$$G_1 = G_2 + W$$

做绝干物料衡算,得

$$G_C = G_1 (1 - \omega_1) = G_2 (1 - \omega_2) \qquad (8-49)$$

式中, G_C ——湿物料中绝干物料的质量流率,kg/h; G_1 ——进入干燥器的湿物料质量流率,kg/h; G_2 ——离开干燥器的物料质量流率,kg/h; W ——物料在干燥器中失去的水分质量流率,kg/h; ω_1 , ω_2 ——干燥前、后物料中的含水率,kg/kg。

干燥器中汽化的水分量为

$$W = G_1 - G_2$$

式中, X_1 , X_2 ——干燥前、后物料中的含水率,kg/kg 干基。

于是可以得到

$$W = G_1 - G_2 = \frac{G_1 (\omega_1 - \omega_2)}{1 - \omega_2} = \frac{G_2 (\omega_1 - \omega_2)}{1 - \omega_1}$$

如果用干基含水量表示,则水分蒸发量可表示为:

$$W = G_C (X_1 - X_2) \qquad (8-50)$$

(2)空气消耗量

通过干燥器的干空气的质量流率维持不变,故可用它作为计算基准。对水分做衡算得

$$W = L(H_2 - H_1) = G_C (X_1 - X_2)$$

或

$$L = \frac{W}{H_2 - H_1} = \frac{G_C (X_1 - X_2)}{H_2 - H_1} \qquad (8-51)$$

式中, L ——干空气的质量流率,kg/h; H_1 , H_2 ——进、出干燥器的空气湿度,kg/kg。

令 $L/W = l$,称为比空气用量,其意义是从湿物料中汽化 1 kg 水分所需的干空气量。

空气通过预热器的前、后,湿度是不变的。故若以 H_0 表示进入预热器时的空气湿度,则有

$$l = \frac{L}{W} = \frac{1}{H_2 - H_1} = \frac{1}{H_2 - H_0} \qquad (8-52)$$

l 的单位为 kg 干空气 · kg^{-1} 水,以后简写成 kg · kg^{-1} 水。由此可知,比空气用量只与空气的最初和最终湿度有关,而与干燥过程所经历的途径无关。

l 为干空气量,实际的比空气用量为 $l(1 + H)$ 。

可见,单位空气消耗量仅与最初和最终的湿度 H_0 、 H_2 有关,与路径无关。而 H_0 越大,

单位空气消耗量 l 就越大。而 H_0 是由空气的初温 t_0 及相对湿度 φ_0 所决定的,所以在其他条件相同的情况下, l 将随芒。及相对湿度伽的增加而增大。对于同一干燥过程,夏季的空气消耗量比冬季的要大,故选择输送空气的鼓风机等装置,要按全年中最大的空气消耗量而定。

若绝干空气的消耗量为 L ,湿度为 H_0 ,则湿空气消耗量为

$$L' = L(1 + H_0) \tag{8-53}$$

式中, V ——湿空气消耗量,kg 湿空气/s 或 kg 湿空气/h。干燥装置中鼓风机所需风量根据空气的体积流量 V 而定。湿空气的体积流量可由绝干空气的质量流量 L 与湿空气的比容 v_H 的乘积求得,即

$$V = Lv_H = L(0.772 + 1.244H)\frac{t + 273}{273} \tag{8-54}$$

式中, V ——湿空气的消耗量,m^3/s 或 m^3/h ;

v_H ——湿空气的比容,m^3 湿空气/kg 绝干气。

3. 空气干燥器的热量衡算

应用热量衡算可求出需加入干燥器的热量,并了解输出、输入热量间的关系。为方便起见,干燥器的热量衡算用 1 kg 汽化水分为基准。如图 8-19 所示,干燥器包括预热室和干燥室两部分,因此汽化 1 kg 水分所需的全部热量等于在预热器内加入的热量与干燥室中补充的热量之和,即

$$q = \frac{Q}{W} = \frac{Q_p + Q_d}{W} = q_p + q_d \tag{8-55}$$

式中, q ——汽化 1 kg 水分所需的总热量,简称比热耗量,kJ/kg 水; q_p ——预热器内加入的热量,kJ/kg 水; q_d ——干燥室内补充的热量,kJ/kg 水。

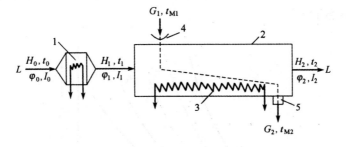

1—预热器;2—干燥室;3—输送装置;4—湿物料入口;5—干燥后物料出口

图 8-19　干燥器的热量衡算

就整个干燥器而言,输入的热量之和应等于输出的热量之和,故

$$\frac{G_2 c_M t_{M1}}{W} + c_1 t_{M1} + lI_0 + q_d = \frac{G_2 c_M t_{M2}}{W} + lI_2 + q_1$$

即

$$q = q_p + q_d = l(I_2 - I_0) + q_M + q_1 - c_1 t_{M1}$$

或

$$q = \frac{I_2 - I_0}{H_2 - H_0} + q_M + q_1 - c_1 t_{M1} \tag{8-56}$$

其中 $q_M = \dfrac{G_2 c_M (t_{M2} - t_{M1})}{W}$。

4.空气通过干燥器时的状态变化

对干燥系统进行物料衡算和热量衡算时,必须确定空气离开干燥器时的状态参数,而这些状态参数与空气通过干燥器时所经历的变化过程有关。在干燥器中空气与物料间既有热量传递又有质量传递,同时还要受向干燥器补加的热量以及热损失的影响,所以状态变化过程比较复杂,一般根据空气在干燥器内焓的变化情况,将干燥过程分为等焓干燥过程和非等焓干燥过程。

(1)等焓干燥过程

对干燥器作热量衡算,以 1 s 为基准,$LI_1 + Q_D + GI'_1 = LI_2 + Q_L + GI'_2$

$$L(I_1 - I_2) = G(I'_2 - I'_1) + Q_L - Q_D \tag{8-57}$$

若不向干燥器内补充热量,即 $Q_D = 0$;忽略干燥器向周围散失的热量,即 $Q_L = 0$;物料进、出干燥器的焓相等,即 $G(I'_2 - I'_1) = 0$。则 $L(I_1 - I_2) = 0$,即 $I_1 = I_2$。

空气通过干燥器中所经历的变化过程是一个等焓干燥过程。等焓干燥过程又称为绝热干燥过程,实际干燥中很难实现等焓干燥过程,故称为理想干燥过程。

等焓干燥过程中空气离开干燥器的状态,可由已知离开干燥器的空气温度 t_2 或 φ_2 在 $T - H$ 图上确定。设新鲜空气温度为 T_0 相对湿度为 φ_0,经预热器后温度升高为 t_1,而离开干燥器时的温度已测知为 t_2,则空气经过等焓干燥过程时,状态变化可表示在图 8-20 中。图中点 A 表示新鲜空气的状态,在预热器中预热后温度升为 t_1 而湿度不变,所以由点 A 沿等湿线向右与 T_1 交于 B,B 点即表示为进干燥器时空气的状态。由于在干燥器中空气状态变化过程是一个等焓过程,因此由 B 点沿等焓线(绝热冷却线)向左上方与正线相交于 C,C 点即表示为空气出于燥器时的状态。

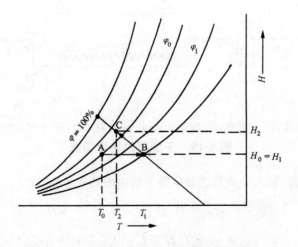

图 8-20　等焓干燥过程空气状态的变化

（2）非等焓干燥过程

非等焓干燥过程又称为实际干燥过程,非等焓干燥过程可能有以下三种情况。

①操作线在等焓变化过程 BC 线的下方

其干燥过程的条件为:不向干燥器补充热量,即 $Q_D=0$;不能忽略干燥器向周围的热损失,即 $Q_L\neq0$;物料进、出干燥器的焓不相等,即 $G(I'_2-I'_1)\neq0$。于是有:

$$L(I_1-I_0)>L(I_2-I_0)$$

即

$$I_1>I_2$$

上式说明空气离开干燥器的焓 I_2 小于进干燥器的焓 I_1,这种过程的操作线 BC_1 应在 BC 线的下方,如图 8-21 所示。

②操作线在等焓变化过程 BC 线的上方

若向干燥器补充的热量大于损失的热量与加热物料消耗的热量之和,即 $Q_D>G(I'_2-I'_1)+Q_L$,则

$$L(I_1-I_0)<L(I_2-I_0)$$

即

$$I_1<I_2$$

上式说明空气离开干燥器的焓 I_2 大于进干燥器的焓 I_1,这种过程的操作线 BC_2 应在 BC 线的上方,如图 8-21 所示。

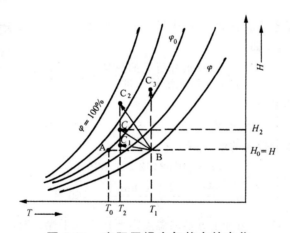

图 8-21　实际干燥空气状态的变化

③操作线为过 B 点的等温线

若向干燥器补充适当的热量 Q_D,恰使干燥过程在等温条件下进行,即空气在干燥过程中维持恒定的温度 t_1,其操作线为过点 B 的等温线,如 BC_3 所示。

上面定性分析了实际干燥过程中干燥器内空气状态所经历的变化情况,至于空气离开干燥器时的状态应根据具体条件进行确定。

8.3.4 热效率与干燥效率

1.干燥器的热效率

空气经过预热器时所获得的热量为

$$Q_0 = L(1.01 + 1.88H_0)(t_1 - t_0)$$

而空气通过干燥器时,温度由 t_1 降至 t_2,所放出的热量为

$$Q_e = L(1.01 + 1.88H_0)(t_1 - t_2)$$

空气在干燥器内的热效率 η_h 定义为,空气在干燥器内所放出的热量 Q_e 与空气在预热器所获得的热量 Q_0 之比,即

$$\eta_h = \frac{Q_e}{Q_0} \times 100\% = \frac{t_1 - t_2}{t_1 - t_0} \times 100\% \tag{8-58}$$

干燥器的热效率表示干燥器中热的利用程度,热效率越高,则热利用程度越好。提高热效率的方法,一方面可以合理地利用废气的热量,另一方面使离开干燥器的空气温度降低和湿度增加。另外还要注意设备及管道的保温。利用废气热量可采用废气部分循环或用废气预热空气、物料等。在降低出口空气温度或提高其湿度时,要注意空气湿度增高会使湿物料表面与空气间的传质推动力下降,汽化速率也随之下降。

2.干燥系统的热效率

蒸发湿物料水分是干燥的目的,所以干燥系统的热效率是蒸发水分所需要的热量与向干燥系统输入的总热量之比,即

$$\eta = \frac{蒸发水分所需的热量}{向干燥器系统输入的总热量} \times 100\% \tag{8-59}$$

蒸发水分所需的热量为

$$Q_v = W(2492 + 1.88t_2) - 4.187\theta_1 W$$

若忽略湿物料中水分带入的焓,则有

$$Q_v \approx W(2492 + 1.88t_2)$$

$$\eta \approx \frac{W(2492 + 1.88t_2)}{Q} \times 100\% \tag{8-60}$$

在实际干燥操作中,空气离开干燥器的温度需要比进入干燥器时的绝热饱和温度高 $20\sim50℃$,这样才能保证干燥产品不会返潮。对于吸水性物料的干燥,更应注意这一点。

8.4 干燥器

8.4.1 干燥器的选型

在选择干燥器时,首先应根据湿物料的形状、特性、处理量、处理方式及可选用的热源等选择出适宜的干燥器类型。通常,干燥器选型应考虑以下各项因素。

①被干燥物料的性质,如热敏性、黏附性、颗粒的大小及形状、磨损性及腐蚀性、毒性、可燃

性等。

②对干燥产品的要求,如干燥产品的含水量、形状、粒度分布、粉碎程度等。在干燥食品时,产品的几何形状、粉碎程度均对成品的质量及价格有直接的影响。干燥脆性物料时,应特别注意成品的粉碎与粉化。

③确定干燥时间时,应先通过实验做出干燥速率曲线,确定临界含水量 X_C 值。物料与介质接触状态、物料尺寸与几何形状对干燥速率曲线的影响很大。例如,物料粉碎后再进行干燥时,除了干燥面积增大外,一般临界含水量 X_C 值会降低,有利于干燥。

④要考虑固体粉粒的回收及溶剂的回收问题。

⑤对于干燥热源,应考虑其能量的综合利用。

⑥干燥器的占地面积、排放物及噪声是否满足环保要求。

8.4.2　各类干燥器

1. 厢式干燥器

图 8-22 为常压厢式干燥器,或称盘式干燥器。湿物料装在盘架上的浅盘中,盘架用小推车推进厢内。空气从进口进入,与废气混合后,经风机增压,少量由出口排出,其余经加热器预热后沿挡板均匀地进入各层,与湿物料表面接触,增湿降温后的废气再循环进入风机。浅盘中的物料干燥一定时间后达到产品质量要求,由器内取出。恒速干燥阶段只有少量废气循环,降速干燥阶段应增大循环量。

厢式干燥器的优点是对各种物料的适应性强,构造简单,容易装卸,设备投资少,物料损失小,盘易清洗。对经常需要更换产品、高价的成品及小批量物料的干燥特别适宜。厢式干燥器的缺点是不能连续生产,物料得不到分散,产品质量不稳定;工人劳动强度大,装卸物料或翻动物料时,不仅粉尘飞扬,环境污染严重,而且热量损失大,热效率低。

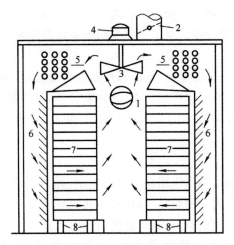

1—空气入口;2—空气出口;3—风机;4—电动机;5—加热器;6—挡板;7—盘架;8—移动轮

图 8-22　并流厢式干燥器

2.转筒干燥器

如图 8-23(a)所示为并流转筒干燥器,其主要部分为一个倾斜的旋转圆筒。并流时,入口处湿物料与高温、低湿的热气体相遇,干燥速率最大,沿着物料的移动方向,热气体温度降低,湿度增大,干燥速率逐渐减小,出口时的干燥速率最小。因此,并流操作适用于含水量较高且允许快速干燥、不能耐高温、吸水性较小的物料。

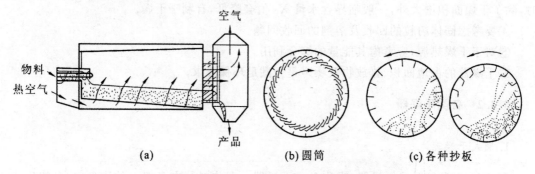

(a)　　　　　　(b) 圆筒　　　　(c) 各种抄板

图 8-23　热空气直接加热的并流转筒干燥器

干燥器内空气与物料间的流向除并流外,还可采用逆流操作。物料从转筒较高的一端进入,与另一侧进入的热空气逆流接触,随着圆筒的旋转,物料在重力作用下流向较低的一端,完成干燥后排出。逆流时干燥器内各段干燥速率相差不大,它适用于不允许快速干燥而产品能耐高温的物料。

在圆筒内壁通常装有若干块抄板,它的作用是将物料抄起后再洒下,以增大干燥的表面积,使干燥速度加快,同时还能促进物料向前运行。抄板的形式很多,同一回转筒内可采用不同的抄板,如前半部分可采用结构较简单的抄板,而后半部分采用结构较复杂的抄板。

为了减少粉尘的飞扬,气体在干燥器内的速度不宜过高。对于能耐高温且不怕污染的物料,还可采用烟道气作为干燥介质。对于不能受污染或极易引起大量粉尘的物料,可采用间接加热的转筒干燥器。

转筒干燥器结构复杂,占地面积大,传动部件需经常维修,且热效率低、设备笨重、金属材料耗量多。另外,机械化程度高,生产能力大,流体阻力小,容易控制,产品质量均匀。但是,转筒干燥器对物料的适应性较强,适用于处理大量粒状、块状、片状物料的干燥。

3.气流干燥器

把固体流态化中稀相输送技术应用在干燥操作中,称为气流干燥。气流干燥器是一种连续操作的干燥器。利用高速流动的热空气,使粉粒状物料悬浮在气流中,热气流与物料并流流过干燥管,进行传热和传质,使物料干燥,然后随气流进入旋风分离器分离。废气经过风机而排出。气流干燥器有直管型、脉冲管型、倒锥型、套管型、环型和旋风型等。

气流干燥器操作的关键是连续而均匀地加料,并将物料分散于气流中。气流干燥器的优点如下:处理量大,干燥强度大,因气固接触面大,故传质速率高;干燥时间短,物料在干燥器内一般只停留 0.5～2 s,适用于热敏性、易氧化物料的干燥;设备结构简单,占地面积小;输送方便,操作稳定,成品质量均匀。

气流干燥器的特点为:对所处理物料的粒度有一定的限制;由于干燥管内气速较高,对物料有破碎作用,使产品磨损较大;对除尘设备要求严,系统的流体阻力较大。图 8-24 为气流干燥装置图。

气流干燥器可以处理泥状、粉粒状或块状的湿物料,对于泥状物料需装设分散器,对于块状物料需要附设粉碎机。当要求干燥产物的含水量很低时,应改用其他低气速干燥器继续干燥。

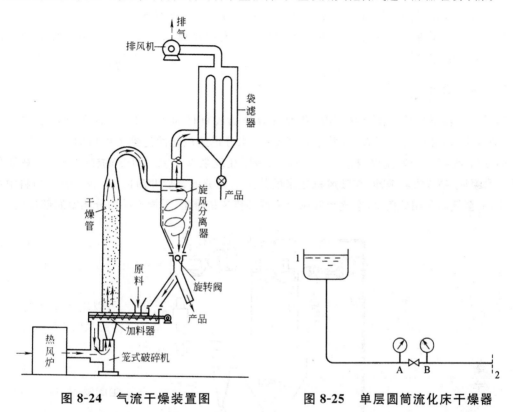

图 8-24　气流干燥装置图　　　　图 8-25　单层圆筒流化床干燥器

4.流化床干燥器

流化床干燥器适用于分离状物料,其种类很多,大致可分为单层流化床干燥器、多层流化床干燥器、卧式多室流化床干燥器、喷动床干燥器、旋转快速干燥器、振动流化床干燥器、离心流化床干燥器和内热式流化床干燥器等。图 8-25 所示为单层圆筒流化床干燥器。只要气流速度保持在颗粒的临界流化速度与带出速度之间,颗粒便在热气流中上下翻滚,互相混合和碰撞,从而完成干燥。

流化干燥与气流干燥一样,具有较高的热质传递速率。物料在干燥器中停留时间可自由调节,由出料口控制,因此可以得到含水量很低的产品。当物料干燥过程存在降速阶段时,采用流化床干燥较为有利。另外,当干燥大颗粒物料,不适于采用气流干燥器时,若采用流化床干燥器,则可通过调节风速来完成干燥操作。

流化床干燥器结构简单,造价低,活动部件少,操作维修方便。与气流干燥器相比,流化床干燥器的流体阻力较小,对物料的磨损较轻,气固分离较易,热效率较高。

流化床干燥器适用于处理粒径为 30 nm～6 mm 的粉粒状物料,粒径过小时气体通过分布板后易产生局部沟流,且颗粒易被夹带;粒径过大则流化需要较高的气速,从而使流体阻力加大、磨损严重。流化床干燥器处理粉粒状物料时,要求物料中含水量为 2％～5％,对颗粒状物料则可低于 15％,否则物料的流动性较差。但若在湿物料中加入部分干料或在器内设置搅拌器,会有利于物料的流化并防止结块。

由于流化床中存在返混或短路,可能有一部分物料未经充分干燥就离开干燥器,而另一部分物料又会因停留时间过长而产生过度干燥现象,因此,单层沸腾床干燥器仅适用于易干燥、处理量较大而对干燥产品的要求又不太高的场合。有时沸腾床干燥器与气流干燥器串联使用,比单独使用一种效果要好。

5.喷雾干燥器

喷雾干燥器是用喷雾器将悬浮液、乳浊液等喷洒成直径为 $10\sim200\ \mu m$ 的液滴后进行干燥,因液滴小,饱和蒸气压很大,分散于热气流中,水分迅速汽化而达到干燥目的。

图 8-26 为喷雾干燥流程,料液由三联柱塞高压往复泵以 3～20 MPa 的压力送到干燥器顶部的压力喷嘴,喷成雾状液滴,与鼓风机送来的热空气充分混合后并流向下,经干燥室物料中水分汽化,流至气固两相分离室,空气经旋风分离器和排风机排出,干燥产品由分离室底部排出。

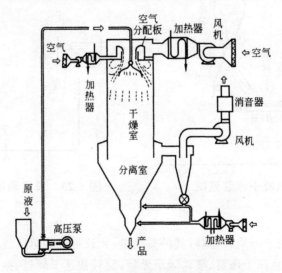

图 8-26 喷雾干燥的流程

喷雾干燥有 4 个过程:①溶液喷雾;②空气与雾滴混合;③雾滴干燥;④产品的分离和收集。喷雾干燥器也可逆流操作,即热空气从干燥室下部沿圆周分布进入。喷雾器为重要部件,喷雾优劣将影响产品质量。

液体在压力喷嘴式喷雾器的旋转室中剧烈旋转后,通过锐孔形成膜状喷射出来,在雾滴的中心留有空气,形成中空粉粒产品。用这种喷雾干燥生产的洗衣粉就是中空粉粒状,溶解性能良好。

为了避免粉粒黏附于器壁,有两处引入冷空气保护。一处是在干燥器的顶部空气分配板沿圆周引入,分布于热空气的周围向下流动。另一处是在分离室锥底下部引入已去湿的 15～20℃冷空气,并有对产品的冷却与干燥作用,以保证底部堆积的粒状干燥产品质量。

喷雾干燥器的主要优点是由于液滴直径小,气液接触面积大,扰动剧烈,所以干燥速度快,干燥时间短,约 20～30 s;恒速干燥阶段其温度接近湿球温度,所以温度较低,因此适用于热敏性物料的大量生产。

为了减小产品的含水量需要增大空气量和提高排气温度,导致干燥器体积较大,热量消耗较多。

6.带式干燥器

带式干燥器是最常用的连续式干燥装置,如图 8-27 所示,是在一个长方形干燥室或隧道中,装有带式运输设备。传送带多为网状,气流与物料成错流,物料在带上被运送的过程中不断地与空气接触而被干燥。传送带可以是多层的,带宽为 1～3 m,长为 4～50 m。通常在物料的运动方向上分成许多区段,每个区段都可装设风饥和加热器。在不同区段上,气流方向及气体的温度、湿度和速度都可不同。由于被干燥物料的性质不同,传送带可用帆布、涂胶布、橡胶或金属网制成。

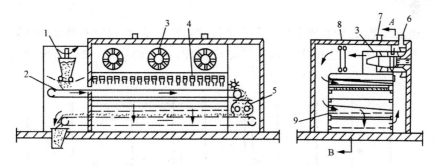

1—加料器;2—传送带;3—风机;4—热空气喷嘴;5—压碎机;6—空气入口;
7—空气出口;8—加热器;9—空气再分配器

图 8-27　带式干燥器

带式干燥器的特点是:

①物料在干燥过程中,物料是以静止状态堆积于金属丝网或其他材料制成的水平循环输送带上,进行通风干燥,故物料翻动少,不受振动或冲击,无破碎等损坏,可保持物料的形状,且有利于防止粉尘公害;

②可同时连续干燥多种固体物料,适用于干燥粒状、块状和纤维状物料。

带式干燥器的缺点是:热效率不高,约在 40% 左右。

第9章　动态化与气力输送

9.1　固体流态化

流态化是一种使固体颗粒通过与流体接触而转变成类似于流体状态的操作。近年来,这种技术发展很快,许多工业部门在处理粉粒状物料的输送、混合、涂层、换热、干燥、吸附、煅烧和气－固反应等过程中,都广泛地应用了流态化技术。

9.1.1　流态化现象

当流体由下向上通过固体颗粒床层时,随流速的增加,会出现以下几种情况。

1.固定床阶段

当流体速度较低时,颗粒所受的曳力不足以使颗粒运动,此时颗粒静止,流体只是穿过静止颗粒之间的空隙流动,这种床层称为固定床,如图 9-1(a)所示,床层高度为 L,不随气速改变。

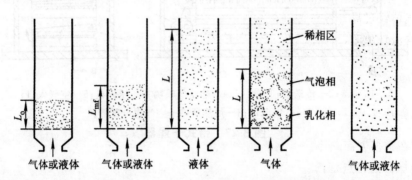

(a)固定床　(b)初始或临界流化床　(c)散式流化床　(d)聚式流化床　(e)稀相输送床

图 9-1　不同流速时床层的变化

2.流化床阶段

当流速增至一定值时,颗粒床层开始松动,颗粒稍有振动并有方位调整,床层略有膨胀,但颗粒仍保持相互接触,不能自由运动,床层的这种情况称为初始流化或临界流化,如图 9-1(b)所示,此时床层高度为 L_{mf}。空塔气速称为初始流化速度或临界流化速度。超过此临界点后再继续增大流速,固体颗粒将悬浮于流体中作随机运动,床层高度将随流速提高而膨胀、增高,空隙率也随之增大,此时颗粒与流体之间的摩擦力恰好与其净重力相平衡。这种床层具有类似于流体的性质,故称为流化床,如图 9-1(c)、(d)所示。

3.稀相输送床阶段

若流速再升高达到某一极限时,流化床的上界面消失,颗粒分散悬浮于气流中,并不断被气流带走,这种床层称为稀相输送床,如图 9-1(e)所示,颗粒开始被带出的气速称为带出速度,其数值等于颗粒在该流体中的沉降速度。

借助于固体的流态化来实现某种处理过程的技术,称为流态化技术。通过床层的流体称为流化介质。由于流化床内颗粒与流体之间具有良好的传热、传质特性,因此广泛应用于固体颗粒物料的干燥、混合、煅烧、输送以及催化反应过程中,已经成为化学工程学科的一个重要分支。

4.流化床不正常现象

聚式流化床中可能发生以下两种不正常现象。

(1)腾涌

如果床层高度与直径的比值大、气速又高时,气泡就容易相互聚合成大气泡,当气泡直径大到与床径相等时,就将床层分隔成几段,床内颗粒群以活塞推进的方式向上运动,在达到上部后气泡破裂,颗粒又重新回落,这即是腾涌,亦称节涌。腾涌使气固之间的接触状况恶化,加剧颗粒的磨损与带出,并使床层受到冲击、发生震动,甚至损坏内部构件。

(2)沟流

在大直径床层中,由于颗粒堆积不匀或气体初始分布不良,可在床内局部地方形成沟流。此时,大量气体经过局部地区的通道上升,而床层的其余部分仍处于固定床状态(死床)。显然,当发生沟流现象时,气体不能与全部颗粒良好接触,将使工艺过程严重恶化。

9.1.2　流化床主要特性

1.液体样特性

流化床在很多方面都呈现出类似液体的性质。例如,当容器倾斜时,床层上表面将保持水平[图 9-2(a)];两床层相通,它们的床面将自行调整至同一水平面[图 9-2(b)];床层中任意两点压差可以用液柱压差计测量[图 9-2(c)];流化床层也像液体一样具有流动性,如容器壁面开孔,颗粒将从孔口喷出,并可像液体一样由一个容器流入另一个容器[图 9-2(d)],这一性质使流化床在操作中能够实现固体的连续加料和卸料。

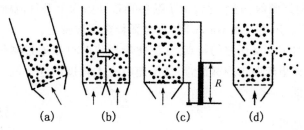

$$(a)\qquad (b)\qquad (c)\qquad (d)$$

图 9-2　流化床类似于液体的特性

2.恒定的广义压差

床层一旦流化,全部颗粒处于悬浮状态。现取床层为控制体,并忽略流体与容器壁面间的摩擦力,对控制体作力的衡算,则有床层所受的重力等于床层的压差,即

$$\Delta p = m_{\mathrm{p}}g + m_1 g \qquad (9-1)$$

式中,Δp 为床层的压差(上游压力与下游压力之差),$\mathrm{N/m}_{\circ}$;A 为空床截面积,m^2;m_{p} 为床层颗粒的总质量,kg;m_1 为床层内流体的质量,kg。而

$$m_1 = \left(AL - \frac{m_{\mathrm{p}}}{\rho_{\mathrm{p}}}\right)\rho \qquad (9-2)$$

式中,L——床层高度,m;ρ——流体密度,$\mathrm{kg/m}^3$;ρ_{p}——固体颗粒的密度,$\mathrm{kg/m}^3$。

结合这两式,并引用广义压力概念,整理得

$$\Delta \Gamma = \Delta p - L\rho g = \frac{m_{\mathrm{p}}}{A\rho_{\mathrm{p}}}(\rho_{\mathrm{p}} - \rho)g \qquad (9-3)$$

再由床层中流体的机械能衡算知 $\Delta p - L\rho g$ 即为压力损失 Δp_{f};又此式右边项即为流化床中全部颗粒的净重力。由于流化床层中颗粒总量不变,故此式表明广义压差 $\Delta \Gamma$ 恒定不变,与流体速度无关,在图 9-3 中可用一水平线表示,如 BC 段所示。注意,BC 段略向上倾斜是由于流体与器壁及分布板间的摩擦阻力随气速增大造成的。

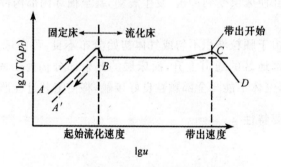

图 9-3 流化床压力损失与气速关系

图 9-3 中 AB 段为固定床阶段,由于流体在此阶段流速较低,通常处于层流状态,广义压差与表观速度成正比,因此该段为斜率等于 1 的直线。$A'B$ 段表示从流化床回复到固定床时的广义压差变化关系,由于颗粒由上升气流中落下所形成的床层较人工装填的疏松一些,因而广义压差也小一些,故 $A'B$ 线段处在 AB 线段的下方。

图 9-3 中 CD 段向下倾斜,表示此时由于某些颗粒开始为上升气流所带走,床内颗粒量减少,平衡颗粒重力所需的压力自然不断下降,直至颗粒全部被带走。

根据流化床具有恒定广义压差的特点,在流化床操作时可以通过测量床层广义压差来判断床层流化的优劣。如果床内出现腾涌,广义压差将有大幅度的起伏波动;若床内发生沟流,则广义压差较正常时低。

3.流化床的操作范围

流化床的操作范围应在临界流化速度和带出速度之间。

(1)临界流化速度 u_{mf}

当颗粒直径 d_p 较小时,此时,$Re_t < 20$

$$u_{mf} = \frac{(\varphi_s d_p)^2 (\rho_s - \rho) g}{150\mu} \cdot \frac{\varepsilon_{mf}^3}{1 - \varepsilon_{mf}} \tag{9-4}$$

当颗粒直径 d_p 较大时($Re_t > 1000$)

$$u_{mf} = \sqrt{\frac{\varphi_s d_p (\rho_s - \rho) g}{1.75\rho} \varepsilon_{mf}^3} \tag{9-5}$$

若固定床是由非球形颗粒形成时,d_p 用当量直径,非均匀颗粒时用颗粒群的平均直径。

(2)流化床带出速度

u_t 是流化床流体速度的上限,u_{mf} 就是流化床流体速度的下限了。下面介绍一种计算 u_t 的简易算法。

①首先用斯托克斯定律计算 u'_t

$$u'_t = \frac{d^2 (\rho_s - \rho) g}{18\mu} \tag{9-6}$$

②算出此时的雷诺数

$$Re'_t = \frac{d u'_t \rho}{\mu} \tag{9-7}$$

③利用图 9-4 以求取修正系数 f_t,f_t 为实际沉降速度 u_t 与按斯托克斯定律计算的沉降速度 u'_t 的比值。

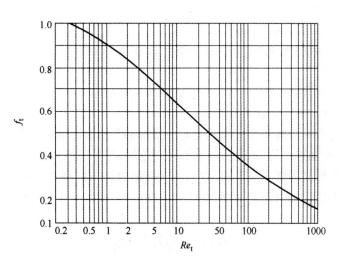

图 9-4　不适合斯托克斯定律时的修正系数(球粒)

$$f_t = \frac{u_t}{u'_t}$$

$$u_t = f_t u'_t = f_t \frac{d^2 (\rho_s - \rho) g}{18\mu} \tag{9-8}$$

由此可以确定沉降速度。修正系数 f_t 可以从图 9-4 查得。

对于非球形颗粒,可用非球形颗粒校正系数 C 乘以按球形颗粒计算的 M,最后即得到非球形颗粒的带出速度。C 的数值可按式(10-6)进行计算。

$$C = 0.8431\lg\frac{\varphi_s}{0.065} \tag{9-9}$$

关于流化床的操作速度,理论上应在最小(起始)流化速度和带出速度之间。

(3)流化床的操作范围

流化床的操作范围用带出速度与临界流化速度的比值 u_t / u_{mf} 的大小表示。u_t / u_{mf} 也称流化数。

对于细颗粒 $\qquad\qquad u_t / u_{mf} = 91.7 \tag{9-10}$

对于大颗粒 $\qquad\qquad u_t / u_{mf} = 8.62 \tag{9-11}$

这两式是流化操作的上下限值,比值 u_t / u_{mf} 常在 10~90 之间。

9.1.3 提高流化质量的措施

流化质量是指流化床中气体分布与气固接触的均匀程度。影响流化质量的因素很多,如气、固相本身的物性,流化设备的结构特性等,应从各方面研究改善流化质量。

(1)采用小粒径、宽分布的颗粒

颗粒的性质、特别是颗粒的尺寸和粒度分布对流化床的流化质量有重要影响。粒度分布较宽的细颗粒可在较宽的气速范围内获得较好的流化质量。能够良好流化的颗粒尺寸范围为 20~500 μm。

(2)增加气体分布板的阻力

气体分布板应有足够大的阻力才能保证气体在整个床层截面上均匀分布,通常气体分布板的压降应大于等于床层压降的 10%,且不小于 0.35 m 水柱。

(3)设置内部构件

流化床内设置内部构件可以抑制气泡长大并破碎大气泡,从而改善气固接触情况,提高流化质量。内部构件有水平和垂直两种形式。

①水平构件,有水平档网和水平档板两类。采用水平档板可以破碎上升的气泡,使固体颗粒在流化床的径向浓度趋于均匀,阻止气体的轴向返混,改善气固相接触情况。

②垂直构件,有管式和塔式等形式,它们沿床层径向将床层分割,可限制上升气泡的合并增大,又不会形成明显的轴向温度梯度,流化效果好。

9.2 气力输送

9.2.1 概述

当流化床中的气速大于带出速度时,即开始了流态化的气力输送阶段。这种利用气体的流动来输送固体颗粒的操作称为气力输送。气力输送是一种先进的输送方法,空气是最常用的输送介质,但在输送易燃、易爆的粉料时,也可用其他惰性气体。广泛用于仓库、码头和工厂内外,用来输送粉状、粒状、片状的散碎物料。

气力输送的优点:

①设备紧凑,结构简单,易于实现连续化和自动化操作,便于同连续的化工过程相衔接;

②生产能力大,输送管线不受地形限制,可沿任何方向输送;

③系统密封,可减少物料损失,保持环境;

④在气力输送过程中可同时进行粉料的干燥、粉碎、冷却、加热等操作。

但是,气力输送消耗的动力较大,颗粒尺寸受一定限制,且在输送过程中粒子易于破碎,管壁也受到一定程度的磨损。对含水量大、有黏附性或高速运动时易产生静电的物料,不宜用气力输送,而以机械输送为宜。

气力输送可分为引风式操作和压风式操作。

气力输送的实际气速肯定比带出速度要大得多,但具体确定是多少,一般根据经验进行设计。由于气力输送过程复杂,目前还没有成熟的理论可以遵循,多数参考经验公式进行设计。

根据颗粒在输送管内的密集程度的不同,可将气力输送分为稀相输送和密相输送两大类。

衡量管内的颗粒密集程度的常用参数是单位管道容积含有的颗粒质量,即颗粒的松密度 ρ',它与颗粒的真密度 ρ_p 的关系为

$$\rho' = \rho_p(1-\varepsilon) \tag{9-12}$$

式中,ε——空隙率。

颗粒在静置堆放时的松密度常称为颗粒的堆积密度,工业常遇的粉体物料其堆积密度可在手册中查到。

单位质量气体所输送的固体量称为固气比 R,它是气力输送装置常用的一个经济指标。

$$R = \frac{M}{G} \tag{9-13}$$

式中,M——单位管道面积加入的固体质量流量,kg/(s·m²);G——气体的质量流速,kg/(s·m²)。

固气比的大小同样反映了颗粒在管内的密集程度。

通常区分稀相输送与密相输送的界限大致是:

稀相输送　　松密度　　　$\rho' < 100$ kg/m³

固气比　　　$R = 0.1 \sim 25$ kg 固/kg 气

　　（一般为 $R = 0.1 \sim 5$）

密相输送　　松密度　　　$\rho' > 100$ kg/m³

固气比　　　$R = 25$ 至数百

9.2.2　气力输送装置

稀相输送　稀相输送是借管内高速气体将粉状物料彼此分散、悬浮在气流中进行输送。它的输送距离不长,一般小于 100 m。根据气源的安装位置和压强的大小,稀相输送装置主要有真空吸引式和压送式两种。

吸引式　　　　　低真空吸引　　　气源真空度 <13 kPa

高真空吸引　　　气源真空度 <0.06 MPa

低压压送式　　　气源表压　　　　0.05~0.2 MPa

真空吸引式的典型装置流程如图 9-5 所示。这种装置往往在入口部设有带吸嘴的挠性管

以便将分散于各处的散装物料收集至储仓,化工厂则常用于从固定床反应器的列管中抽除失效的催化剂。

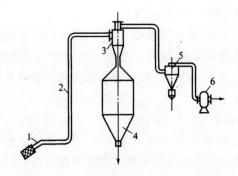

1—吸嘴;2—输送管;3—次旋风分离器;4—料仓;5—二次旋风分离器;6—风机

图 9-5　真空吸引式稀相输送

低压压送式的典型装置流程如图 9-6 所示。它可将同一个粉料储仓中的物料分别输送到几个供料点。

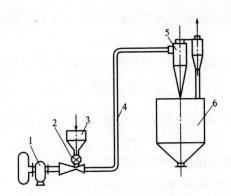

1—罗茨鼓风机;2—回转加料机;3—加料斗;4—输送管;5—旋风分离器;6—料仓

图 9-6　低压压送式稀相输送

密相输送是用高压气体压送物料,气源压强可高达 0.7 MPa,通常在输送管进口处设置各种形式的压力罐存放待输送的物料。图 9-7 为充气罐式输送流程。这是一种间歇式密相输送装置。操作时先将粉料加入罐内,打开压缩空气阀,气体经锥形分布板将物料吹松、充气,待罐内压强升到指定值后打开放料阀将粉料吹入输送管中输送。

图 9-8 为脉冲式密相输送流程。一股压缩空气通过罐内的喷气环管将粉料吹松、充气,另一股气流借脉冲发生器间断地吹入输料管入口部,交替地形成小段柱塞状物料和气柱,借空气压强推动物料柱向前移动。

密相输送的特点是低风量和高固气比,物料在管内呈流态化或柱塞状运动。目前密相输送已广泛应用于水泥、塑料粉、裂解催化剂等的输送。

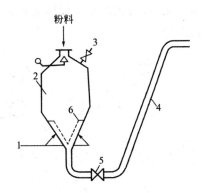

1—压缩空气管;2—压力罐;3—放空阀;4—输送管;5—阀;6—锥形气体分布板

图 9-7　充气罐式密相输送

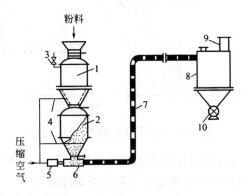

1—上罐;2—下罐;3—放空阀;4—吹气管;5—脉冲发生器;
6—柱塞成形器;7—输送管;8—受槽;9—袋滤器;10—旋转阀

图 9-8　脉冲式密相输送

9.2.3　稀相输送的流动特性

气力输送可以在水平、垂直或斜管中进行,采用的气速、固气比也可在较大范围内变动,从而使管内气-固两相的流动特性有较大的差异。目前,气力输送装置的计算尚处于经验阶段。气体在水平管内流动时,颗粒在垂直方向上同时受到几种力的作用而被悬浮起来。当气速足够高,这些力与重力平衡,粒子悬浮于气流中而被带走。

在稀相输送的管道内,粒子被分散而单个地运动,且粒子在管道截面上接近均匀分布。

如图 9-9 所示,以 M_1 的速率将固体颗粒连续地加入水平管中,当表观气速较高时,单位管长的压降位于图中 c 点。逐渐降低气速,管内颗粒的松密度有所增加,但压降减小。当气速降至 d 点时,颗粒开始在管底沉积。相当于 d 点的表观气速称为"沉积速度",以 u_s 表示。当达到沉积速度时,管内有一个不稳定的阶段。在此阶段颗粒在全管线底部沉积了一定厚度的料层,从而使管道流动截面变小,压降升至 e 点。此后,料层不再增加,重又建立定态过程。在沉积层上方,颗粒仍处于悬浮状态,气速也高于沉积速度。如果气速进一步降至 f 点,则又将出现一个不稳定阶段,直至沉积层增至新的厚度。为达到稀相输送,沉积速度是加料量为 M_1 时的最小气速。对一定的气固系统来说,沉积速度是固体加料量 M_1 的函数。反之也可以说,加料量 M_1 是 d 点气速的最大输送量。

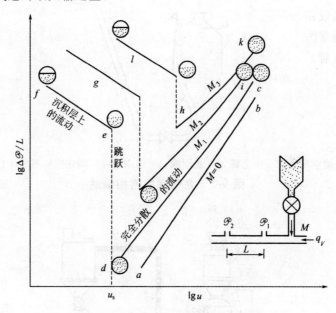

图 9-9　水平输送特性的示意图

气流高速地垂直向上流动将颗粒分散并均匀悬浮于气流中,此时作用于颗粒上的曳力与颗粒的重力相平衡,气—固间的滑移速度即为颗粒的沉降速度。

如图 9-10 所示,以 M_1 的速率将固体颗粒连续地加入垂直输送管中,当表观速度较高时,单位管长的压降为 c 点。在 d 点以后,进一步降低气速,流动摩擦阻力降低甚小而颗粒的松密度显著增加,结果使总的压降上升,直至 e 点。在 e 点附近,气速已低到难以使颗粒分散的程度,粒子互相汇集成柱塞状,此点的表观气速称为"噎噻速度",以 u_{ch} 表示。

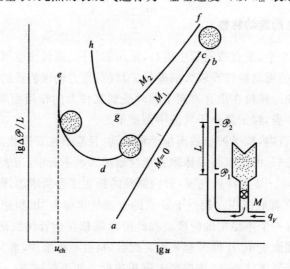

图 9-10　垂直输送特性的示意图

　　显然,固体加料速率 M 大,其在垂直管中的噎噻速度也大。稀相气力输送系统的设计包括水平、垂直管道中沉积速度和噎噻速度的估计。气速过大则动力消耗较大,同时也增加了装置尾部气－固分离设备的负荷;而气速过小则有管线堵塞的危险。需按具体物料通过实验确定合理的气速。通常为减少阻力和在弯角处的局部堵塞,尽可能采用较大曲率半径的弯管,甚至以斜管代替垂直管。

第 10 章 现代化工进展

10.1 生物化工

生物技术亦称生物工程,是应用生物学、化学和工程学的基本原理,利用生物体或其组成部分生产有用物质或为人类进行某种服务的一门科学技术。生物技术是当今迅速发展的一个高技术领域。

采用生物技术生产精细化工产品是精细化工发展的重要方向之一。一些精细化工产品如采用化学方法合成,存在反应步骤冗长、副反应多、反应速度慢及产物的分离精制困难等工艺上的不足。而采用生物催化剂——酶,特别是经过基因工程获得的"工程菌"所提供的生物酶,可使一些精细化工产品的合成、分离和精制得以顺利实现。这是利用酶对底物和对反应类型的高度选择性的结果。例如:十三烷基二元酸的生产、甾体激素的羟化和脱氢、6-氨基青霉烷酸和丙烯酰胺的生产,以及近年投放市场的胰岛素、干扰素和乙肝疫苗等。预计与生物技术有关的产品的最大市场将是由医药品和调味品及染料、香料、色素和农药等组成的精细化工产品领域,这类产品产量低、价格高,其中以人生长激素、人胰岛素、干扰素等为代表的产品已捷足先登,实现了工业化生产。

10.1.1 柠檬酸

柠檬酸的化学名称为 2-羟基丙烷-1,2,3-三羧酸,别名枸橼酸,分子式为 $C_6H_8O_7 \cdot H_2O$。利用黑曲霉发酵生产柠檬酸的机理不完全统一,但多认为与三羧酸循环(TCA)密切相关。乌头酸酶或异柠檬酸脱氢酶由于某些因素的存在而受到抑制,造成柠檬酸的大量积累。另有试验表明,在发酵过程中只有当培养基中的氮耗尽时才开始产柠檬酸,这有力地说明柠檬酸是由菌体中的碳转变而来的。以淀粉为原料的柠檬酸发酵结果可用以下总反应式表示:

$$(C_6H_{10}O_5)_n + nO_2 \longrightarrow nC_6H_8O_7 \cdot H_2O$$

柠檬酸生产工艺流程如图 10-1 所示,包括种母醪制备、发酵、提取、空气净化等部分。

将含量为 12%～14% 的甘薯淀粉浆液放入已灭菌的种母罐 22 中,用表压为 98 kPa 的蒸汽蒸煮糊化 15～20 min,冷至 33℃,接入黑曲霉菌 N-588 的孢子悬浮液,温度保持在 32～34℃,在通无菌空气和搅拌下进行培养,约 5～6 d 完成。

在拌和桶 1 中加入红薯干粉和水,制成含量为 12%～14% 的浆液,泵送到发酵罐 3 中,通入 98 kPa 的蒸汽蒸煮糊化 15～25 min,冷至 33℃,按 8%～10% 的接种比接入种醪,在 33～34℃下搅拌,通无菌空气发酵。发酵过程中补加 $CaCO_3$ 控制 pH=2～3,约 5～6 d 发酵完成。发酵液中除柠檬酸和大部分水分外,尚有淀粉渣和其他有机酸等杂质,故应设法提取、纯化。

柠檬酸在食品工业中广泛用于饮料、果汁、果酱和糕点等食品中;在医药工业中用于制造糖

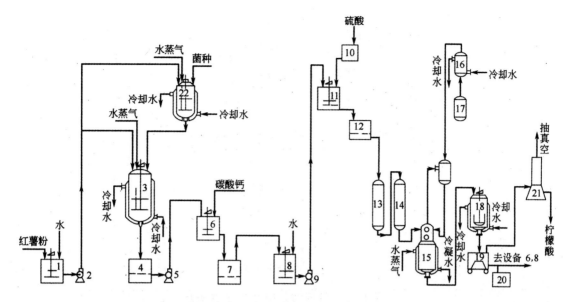

1—拌和桶；2,5,9—泵；3—发酵罐；4,7,12—过滤桶；6—中和桶；8—稀释桶；10—硫酸计量槽；11—酸解桶；13—脱色柱；14—离子交换柱；15—真空浓缩锅；16—冷凝器；17—缓冲器；18—结晶锅；19—离心机；20—母液槽；21—二烘房；22—种母罐

图 10-1　柠檬酸生产工艺流程

浆或药品的调味剂、油膏的缓冲剂和补血剂等；在化学工业中用作缓冲剂、配合剂和化工原料等。

10.1.2　谷氨酸

谷氨酸的化学名称为 α-氨基戊二酸，它有 L 型、D 型和 DL 型三种光学异构体，其中只有 L-谷氨酸单钠才具有强烈的鲜味。以葡萄糖为原料生物合成谷氨酸的代谢途径大致为：葡萄糖进入微生物细胞后，经酵解作用（EMP 途径）和磷酸戊糖支路（HMP）两种途径生成丙酮酸，再氧化生成乙酰辅酶 A，然后进入三羧酸循环（TCA），生成 α-酮戊二酸。再在 NH_4^+ 存在下，经谷氨酸脱氢酶的作用生成 L-谷氨酸；或在天冬氨酸存在下，经氨基转移酶的作用生成 L-谷氨酸。

由葡萄糖生物合成 L-谷氨酸总的反应式如下：

$$C_6H_{12}O_6 + NH_3 + \frac{3}{2}O_2 \longrightarrow C_5H_9O_4N + CO_2 + 3H_2O$$

从以上反应式可知，由葡萄糖生成 L-谷氨酸的理论得率为 81.6%，而目前生产上实际转化率仅为 50% 左右，所以提高谷氨酸得率的潜力还是很大的。

利用淀粉水解糖为原料通过微生物发酵生产谷氨酸的工艺，是当前国内外最成熟、最典型的一种氨基酸生产工艺，其工艺流程如图 10-2 所示。

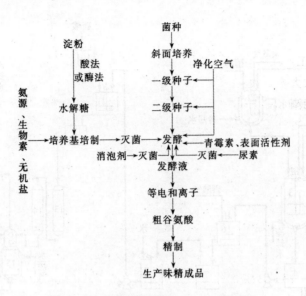

图 10-2 谷氨酸发酵生产工艺流程

10.1.3 肌苷酸

肌苷酸由核糖、磷酸和次黄嘌呤组成,为白色结晶粉末状或颗粒状,味鲜,无臭,易溶于水。肌苷酸产物在生产中以肌苷酸钠形式存在,其化学式为 $C_{10}H_{11}O_8N_4Na_2P \cdot 7.5H_2O$。

中国上海味精厂等的 20 吨罐肌苷酸发酵工艺流程如下:斜面(谷氨酸产生菌 2305—265 菌株)→摇瓶种子培养→二级种子罐培养→三级种子罐培养→发酵→板框压滤→脱色→活性炭吸附→浓缩结晶→精制。

目前除采用发酵法生产肌苷酸外,酶解法也是主要生产方法之一。核糖核酸(RNA)经 $5'$-磷酸二酯酶降解可得到腺苷酸($5'$—AMP),后者经 AMP 脱氨酶转化即可得到 $5'$—IMP。另外,采用发酵法生产肌苷,再经磷酸化后也可制得肌苷酸。

10.2 精细化工

精细化工,即精细化学工业,是当今世界各国发展化学工业的战略重点,也是一个国家综合技术水平的重要标志之一。精细化学品是与大宗化学品相对应的一类化工产品,是指对化学工业生产的初级或次级产品进行深加工而制成的具有某些或某些种特殊功能的化学品。这些功能可以是自身具有或赋予他物具有,突出功能可以是化学功能、物理功能或生物活性。它可以是单一组分的纯物质,也可以是多元复配的产物。

10.2.1 国外精细化工发展的特点

1. 产品更新快

随着世界经济与科技的飞速发展和人类物质文化水平的不断提高,国外化学工业精细化率正在迅速增长,发达国家的精细化率已达 55%~60%。同时,发展专用和高档化产品、多品种系列化是精细化工的重要标志,新产品层出不穷。据粗略估计,目前世界上约有 8 万多种化工产品,其中精细化工产品约 5 万多种。随着相关行业对精细化工产品不断提出新的要求,精细化工产品品种将大大增加。

精细化工为功能高分子材料如医用高分子材料、电子信息材料、纳米材料、记忆材料、高吸水性树脂、绿色建材、特种工程塑料、特种陶瓷材料、甲壳素及衍生物、生物工程、环保能源等服务,与这些高新技术领域息息相关、互相渗透,不断开发新的精细化工新材料、新产品。

2. 新技术创新性强

越来越多精细化工产品为高新技术服务,而其生产过程本身亦需越来越多的高新技术,而技术创新是关键。精细化工是技术密集型与综合性强的行业,需要将不同学科、不同行业的先进技术综合交叉。如新催化技术(酶催化技术、生物催化技术、清洁催化技术等)、精细分离技术(分子精馏、超临界流体萃取、膜分离技术等)、聚合物改性及分子设计技术、绿色化工技术、微波化学技术、超声化学技术、微型化工技术、空间化工技术、等离子化工技术、纳米技术等,是新产品开发的关键。

3. 生产集中专业化

20 世纪 90 年代以来,世界经济一体化进程的加快和国际竞争日益加剧,国际跨国化工公司加快了改组、兼并和联合的步伐,使生产集中度更高,更专业化。

目前,专业化分工也在不断加剧,如 ICI 收购 Mona 组建 Uniqema 专用化学品集团公司。Uniqema 集团公司拥有世界领先的核心技术,包括烷基化、生物转化、催化、酯化、高分子聚合、有机硅和碳水化合物化学等。其主要业务包括保健和个人护理品、润滑油、作物添加剂、聚合物及其添加剂、油脂化学品、油田化学品等。

4. 绿色化发展

为了适应环境保护和资源保护的要求,各国都非常重视环保型和可再生型精细化工产品的开发。经过实践探索,对工业污染防治战略进行了重大的改革,即用"生产全过程控制"取代以"末端治理为主"的环境保护方针,用清洁生产工艺技术这一发展精细化工的新模式取代粗放经营的老模式。这为如何解决在发展经济的同时,保护好我们人类赖以生存的环境,实现经济可持续发展,开辟了道路,指明了方向。

注重环保型和可再生型精细化工产品的开发。如表面活性剂向无磷和易生物降解转变,而涂料、胶黏剂等则逐渐向无溶剂型、水性过渡。

5. 全球精细化工产品市场转移

近年来亚洲地区精细化工产品呈持续增长势头,一些跨国公司将投资重点转向发展中国家。例如 BASF 公司在亚洲投资超过 7 亿元,它在亚洲有 9 个精细化学品生产基地,BASF 在亚洲最大的精细化学品业务是动物饲料。它在中国的赖氨酸装置可确保占有亚洲市场 1/3 的份额。BASF 公司在亚洲精细化学品销售额如下:食品部门 3 亿元,化妆品部门 5000 万美元,动物饲料部门 3000 万美元。BASF 预计亚洲将是今后 10 年聚氨酯增长最快的市场,亚洲聚氨酯市场需求比欧洲和美国市场强劲。

总之,在当今世界高新技术革命浪潮中,精细化学品在各门类的范围上,必将会有较大发展。跨行业学科的产品,也必将越来越多。

10.2.2 国内精细化工发展的特点

1.精细化工发展迅速

经过多年的努力,特别是在改革开放十多年来的积极建设,我国已建成了一系列的精细化工生产基地,一些重要的精细化工产品如农药、涂料、医药等已形成一定规模。现在我国精细化工企业数愈万,总生产能力达 1000 万吨以上,产品品种约 2 万种,年产值 1200 亿元以上,许多新兴领域的精细化工产品也得到迅猛发展。精细化工产品在化学工业中所占的比重逐年增加,全国精细化率接近 40%。从精细化工综合实力来看,我国已成为世界精细化工生产大国,其中染料产量和出口量已居世界首位,农药居第 2 位,涂料已居世界第 4 位,各项精细化工产品在国民经济中发挥了重要作用。

但由于我国精细化工的发展起步较晚,与世界工业发达国家精细化工相比还存在有较大差距:精细化工率偏低、品种少、规模少、产品档次不高,许多产品技术含量不高,有的行业老产品占 1/3 以上。

2.生产技术水平低

由于受综合国力和科技水平的制约,我国目前精细化工生产水平普遍较低,迄今仍有一些作坊式生产,一些生产路线、单元操作、产品后处理等仍停留在 20 世纪 70 年代水平。在许多高新技术领域如功能性树脂、信息化学品、磁记录材料、精细陶瓷等,与国际差距更大。

3.加速传统工艺的发展

对传统的精细化学品:如化学农药、染料、涂料、黏合剂、化学试剂、感光材料、磁记录材料、水处理剂等进行产品的升级换代,加强有关方面的开发力量。增加新产品的开发,特别是适应市场需要的各种新产品的开发。

4.优先发展关键技术

对于推动精细化工行业技术进步有着重要作用的关键技术要优先发展,借鉴国外科技发展、结合我国科技实际,拟优先发展的关键技术:如新催化技术、新分离技术、增效复配技术、超细粉体技术、生物技术、纳米技术、清洁生产工艺技术等。采用先进的综合生产流程,多功能、多用途组合单元反应装置,并使这些装置更加先进,控制更加精密。

5.加快新领域的开发

精细化学品的新领域很多,随着高新技术的发展还将会不断涌现。因此,要加快精细化工新产品及影响精细化工后续产品开发的重要原料的研究与开发。

原化工部提出需要进一步开拓的领域有:汽车用精细化学品、办公设备用化学品、建筑用化学品、精细陶瓷、精细无机盐、液晶材料、印刷及油墨化学品、生命科学及生物工程、电子信息材料、纳米材料、各种新型功能高分子材料等。

6.发展节约环保型化工

化学工业中的许多原料及副产品,也包括精细化工本身的副产品,它们同时又是精细化工产品的重要原料,必须充分利用。精细化工生产中,也有可能或多或少有三废产生,因此必须采取措施加以治理,对所有精细化工基地都必须先建统一的污水处理厂、焚烧炉、固体废物堆放场等,后建生产装置、三废集中治理,以最低的环境代价换取最大经济效益。高度重视在生产中的环境监控和治理,积极发展和推广精细化工清洁生产工艺技术和相关技术、严格控制环境污染。

7.加强人才培养

大力推动精细化工企业改革,加大国有企业股份制改革力度,实现企业自主经营、自主分配、自主发展。政府的职能是宏观导向、立法执法。加大对外合作力度,改变合作方式,可采用合资、合作生产的做法。合作开发是更重要的合作,各企业、各有关部门都应更加重视这一点。

随着中国加入 WTO,将有利于进一步改善精细化工的投资环境,更多地吸引国外的新品种、新技术和管理经验,更多地用国际资金,有效地参与国际分工与合作,进一步促进我国精细化工产业结构的优化和健康的向前发展。

10.3　清洁生产化工

10.3.1　实现清洁生产的途径

1.合理利用资源和能源

我国精细化工的资源、能源利用率问题非常严重,不少企业浪费的资源、能源大多以"三废"形式排入环境。如生产香兰素的某家企业,每生产 1 吨产品,需要投入 21 吨原料,其生产过程中产生和排出的污染物,实际上是各工段浪费的能源和原辅材料、中间体和副产品的总和。

工业发达国家十分重视二次资源的开发利用。以德国为例,47％的纸张和纸板是用废纸生产的,并且发现用再生纸浆造纸,可减少大气污染 74％,减少 35％用水量,同时减少了对森林的砍伐,保护了生态环境;75％的玻璃制品是用废玻璃生产的,节约了 1/3 的能源。

我国精细化工在二次资源的开发利用方面潜力很大,现也已取得了不少的成绩。例如,采用溶剂萃取法从农药氧化乐果生产废水中回收有用中间体氧硫磷酯获得成功,该技术不仅减轻了对水体的污染,而且对 5 千吨/年生产装置来说,年创利润可达 60 万元。

我国 84％的煤是采用直接燃烧法,其中 62％是在小型、分散、落后的锅炉设备中燃烧,热效率很低,污染严重。因此发展清洁的燃煤、节煤技术,改造锅炉设备,开展煤的综合利用,提高能源利用率已成为我国的当务之急。近几年来这方面的开发研究进展很快,取得了不少具有实用价值的科技成果。

2.实现产品生产全过程控制

(1)发展绿色产品

现代精细化工必须要对产品整个生命周期的各个阶段,即产品的设计、生产、流通、消费,以至报废后的处置,进行环境影响评价。调整取消那些高投入、低产出、污染大,对环境对人体有害的产品。积极发展对环境和人体无害的绿色产品,如高效、低毒、低残留农药,生物农药,水溶性涂料,新型材料,无磷洗涤剂,无害纺织染料等。

(2)尽量选用无毒原料

生产聚氯乙烯,老工艺是以电石为原料,生产过程中有大量的三废产生,以每吨产品计,产生的三废有:电石粉尘 20 kg,电石渣浆 2~3 吨,碱性含硫废水(pH>12)10 吨,还有硫化氢、磷化氢等有毒气体释放出来,并存在汞污染问题。能耗也大,每生产 1 吨乙炔要消耗 1 万度电。如实行清洁生产,废除重污染原料电石,以乙烯为原料,改用氧氯化法,结果不仅解决了环境污染问题,而且使聚氯乙烯成本下降 50%。

(3)应用先进的工艺和设备

合理采用新工艺新技术,优化工艺参数,提高资源、能源的利用率,从源头根除污染。例如,南开大学高分子研究所开发的树脂催化无废工艺,以莰烯为原料,一步合成异龙脑获得成功,已在江西樟脑厂投入生产。

(4)强化企业管理

强化企业管理是企业实施清洁生产投资最少,见效最快的有力措施。

①加强人员培训,提高职工素质,建立有环境考核指标的岗位责任制和管理职责;

②实施有效的生产调度,组织安全文明生产;

③完善统计和审核制度;

④建立公平的奖惩制度;

⑤做好原辅材料和产品的贮存、运输与保管;

⑥重视设备的维护、维修,杜绝跑、冒、滴、漏;

⑦配备必要的仪器仪表,加强计量管理和全面质量管理。

(5)搞好必要的末站治理

开发经济、适用、先进、可行的三废处理技术,达到集中处理设施可以接纳的程度,这也是必要的。

具体要求是:

①清浊分流,减少处理量,实现有用物料的再循环;

②对排放物进行适当的减量化处理,以利于充分发挥集中设施的规模效益。

10.3.2 清洁生产工艺技术发展趋势

1.发展精细化工的新模式

为了彻底改变化学工业对环境造成的污染,从 20 世纪 80 年代开始,国际上,特别是西方工业发达国家,认真总结了"先污染,后治理"发展工业生产的经验教训,提高了对环境保护重要意义的认识。经过实践探索,对工业污染防治战略进行了重大的改革,即用"生产全过程控制"取代以"末端治理为主"的环境保护方针,用"清洁生产"这一发展工业的新模式取代"粗放经营"的老模式。这是世界工业发展史上的一个新的里程碑,它为如何解决在发展经济的同时,保护好我们人类赖以生存的环境,实现经济可持续发展,开辟了道路,指明了方向。走资源—环境—经济—社会协调发展的道路。"可持续发展"理论的基本要点是:

①工业生产要减少乃至消除废料;

②强调工业生产和环境保护一体化。废除过去那种"原料→工业生产→产品使用→废物—弃入环境"这一传统的生产、消费模式,确立"原料→工业生产→产品使用→废品回收→二次资源"这种仿生态系统的新模式。

可持续发展已成为清洁生产的理论基础,而清洁生产正是可持续发展思想理论的具体实践。事实充分证明,清洁生产是实现经济与环境协调发展的最佳选择。

2. 不断研究和开发绿色化学新工艺

要形成化学工业的清洁生产,其关键在于研究和开发"绿色化学新工艺","绿色化学工艺"的核心则是构筑能量和物质的闭路循环。可以把它看做是一门高超的科学艺术,因为,只有深刻理解和熟练掌握了有关化学化工各领域的知识,并做到融会贯通和灵活运用,才有可能创造出"绿色化学工艺"这门艺术的科学。

选择不同的清洁工艺:如磺化清洁工艺、硝化清洁工艺、卤化清洁工艺、还原清洁工艺等,如何正确地选择这些工艺路线,实行清洁生产、发展无废、少废磺化工艺,降低物耗、能耗,提高反应物的选择性和产品的收率与质量,减少对人体和环境的危害,是当今世界化工必须解决的重要问题,具有重大的战略意义。

3. 不断设计、生产和使用环境友好产品

要求环境友好产品在其加工,应用及功能消失之后均不会对人类健康和生态环境产生危害。设计"更安全化学品奖"即是对这一类绿色化学产品的奖励。从美国学术和企业界在绿色化学研究中取得的最新成就和政府对绿色化学奖励的导向作用可以看出,绿色化学从原理和方法上给传统的化学工业带来了革命性变化,在设计新的化学工艺方法和设计新的环境友好产品两个方面,通过使用原子经济反应、无毒无害原料、催化剂和溶(助)剂等来实现化学工艺的清洁生产,通过加工,使用新的绿色化学品使其对人身健康、社区安全和生态环境无害化。可以预言,21世纪绿色化学的进步将会证明我们有能力为我们生存的地球负责。绿色化学是对人类健康和我们的生存环境所作的正义事业。

4. 清洁催化技术的发展

近几十年来,新型催化剂的研制和清洁催化技术的开发与应用研究进展十分迅速,成效卓著,大有替代反应性差、环境污染严重的传统催化剂之势,它已成为当今化学工业,特别是精细化工推行清洁生产的重要手段。

正确地选用催化剂,不仅可以加速反应的进程,而且能大大改善化学反应的转化率及选择性,达到降耗、节能、减少污染,提高产品的收率和质量、降低生产成本的目的。目前大多数化工产品的生产,均采用了催化反应技术,新的化工过程有 90％以上是靠催化技术来完成的。可以说现代化学工业中,最重要的成就都是与催化剂的应用密切相关。目前新开发的几种新型催化剂及其清洁催化技术主要包括:相转移催化剂、高分子催化剂、分子筛催化剂和固定化生物催化剂。它们在精细化工清洁生产工艺技术中将发挥越来越大的作用,有着广阔的发展和应用前景。

5.发展对策

(1)开发绿色化学技术

①防治污染技术

洁净煤技术包括煤炭燃烧前的净化技术、燃烧过程中的净化技术、燃烧后的净化技术以及煤炭的转化技术。我国是世界上最大的煤炭生产国和消费国,大力研究开发洁净煤技术,有利于节省能源,改善我国大气的质量,减少环境污染,是实现绿色产业革命战略的重中之重。

②绿色生物技术

将廉价的生物质资源转化为有用的化学工业品和燃料是发展我国绿色化学的战略目标。发展绿色生物化工技术包括微生物发酵技术、酶工程技术、基因工程技术和细胞工程技术。植物资源是地球上最丰富的可再生的有机资源,每年以 1600 亿 t 的速度再生,相当于 800 亿 t 石油所含的能量。我国每年农作物秸秆就有 10 多亿 t,但是利用率不到 5％。若利用绿色生物化工技术将其转化为有机化工原料,则至少可制取 20 万 t 乙醇,8000 万 t 糠醛和 30 万 t 木质素,创造数百亿元的价值。因此,生物质资源的转化和利用,绿色化学和技术将是大有作为的。在这个领域,绿色化学的发展是具有巨大的现实意义和深远的历史影响。

③资源高效利用技术

我国是一个人口众多,资源相对紧缺的国家,开发矿产资源高效利用的绿色技术和低品位矿产资源回收利用的绿色技术,是绿色化学研究的重要目标。目前,生物催化技术、微波化学技术、超声化学技术、膜分离技术等在矿产资源利用领域的应用引起人们的极大关注,并且有的已投入工业应用,展示了广阔的发展前景。

④绿色合成技术

精细化学品是高新技术发展的基础,关系到国计民生,在国民经济中占有极其重要的地位。然而,许多精细化学品的制备合成步骤多,原辅材料用量大,总产率比较低。因此,探索和研究既具有高选择性,又具有高原子经济性的绿色合成技术,对于精细化学的制备至关重要。例如,不对称催化合成技术大量用于精细化学品的制备,已成为绿色化学研究的热点。组合合成已成为绿色化学中实现分子多样性的有效捷径。

⑤生态农业技术

我国是一个农业大国,发展生态农业,利在当代,功在千秋。研究开发高利用率无污染的生态肥料和高效低毒的生态农药以及农副产物高附加值的绿色转化技术,对于促进农业绿色产业化,发展我国的生态农业,绿色化学更是任重道远。

(2)加强技术改造

对现有企业的生产工艺用绿色化学的原理和技术来进行评估,借鉴当今先进的科学技术,加强技术改造的力度,实施清洁生产工艺。

（3）加强技术创新

绿色化学和技术已是当今国际化学学科研究的前沿,欧美国家极为重视,发展很快。我们应该积极跟踪国外绿色化学的研究动向,加强国际间的学术交流,为我所用。同时也要结合我国国情特点,大力加强自主开发研究,尤其是绿色化学技术的应用研究,以促进我国绿色化学及其产业的发展和创新。要推进产、学、研相结合,培养和造就一支高水平的从事绿色化学理论研究和技术开发的科技人才队伍,从而在绿色化学及其产业中发挥骨干作用。

（4）制定相关政策

我国各级政府部门应充分认识绿色化学及其产业革命对未来人类社会和经济发展所带来的影响,及时调整产业结构,大力发展绿色技术和绿色产业。因为绿色化学及其产业是既能适应我国当前的经济发展模式,又能适应我国民族特点的科学和产业。

为了全面推动绿色化学及其产业的发展,应加强对绿色化学与技术的宣传,制定对绿色化学与技术的奖励和扶持政策,以促进我国绿色化学及其产业的发展。

绿色化学是可持续发展的新科学和新技术,是对传统化学思维的创新和发展,是 21 世纪的中心科学。因此,大力发展绿色化学化工,走资源→环境→经济→社会协调发展的道路是我国化学工业乃至整个工业现代化发展的必由之路,这是人类 21 世纪的必然选择。

10.4　绿色化工

10.4.1　绿色化学的发展和定义

绿色化学是 20 世纪 90 年代出现的一个多学科交叉的新研究领域,已成为当今国际化学化工研究的前沿,是 21 世纪化学科学发展的重要方向之一。绿色化学研究的目标就是运用现代科学技术的原理和方法从源头上减少或消除化学工业对环境的污染,从根本上实现化学工业的"绿色化"。从科学观点看,绿色化学是对传统化学思维的创新和发展,是更高层次的化学科学;从环境观点看,它是从源头上消除污染,保护生态环境的新科学和新技术;从经济观点看,它是合理利用资源和能源,实现可持续发展的核心战略之一。从某种意义上来说,绿色化学是对化学工业乃至整个现代工业的革命。因此,绿色化学及应用技术已成为各国政府,企业和学术界关注的热点。

绿色化学又称环境无害化学、环境友好化学、清洁化学。绿色化学是一种对环境友好的化学过程,其目标是利用可持续发展的方法来降低维持人类生活水平及科学进步所需化学品与过程所使用与产生的有害物质。而在其基础上发展起来的技术称为绿色技术、环境友好技术或清洁生产技术,其核心是利用化学原理从源头上减少或消除化学工业对环境的污染。其内容包括重新设计化学合成、制造方法和化工产品来根除污染源,是最为理想的环境污染防止方法。

10.4.2 绿色化学原则与特点

1. 绿色化学原则

P. T. Anastas 和 J. C. Waner 曾提出绿色化学的 12 条原则,如下:

(1)防止废物的生成比在其生成后再处理更好;

(2)设计的合成方法应使生产过程中所采用的原料最大量地进入产品之中,即提高原子的经济性;

(3)设计合成方法时,只要可能,不论原料、中间产物和最终产品,均应对人体健康和环境无毒、无害;

(4)化工产品设计时,必须使其具有高性能或高效的功能,同时也要减少其毒性;

(5)应尽可能避免使用溶剂、分离试剂、助剂等,如不可避免,也要选用无毒无害的助剂。

(6)合成方法必须考虑合成过程中能对成本与环境的影响,应设法降低能耗,最好采用在常温、常压下的合成方法,即提高能源的经济性;

(7)在技术可行和经济合理的前提下,原料要采用可再生资源代替消耗性资源;

(8)在可能的条件下,尽量不用不必要引入功能团的衍生物;

(9)合成方法中采用高选择性的催化剂比使用化学计量助剂更优越;

(10)化工产品要设计成在其使用功能终结后,它不会永存于环境中,要能分解成可降解的无害产物;

(11)进一步发展分析方法,对危险物质在生成前实行在线监测和控制;

(12)选择化学生产过程的物质,使化学意外事故的危险性降低到最小程度。

这 12 条原则反映了近年来在绿色化学领域中所开展的多方面的研究工作内容,同时也指明了未来发展绿色化学的方向。

一个理想的化工过程,应该是用简单、安全、环境友好和资源有效的操作,快速、定量地把廉价易得的原料转化为目的产物。绿色化学工艺的任务就是在原料、过程和产品的各个环节渗透绿色化学的思想,运用绿色化学原则研究、指导和组织化工生产,以创立技术上先进、经济上合理、生产上安全、环境上友好的化工生产工艺。这实际上也指出了实现绿色化工的原则和主要途径,如图 10-3 所示。

2. 绿色化学的特点

绿色化学是当代国际化学科学研究的前沿,已成为 21 世纪化学工业发展的重要方向,其显著特点如下所述。

(1)环境友好

绿色化学与环境化学的不同之处在于前者是研究环境友好的化学反应和技术,特别是新的催化技术、生物技术、清洁合成技术等,而环境化学则是研究影响环境的化学问题。

(2)防止污染生成

绿色化学与环境治理的不同之处在于前者是从源头防止污染的生成,即污染预防,而环境治理则是对已被污染的环境进行治理,即"末端治理"。实践证明,这种"末端治理"的粗放经营

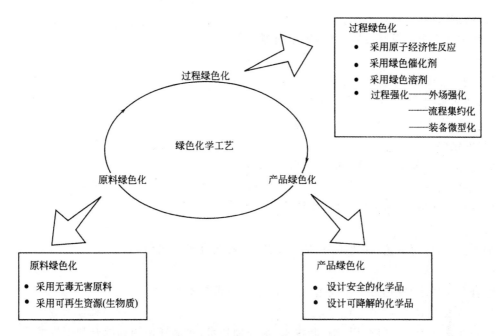

图 10-3　绿色化学工艺的原则和方法

模式,往往治标不治本,只注重污染物的净化和处理,不注意从源头和生产全过程中预防和杜绝废物的产生和排放,浪费资源和能源。

（3）可持续发展

绿色化学与传统化学的不同之处在于前者更多地考虑社会的可持续发展,促进人和自然关系的协调。绿色化学是人类用环境危机的巨大代价换来的新认识、新思维和新科学,是更高层次上的化学。

10.4.3　绿色化工技术

绿色化工技术是指在绿色化学基础上开发的从源头上阻止环境污染的化工技术。这类技术最理想是采用"原子经济"反应,即原料中的每一原子转化成产品,不产生任何废物和副产品,实现废物的"零排放",也不采用有毒有害的原料、催化剂和溶剂,并生产环境友好的产品。也可以说,绿色化工技术是指用绿色技术,进行化工清洁生产,制得环境友好产品的全过程。

1. 绿色化工技术的内容

绿色化工技术的内容较广泛,当前比较活跃的有如下方面。

（1）新产品

水基涂料、煤脱硫剂、生物柴油、生物农药、磁性化肥、无滴薄膜、生长调节剂、无土栽培液、绿色制冷剂、绿色橡胶、生物可降解塑料、纳米管电子线路、新配方汽油、新的海洋生物防垢产品、新型天然杀虫剂产品等。

（2）新材料

功能材料、纳米材料、绿色建材、特种工程塑料、特种陶瓷材料、甲壳素及其衍生物等。

(3)清洁原料

农林牧副渔产品及其废物、清洁氧化剂等。

(4)清洁能源

氢能源、醇能源、生物质能、煤液化、太阳能等。

(5)清洁溶剂

无溶剂、水为溶剂、超临界流体为溶剂等。

(6)催化剂

生物催化剂、稀土催化剂、低害无害催化剂等。

(7)清洁设备

特种材质设备、密闭系统、自控系统等。

(8)清洁工艺

配方工艺、分离工艺、催化工艺、仿生工艺、有机电合成工艺等。

(9)三废治理

综合利用技术、废物最小化技术、必要的末端治理技术等。

(10)节水技术

咸水淡化技术,避免跑、冒、滴、漏技术,水处理技术,水循环使用和综合利用技术等。

(11)节能技术

燃烧节能技术、传热节能技术、绝热节能技术、余热节能技术、电力节能技术等。

(12)生化技术

生化合成技术、生物降解技术、基因重组技术等。

(13)新技术

催化反应技术、新分离技术、环境保护技术、分析测试技术、微型化工技术、空间化工技术、等离子化工技术、纳米技术等。

(14)化工设计

绿色设计、虚拟设计、原子经济性设计、计算机辅助设计等。

总之,在实施绿色化工生产过程中,绿色技术的运用包含两层意思,一层意思是整个生产过程或工艺符合绿色化学原则,即原料的充分利用,能源的分级利用,原料和产品与环境和生态系统的相容,循环工艺的运用,工艺的清洁性以及生命周期的服务系统等。除此之外,还有另一层意思,这就是高新技术和先进设备的应用。有些化工生产仅仅需要用工艺的改变就能实现绿色化,但是更多地涉及精细化工、电子材料、生物医用材料和复杂有机或高分子材料的合成,就必须借助最先进的技术设备才能实现,如超临界流体技术、高能辐射技术、等离子体技术、超高压技术等。

因此,大力发展绿色化工技术,走资源→环境→经济→社会协调发展的道路是我国化学工业乃至整个工业现代化发展的必由之路。

2.原子经济性

绿色化工技术的研究与开发主要是围绕"原子经济"反应、提高化学反应的选择性、无毒无害原料、催化剂和溶剂、可再生资源为原料和环境友好产品开展的。"原子经济性"是指在化学反应过程中有多少原料的原子进入到所需的产品中。并用"选择性"和"原子经济性"指标这种新概念来评估化学工艺过程。因此要求：

①尽可能节约那些不可再生的原料和资源；

②最大限度减少废料排放；

③尽可能采用无毒、无害的原料、催化剂、溶剂和助剂；

④使用生物质作原料，因为生物质是可再生性的资源，是取之不尽永不枯竭的，用它代替矿物资源可大大减轻对资源和环境的压力；

⑤应设计、生产和使用环境友好产品，如塑料、橡胶、纤维、涂料及黏合剂等高分子材料和医药、农药及各种燃料等，这些产品在其制造、加工、应用及功能消失之后均不会对人类健康和生态环境产生危害。

人类从无视自然到善待自然，从被动治理污染到主动保护环境，标志着人类社会发展到了新的文明时代。现在人们愈来愈注意到采用不产生"三废"的原子经济反应才能实现化工过程及材料制备过程废物的"零排放"。化学反应不仅要有高选择性和高产率，还应使原料分子中原子的有效利用率最高。

原了经济性的目标：是在设计化合物的合成时就必须设法使原料分子中的原子更多或全部地变成最终希望的产品中的原子。

传统反应：

$$A+B \longrightarrow C+D$$

其中，A、B——起始原料；C——所希望的最终产品；D——伴生的副产物。

原子经济性反应：

$$E+F \longrightarrow C$$

其中，E、F——原料；C——所希望的最终产品。

所谓原子经济性反应即使用 E 和 F 作为起始原料，整个反应结束后只生成 C，E 和 F 中的原子得到了 100% 利用，亦即没有任何副产物生成。

上述原子经济性概念可表述如下：

$$原子经济性或原子利用率 = \frac{被利用原子的质量}{反应中所使用全部反应物分子的质量} \times 100\%$$

化工生产上常用的产率或收率则是用下式表示：

$$产率或收率 = \frac{目的产品的质量}{理论上原料变为目的产品所应得产品的质量} \times 100\%$$

可以看出：原子经济性与产率或收率是两个不同的概念，前者是从原子水平上来看化学反应，后者则从传统宏观量上看化学反应。要消除废弃物的排放，只有通过实现原料分子中的原子百分之百地转变成产物，才能达到不产生副产物或废物，实现废物"零排放"的要求。

原子经济性是一个有用的评价指标，正为化学化工界所认识和接受。但是，用原子经济性来考察化工反应过程过于简化，它没有考察产物收率，过量反应物、试剂的使用，溶剂的损失以及能量的消耗等，单纯用原子经济性作为化工反应过程"绿色性"的评价指标还不够全面，应结合其他评价指标才能做出科学的判断。

环境因子（E－因子）是荷兰有机化学教授 R. A. Sheldon 在 1992 年提出的一个量度标准，

定义为每产出 1 kg 产物所产生的废弃物的总质量,即将反应过程中废弃物的总质量除以产物的质量,其中废弃物是指目标产物以外的任何副产物。E—因子越大意味着废弃物越多,对环境负面影响越大,因此 E—因子为零是最理想的。为了较全面评价有机合成反应过程的绿色性,A. D. Curzons 和 D. J. C. Constable 等提出了反应的质量强度(MI)概念,即获得单位质量产物所消耗的原料、助剂、溶剂等物质的质量,包括反应物、试剂、溶剂、催化剂等,也包括所消耗的酸、碱、盐以及萃取、结晶、洗涤等所用的有机溶剂质量,但是不包括水。

由此可见,质量强度越小越好,这样生产成本低,能耗少,对环境的影响就比较小。因此,质量强度是一个很有用的评价指标,对于合成化学家特别是企业领导和管理者来说,评价一种合成工艺或化工生产过程是极为有用的。

研究结果表明,由于化学反应的类型和评价指标的对象不同,质量强度、产率、原子经济性、反应质量效率等评价指标往往不呈现出相关性,因而不能用单一指标来评价一个化工反应过程的绿色性,必须结合其他评价指标进行综合考虑。

实践表明,对于精细化学品尤其是药物的合成,通常合成步骤多,工艺技术复杂,原材料用量大,原材料的成本占药物合成材料总成本的比重很大,在讨论化学化工反应过程的评价指标时,必须考虑所用原材料的成本影响。对于药物合成,改变药物的合成路线、利用不对称催化合成替代手性拆分、采用清洁合成工艺将是提高合成反应原子经济性和降低生产成本更为有效的途径。

一个理想的化工过程应该在全生命周期都是环境友好的过程,这里包括原料的绿色化、化学反应和合成技术的绿色化、工程技术的绿色化以及产品的绿色化等。为此,需要合成化学家和化学工程师们的通力合作,加强绿色化学工艺和绿色反应工程技术的联合开发。

3.加快发展绿色精细化工的关键技术

精细化工品种多,更新换代快,合成工艺精细,技术密度高,专一性强。加快发展绿色精细化工,必须优先发展绿色合成技术。例如,新型催化技术是实现高原子经济性反应、减少废物排放的关键。

(1)绿色催化技术

催化剂是化学工艺的基础,是使许多化学反应实现工业应用的关键。催化作用包括化学催化和生物催化,它不仅可以极大地提高化学反应的选择性和目标产物的产率,而且从根本上抑制副反应的发生,减少或消除副产物的生成,最大限度地利用各种资源,保护生态环境,这正是绿色化学所追求的目标。

①相转移催化技术

相转移催化(PTC)是指由于相转移催化剂的作用使分别处于互不相溶的两相体系中的反应物发生化学反应或加快其反应速率的一种有机合成方法。

相转移催化具有一系列显著的特点:

· 能用碱金属氢氧化物的水溶液替代醇盐、氨基钠、金属钠等试剂;

· 普通的相转移催化剂价廉,易于获得;

· 反应速率较大,反应选择性好,副反应较少,能提高目标产物的产率;

· 反应条件温和,能耗较低,能实现一般条件下不能进行的化学合成反应;

·所用溶剂价格较便宜,易于回收,或者直接将液体反应物作溶剂,无需昂贵的无水溶剂。

这些正是绿色化学追求的目标,提高反应的选择性,抑制副反应,减少有毒溶剂的使用,减少废弃物的排放。因此,相转移催化作为一种绿色催化技术大量用于精细化学品的合成。

②酶催化技术

酶是存在于生物体内且具有催化功能的特殊蛋白质,通常所讲的生物催化主要指酶催化。生物催化因其具有催化活性高、反应条件温和、能耗少、无污染等优点,已成为绿色化学化工的关键技术之一。

③不对称催化技术

手性化合物在医药工业、农用化学品、香料、光电材料、手性高分子材料等领域得到了广泛的应用。手性物质的获得从化学角度来说有外消旋体拆分、化学计量的不对称反应和不对称催化合成等 3 种方法,其中不对称催化合成是获得单一手性分子的最有效方法。因为不对称催化合成很容易实现手性增值,一个高效率的催化剂分子可产生上百万个光学活性产物分子,达到甚至超过了酶催化水平。通过不对称催化合成不仅能为医药、农用化学品、香料、光电材料等精细化工提供所需要的关键中间体,而且可以提供环境友好的绿色合成方法。

④新型温和氧化剂

目前,有效利用二氧化碳的方法主要有物理方法和化学方法。物理方法就是充分利用二氧化碳是无毒、惰性气体的特点,直接将二氧化碳用于碳酸饮料、气体保护焊接、食品加工、烟草、采油等行业,此法只是二氧化碳的简单再利用,没有从根本上解决问题。化学方法在于如何使惰性二氧化碳活化参与化学反应,转化为可以为人们所用的产品,将其作为一种资源加以综合利用。二氧化碳作为一种碳氧资源,将二氧化碳直接作为化工原料合成化学品,这是最主要、也是较有价值的利用二氧化碳的方式。在特殊催化体系下,二氧化碳可以作为温和氧化剂发生许多化学反应,从而可以固定为高分子材料、化学中间体、油品添加剂、乙烯、羧酸酯等。

目前,该领域的研究非常活跃,其关键在于选择合适的目标产品、制备方式和催化剂体系等,这直接决定着产品的性能指标和成本及其终端市场,在理论上和实践中都有深刻的意义和前景。

(2)电化学合成技术

电化学合成技术是在电化学反应器内进行以电子转移为主的合成有机化合物的清洁生产技术。有机电化学合成相对于传统有机合成具有以下显著的优点:

①清洁的反应试剂

电化学反应是通过反应物在电极上得失电子实现的,因此,有机电化学合成反应无需有毒或危险的氧化剂和还原剂,电子就是清洁的反应试剂。在反应体系中,除了反应物和生成物外,通常不含其他反应试剂,减少了副反应的发生,简化了分离过程,产物容易分离和精制,产品纯度高,减少了环境污染。

②产率和选择性高

用传统化学合成方法需要多步骤反应才能获得的产品在电化学反应器中可一步完成。因为在电化学合成过程中,通过控制电极电位,使反应按预定的目标进行,从而制备高纯度的有机产物;也可以通过改变电极电位合成不同的有机产品,因此,电化学合成的产率和选择性均较高。

③节能、成本低

有机电化学合成可在常温常压下进行，一般无需特殊的加热和加压设备，这对节省能源、降低设备投资、简化工艺操作、实施安全生产等都是十分有利的，也符合绿色化学的基本原则。

④反应可控制

电化学合成反应容易控制，可以根据实际需要改变氧化或还原反应速率，或者随时终止反应的进行，因此，有利于实现有机电化学合成过程的在线监控，预防意外事故的发生。

综上所述，应该说电化学合成技术是绿色化学技术的重要组成部分，发展有机电化学合成是实现绿色化学合成工业尤其是精细化工绿色化的重要目标。

电化学合成主要有以下几种。

①燃料电池技术

许多有机化合物可以利用燃料电池法进行合成制得。在燃料电池中发生电池反应生成的产物就是所需要的有机产品，同时还提供了电能，属于自发电化学合成法。

②牺牲阳极电化学合成技术

采用无隔膜电解槽，以牺牲阳极方法，用卤代物为原料，可以合成一系列重要中间体产物。牺牲阳极法的优点是电解槽结构简单，操作方便，产率高。不足之处是消耗较贵的金属阳极和金属盐的回收。

③SPE法有机电化学合成技术

该法利用固体聚合物电解质（SPE）复合电极进行电化学合成。SPE膜一方面起隔膜作用，将含有反应物的有机相与电极室的水相溶液（或另一有机相）分开，同时作为传递带电离子的作用，电解反应在SPE、金属催化剂和有机相溶液三相界面进行。在反应体系中不需要支持电解质，可以直接对纯反应物进行电解，产物纯度高，分离和提纯过程简单，减少了副反应的发生和废弃物的排放。

④配对电化学合成技术

在通常的电化学合成中，生成产物的电极反应只发生在某一电极，而另一电极上发生的电极反应未被利用，显然是不经济的。如果在阳、阴两极上同时生成两种目的产物，则电能效率可以提高1倍。因此，同时利用阴、阳两极反应的合成方法称为配对电化学合成法。

⑤间接电化学合成技术

该法是通过一种传递电子的媒质与反应物生成目的产物。与此同时，发生价态变化的媒质，又通过电极反应得到再生，再生后的媒质又可重新与反应物反应，生成目的产物，如此往复循环。其特点是反应物不直接电解，而是通过与媒质的化学反应不断转变为产物；通过电极反应，媒质不断地得到或失去电子进而再生。

（3）超临界流体技术

近些年来，超临界流体技术尤其是超临界二氧化碳流体技术发展很快，如：

①超临界二氧化碳萃取在提取生理活性物质方面具有广阔的发展前景；

②超临界二氧化碳作为环境友好的反应介质以及超临界二氧化碳参与的化学反应，可以实现通常难以进行的化学反应；

③超临界流体技术在薄膜材料和纳米材料等制备上崭露头角，提供了一个全新的制备方法。

因此,超临界流体技术作为一种绿色化学化工技术在精细化学工业、医药工业、食品工业以及高分子材料制备等领域具有广泛的应用。

①超临界流体的特性

超临界流体(SCF)是物质处于其临界点以上状态时所呈现出的一种无气液相界面、兼具气液两重性的流体。超临界流体具有独特的物理化学性质,兼具气体和液体的优点,如密度接近于液体,具有与液体相近的溶解能力和传热系数,对于许多固体有机物都可以溶解,使反应在均相中进行;又具有类似气体的黏度和扩散系数,这有助于提高超临界流体的运动速度和分离过程的传质速率。

同时它又具有区别气态和液态的明显特点:

· 可以得到处于气态和液态之间的任一密度;

· 在临界点附近,压力和温度的微小变化将导致密度发生较大的变化,从而引起溶解度的变化。

通常,超临界流体的密度越大,其溶解能力就越大。在温度一定时,随着压力的升高,溶质的溶解度增大;在恒压下随着温度的升高,溶质的溶解度减小。利用这一特性可从物质中萃取某些易溶解的成分。而超临界流体的扩散性和流动性则有助于所溶解的各组分彼此分离,达到萃取与分离的目的。

②超临界二氧化碳萃取的特点

超临界流体萃取的原理是在超临界状态下,将超临界流体与待萃取的物质接触,利用SCF 的高渗透性、高扩散性和高溶解能力,对萃取物中的目标组分进行选择性提取,然后借助减压、升温的方法,使 SCF 变为普通气体,被萃取物质则基本或完全排出,从而达到分离提纯的目的。在超临界流体萃取技术中,研究最多、应用最广的是超临界二氧化碳。

超临界二氧化碳萃取的特点主要有如下几个。

· 超临界 CO_2 的临界压力和临界温度较低,要在较低温度下进行萃取操作。同时它又是惰性气体,被萃取物很少发生热分解或氧化等变质现象,不会破坏生理活性物质,特别适合于热敏性物质和天然物质的萃取和精制;

· 超临界 CO_2 流体具有极高的扩散系数和较强的溶解能力,其密度接近液体,黏度接近气体,扩散能力约为液体的 100 倍,有利于快速萃取和分离;

· $SCCO_2$ 流体具有良好的萃取分离选择性,通过压力和温度的简单调节可以使 $SCCO_2$ 的密度发生较大的变化,因此选择适当的温度、压力或夹带剂,可提取高纯度的产品,尤其适用于中草药和生理活性物质的萃取和精制,工艺操作简便;

· 萃取和蒸馏操作合二为一,极易与萃取物分离,不存在溶剂残留问题;

· 无味、无臭、无毒,不燃烧,安全性好,特别适用于香料和食品成分的萃取与分离;

· 在超临界流体萃取操作中,一般没有相变的过程,只涉及显热,且溶剂在循环过程中温差小,容易实现热量的回收,可以节省能源;

· $SCCO_2$ 价廉易得,甚至可以利用其他工业的副产品 CO_2。而且 CO_2 回收容易,可反复使用。

③超临界二氧化碳萃取技术

超临界流体特别是超临界二氧化碳萃取作为一种具有十分诱人的分离提纯技术,在提取中草药有效成分、天然色素、天然香料、生理活性物质以及金属离子分离等方面得到广泛的应用,有的已达到了工业化。

④超临界流体中的有机合成技术

在精细化学品合成中常用的溶剂多是挥发性有机化合物,对人类健康和生态环境有较大的影响。超临界流体尤其是超临界二氧化碳作为绿色溶剂在有机合成中正发挥越来越重要的作用。

在超临界流体状态下进行化学反应,由于超临界流体的高溶解能力和高扩散性,能将反应物甚至将催化剂都溶解在 SCF 中,可使传统的多相反应转化为均相反应,消除了反应物与催化剂之间的扩散限制,有利于提高反应速率。同时,在超临界状态下,压力对反应速率常数有较强烈的影响,微小的压力变化可使反应速率常数发生几个数量级的变化,利用超临界流体对温度和压力敏感的溶解性能,选择合适的温度和压力条件,有效地控制反应活性和选择性,及时分离反应产物,促使反应向有利于目标产物的方向进行。超临界流体在高分子材料的聚合和纳米材料的制备等方面也具有重要的应用,展示出广阔的发展前景。

(4)精细生物工程技术

生物工程与生物技术的应用,使精细化学反应过程的选择性更强,即原子经济性体现得更加充分。现代生物工程技术与传统化学合成方法相比有诸多优点:反应条件温和,选择性强,应用广泛,可利用再生资源作原料,对环境影响小。现代生物工程技术的发展将对精细化学工业的发展产生重大影响。

①改进精细生物化学加工艺

对组合的生物学和化学过程进行在线检测;生物反应的高效、完全、连续操作技术、生物和化学操作的接合技术、有效的分离和高效反应器设计等。

②提高生物催化剂的性能

从尚未开发的或新发现的微生物门类中分离出新型酶;强化已知酶的被作用特性和活性;运用分子生物学有目标的分子演变技术,提高生物催化剂的环境耐受性;按照酶代谢途径使生物催化剂能简化合成过程,廉价高效地制造新化合物。

③纤维素酶(催化)技术

除了以上独立的酶催化剂以外,对未来化工发展影响较大的是纤维素酶催化技术的开发应用。在此领域,近年来研究较为活跃,主要是围绕选择性、活跃度等方面进行突破,有的已进入中试阶段。在不久的将来,如果纤维素酶真正实现了大规模工业化应用,将给化学工业带来一次实质性的变革,原料及能源的再生将成为现实,可使化学工业真正全面走上绿色的道路。除此之外,菌种培养技术、产品分离和精制技术、发酵设备大型化技术、自控技术及外围相关配套技术也是生物工程技术方面需要突出的重点。

(5)生命科学技术

近年来,生命科学研究开发的水平已经成为各国对精细化工科技发展的重要标志。其主要原因是,在通过对生命的研究的同时推进仿生技术的应用步伐,在不断改善自然环境的同时进一步提高人类生存的整体素质。精细化工科技在生命领域的作用,主要是揭示生命的起源和仿生技术的应用。

目前,人类已经掌握了从糖类到蛋白质,从脂类到核酸,以至到 DNA 密码的破译技术,它代表了当代科技的最高水平。生命科学的仿真化过程,将精细化工科技整体水平推向新的高度。生命科学应用于精细化工方面的重点是,将通过采用细胞工程技术来获得一些复杂化合物。主要过程是对动、植物细胞大规模培养,并利用生物反应器进行工厂化生产,特别是在一些贵重药品和特殊化学品的制取过程中,将会取得事半功倍的效果。

4.绿色精细化工技术的特点

绿色精细化工技术应具有如下 6 个特点:
①能源持续利用;
②以安全的用之不竭的能源供应为基础;
③高效率地利用能源和其他资源;
④高效率地回收利用废旧物质和副产品;
⑤越来越智能化;
⑥越来越充满活力。

10.4.4　绿色化学工艺的途径

提高化学反应的选择性,无毒无害原料、催化剂和溶剂,可再生资源为原料和环境友好产品开展的,如图 10-4 所示。

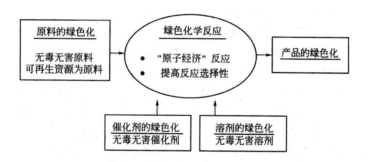

图 10-4　绿色化学工艺的途径

(1)开发原子经济反应

在已有的原子经济反应如烯烃氢甲酰化反应中,虽然反应已经是理想的,但是原用的油溶性均相铑催化剂与产品分离比较复杂,或者原用的钴催化剂运作过程中仍有废催化剂产生,因此对这类原子经济反应的催化剂仍有改进的余地。所以近年来开发水溶性均相络合物催化剂已成为一个重要的研究领域。由于水溶性均相配合物催化剂与油相产品分离比较容易,再加以水为溶剂,避免了使用挥发性有机溶剂。

(2)提高烃类氧化反应的选择性

烃类选择性氧化为强放热反应,目的产物大多是热力学上不稳定的中间化合物,在反应条件下很容易被进一步深度氧化为二氧化碳和水,其选择性是在各类催化反应中最低的。所以,控制氧化反应深度,提高目的产物的选择性始终是烃类选择氧化研究中最具挑战性的难题。

（3）采用无毒无害的原料

为了人类健康和社区安全，需要用无毒无害的原料代替它们来生产所需的化工产品。

在代替剧毒的光气作原料生产有机化工原料方面，Komiya 研究开发了在固态熔融的状态下，采用双酚 A 和碳酸二苯酯聚合生产聚碳酸酯的新技术，它取代了常规的光气合成路线，并同时实现了两个绿色化学目标：一是不使用有毒有害的原料；二是由于反应在熔融状态下进行，不使用作为溶剂的可疑的致癌物——甲基氯化物。

（4）采用无毒无害的溶剂

当前广泛使用的溶剂是挥发性有机化合物（VOC），其在使用过程中有的会引起地面臭氧的形成，有的会引起水源污染，因此，需要限制这类溶剂的使用。采用无毒无害的溶剂代替挥发性有机化合物作溶剂已成为绿色化学的重要，研究方向。

在无毒无害溶剂的研究中，最活跃的研究项目是开发超临界流体（SCF），特别是超临界二氧化碳作溶剂。超临界二氧化碳的最大优点是无毒、不可燃、廉价等。除采用超临界溶剂外，还有研究水或近临界水作为溶剂以及有机溶剂/水相界面反应。

（5）采用无毒无害的催化剂

为了保护环境，多年来国外正从分子筛、杂多酸、超强酸等新催化材料中大力开发固体酸烷基化催化剂。其中采用新型分子筛催化剂的乙苯液相烃化技术引人注目，这种催化剂选择性高，乙苯质量收率超过 99.6%，而且催化剂寿命长。

参考文献

[1]丁玉兴.化工原理.北京:科学出版社,2007

[2]杨祖荣.化工原理(第二版).北京:化学工业出版社,2009

[3]冯霄,何潮洪.化工原理(上、下册)(第二版).北京:科学出版社,2007

[4]黄亚东.化工原理.北京:中国轻工业出版社,2010

[5]王志魁,李丽英,刘伟.化工原理(第4版).北京:化学工业出版社,2010

[6]翟江,刘艳蕊.化工原理.北京:中国轻工业出版社,2012

[7]夏清,贾绍义.化工原理(上、下册)(第2版).天津:天津大学出版社,2012

[8]姚玉英,陈常贵,柴诚敬.化工原理(上、下册)(第3版).天津:天津大学出版社,2010

[9]姚玉英.化工原理(上、下册)(修订版).天津:天津科学技术出版社,2009

[10]钟秦,王娟,陈迁乔,曲虹霞.化工原理.北京:国防工业出版社,2001

[11]郭俊旺,徐燏.化工原理.武汉:华中科技大学出版社,2010

[12]蒋丽芬.化工原理.北京:高等教育出版社,2007

[13]王淑波,蒋红梅.化工原理.武汉:华中科技大学出版社,2012

[14]钟理,伍钦,曾朝霞.化工原理(下册).北京:化学工业出版社,2008

[15]钟理,伍钦,马四朋.化工原理(上册).北京:化学工业出版社,2008

[16]马晓迅,夏素兰,曾庆荣.化工原理.北京:化学工业出版社,2010

[17]杨祖荣.化工原理(第二版).北京:化学工业出版社,2009

[18]柴诚敬.化工原理(上、下册).北京:高等教育出版社,2005

[19]蒋维钧,雷良恒,刘茂林.化工原理(上、下册).北京:清华大学出版社,2010

[20]谭天恩,窦梅,周明华.化工原理(上、下册)(第三版).北京:化学工业出版社,2006

[21]祁存谦,吕树申.化工原理(第2版).北京:化学工业出版社,20009

[22]张洪流.化工原理:传质与分离技术分册.北京:国防工业出版社,2009

[23]陈敏恒,丛德滋,方图南,齐鸣斋.化工原理(上、下册)(第三版).北京:化学工业出版社,2006

[24]丁志平.精细化工概论(第二版).北京:化学工业出版社,2010

[25]马榴强.精细化工工艺学.北京:化学工业出版社,2008

[26]刘德峥.精细化工生产工艺(第二版).北京:化学工业出版社,2008

[27]宋启煌.精细化工工艺学(第二版).北京:化学工业出版社,2003

[28]刘晓勤.化学工艺学.北京:化学工业出版社,2010